发动机结构振动与
故障诊断理论技术

徐玉秀　杨文平　著

电子工业出版社·

Publishing House of Electronics Industry

北京 · BEIJING

内 容 简 介

本书从发动机系统动力学分析、复杂系统故障诊断的基点出发，探讨复杂机械系统动力学分析及故障诊断的理论、技术方法，并应用于工程实例。全书分上、中、下三部分，共 23 章，包括发动机结构的动力学建模、故障诊断方法和风力发电机组的故障分析，以及实际工程应用。

本书的出版由天津市自然科学基金项目"基于混沌理论的复杂旋转机械故障诊断技术研究"、"基于风力机组振动特性的叶片损伤检测与诊断"和天津工业大学研究生课程优秀教材建设资助项目"复杂机械系统振动与故障诊断"资助。书中内容主要来源于上述课题的研究成果，同时也参考了国内外相关学科领域有关的研究成果和专著。

图书在版编目（CIP）数据

发动机结构振动与故障诊断理论技术／徐玉秀，杨文平著. —北京：电子工业出版社，2015.7

ISBN 978-7-121-26535-8

Ⅰ. ①发…　Ⅱ. ①徐…　②杨…　Ⅲ. ①发动机—结构振动 ②发动机—故障诊断　Ⅳ. ①TK05

中国版本图书馆 CIP 数据核字（2015）第 149008 号

责任编辑：徐　静　齐　岳　　特约编辑：刘　双

印　　刷：北京七彩京通数码快印有限公司

装　　订：北京七彩京通数码快印有限公司

出版发行：电子工业出版社

　　　　　北京市海淀区万寿路 173 信箱　邮编　100036

开　　本：787×1 092　1/16　印张：18.5　字数：414 千字

版　　次：2015 年 7 月第 1 版

印　　次：2023 年 9 月第 2 次印刷

定　　价：79.00 元

凡所购买电子工业出版社图书有缺损问题，请向购买书店调换。若书店售缺，请与本社发行部联系，联系及邮购电话：(010) 88254888。

质量投诉请发邮件至 zlts@phei.com.cn，盗版侵权举报请发邮件至 dbqq@phei.com.cn。

服务热线：(010) 88258888。

前　言

结构动力学分析与设备故障诊断技术是一项正在不断发展和完善的新技术，在现代化大生产中，它在保障生产正常进行，防止发生突发事故，节约维修费用等方面发挥着非常重要的作用。随着信号处理技术的不断完善，设备故障诊断技术得到了较快的发展，新的时频分析方法不断涌现，增加了对振动信号分析的准确性，奠定了对机械设备实施故障诊断的坚实基础。

车用发动机正朝着降低油耗、提高可靠性和耐久性、减排、降噪、减小摩擦和机械损失、适度增压，同时整体振动和噪声辐射维持在较低水平的趋势发展，对发动机结构设计方法和摩擦学设计方法都是很大的挑战。目前内燃机振动诊断在方法上仍停留在"设置故障→采集样本→整理分析→提取特征→形成方法"的以归纳经验知识为主的低级阶段，远远不能满足实际需要，亟待完善和提高发动机故障诊断技术机理的研究。开展多领域仿真研究，有利于提高机械故障诊断技术的理论水平，有利于形成完整的理论研究方法体系，有利于相关工程故障诊断的组织实施。

风力发电机组由于运行环境的恶劣，易受复杂变载荷作用，导致风力发电机组整机的振动情况复杂而多变，对所产生故障的诊断还难有系统的准确性和有效性，对风电机组状态监测和故障诊断技术研究还需要不断探索与完善。

随着科学技术的发展，对于更复杂的机械设备，出现更复杂的故障将会进一步推动故障诊断的新理论、新技术方法的出现。本书对此做了一些探索性的研究。

本书内容主要来源于天津市自然科学基金项目"基于混沌理论的复杂旋转机械故障诊断技术研究"和"基于风力机组振动特性的叶片损伤检测与诊断"的研究成果，同时也参考了国内外相关学科领域有关的研究成果和专著。本书从发动机系统动力学分析、复杂系统故障诊断的基点出发，探讨复杂机械系统动力学分析及故障诊断的理论、技术方法，并应用于工程实例。本书的出版得到了天津工业大学研究生课程优秀教材建设资助项目"复杂机械系统振动与故障诊断"的资助。

全书分上、中、下三部分，共 23 章，包括发动机结构的动力学建模、故障诊断方法和风力发电机组的故障分析，以及实际工程应用。第 1 章和第 2 章综述内燃机结构振动与仿真分析以及发动机故障诊断的问题；第 3 章介绍直列六缸发动机曲柄滑块机构的动力学分析；第 4 章介绍发动机一维气体流动热力学计算方法；第 5 章介绍活塞二阶运动计算方法；第 6 章研究柴油机机体有限元建模与模型验证分析；第 7 章阐述活塞组横向冲击下机体表面振动分析与验证；第 8 章介绍发动机结构振动及其振动传递路径分析；第 9 章对发动机表面振动信号特性进行分析；第 10 章研究发动机振动烈度的频域估计方法；第 11 章叙述基于瞬时转速的发动机故障特征提取；第 12 章研究配气系统振动的时域与频域特征分析；第 13 章介绍用小波分析发动机振动的分析方法；第 14 章介绍匹配追踪法的发动机多故障综合诊断分析；第 15 章介绍发动机多故障综合诊断方法；第 16 章研究风力发电机组齿轮箱故障诊断问题；第 17 章介绍风电机组传动系统故障特征及诊断方法；第 18 章介绍大型风电机组传动系统故障诊断实例分析；第 19 章介绍基于 LabVIEW 的风电机组传动链故障诊断系统设计与开发；第 20 章介绍风力机叶片振动信号的获取及特性分析；第 21 章介绍风力机叶片故障特征量的提取及故障分析；第 22 章介绍基于支持向量机的叶片故障模式识别；第 23 章介绍旋转与往复式机械故障诊断系统的建立。

本书是笔者与合作者杨文平教授对所承担的天津市自然科学基金项目的研究成果经过认真筛选、取舍后而成稿的。天津工业大学研究生赵先进、吕艳春、严俊、马新华和英国曼彻斯特大学机械航空土木专业研究生杨帆在课题研究过程中做出了重要贡献。此外，天津职业技术师范大学机械工程学院的蔡玉俊教授在课题研究过程给予了无私的帮助。

本书试图为机械故障诊断领域的研究者、工程技术人员及相关专业的研究生提供参考。本书以应用为目的，阐述了结构动力学分析、故障诊断技术在机械故障诊断中应用的几个方面，但由于在该领域研究的时间还很短，许多问题尚需进一步探讨，加之作者水平所限，疏漏和不当甚至错误之处在所难免，恳请读者批评指正。

徐玉秀

2015.4.1

目　录

•••••••

中　部

下　部

上

部

第 1 章

内燃机结构振动与仿真分析简介

∙∙∙∙∙∙∙∙

1.1 引言

　　车用柴油机的发展趋势[1]：降低油耗；提高可靠性和耐久性；减排；降噪；减小摩擦和机械损失；适度增压。这意味着零部件和结构必须要能够承受更大的机械负荷和热负荷，并且保持相互之间好的匹配或润滑状态，同时整体振动和噪声辐射维持在较低水平。这对现有的柴油机机械、结构设计方法和摩擦学设计方法都是很大的挑战。众所周知，现有设计方法是最近 30 多年来在改进柴油机的实践中逐渐形成的，是在广泛地考虑本领域内各种重要因素基础上进行的优化设计，以至于在各自领域内已经比较系统。所以，应对挑战的策略，一方面是应用新技术，特别是新材料、新工艺、有效的控制技术（振动主动控制、摩擦学主动控制如主动流体动力润滑），另一方面就是推进各领域设计方法的融合，实现更高层次的优化设计。本书上部限于讨论后一方面。

　　目前，柴油机（或内燃机）的多领域整体优化已经在世界范围内引起学术界和产业界的重视，并且许多国家已在大力研究。从技术科学和仿真科学的发展来看，要取得关键性的突破还需要一段时间。不过，可能较早取得突破的就是动力学、结构动力学和摩擦学的综合优化设计。这三个领域的结合本身就有重大意义，也将为整体优化设计的最终实现打下坚实的基础。

1.2 内燃机结构振动与活塞动力学的研究概况

　　内燃机的结构振动[2]，是具有弹性的系统构件在燃烧气体力和惯性力作用下产生的机械振动。结构振动分为以下三类：内部传力结构振动（活塞组、连杆、曲轴）、外部承载结构振动（缸盖、机体、曲轴箱）、附属结构局部振动（油底壳等，但不包括附属部件）。结构振动具有振动件多、频率范围宽、传递路径复杂、传递中伴随复杂二次激振的特点，是内燃机燃烧噪声和活塞敲击噪声的根源，也是降噪设计和振动控制的主要对象。

内燃机结构振动反问题有多种，如有限元模型修改、结构综合设计、特征值逆问题、（模型）系统参数识别、载荷反演等。由响应或响应特性要求推求激励特性或模型特性。

活塞动力学意指活塞的运动（往复运动、二阶运动）、动态变形、相关作用力和活塞动特性等的研究。由于活塞与邻接构件间都存在润滑界面，活塞动力学研究依赖于活塞系统摩擦学研究。只有在研究相关摩擦副行为的基础上，才能综合地研究活塞的动力学行为。所以往复活塞式内燃机活塞动力学研究的主要推动力来自内燃机摩擦学研究。

1.2.1　内燃机结构振动分析研究概况

内燃机结构振动分析与其他复杂机械结构的振动分析有很多相似之处。

机械结构的动力分析方法中，典范是动态子结构法，主要包括机械阻抗法和模态综合法。机械阻抗法的最早提法始于 20 世纪 40 年代初，方法成型于 60 年代以后；模态综合法最早应用于 20 世纪 50 年代中期，初步架构由 Hurty 在 60 年代中期确立，后经众多学者的努力得到发展和完善。两种方法在内燃机结构振动分析方面都有广泛的应用[2]。

内燃机结构模型与建模技术，同其他复杂机械结构的建模有相似性。目前仍主要采用混合建模，采用有限元法与试验模态分析技术相结合，或机械阻抗法再与有限元法及实验方法相结合；通过一套方法修改理论模型使其与实际一致，然后用于分析。

内燃机结构模型离散化与自由度问题，有一些基本原则[3]，但还没有系统的方法，还需根据实际情况，以及研究问题的精度要求进行合适的选择。

典型的内燃机结构振动分析方法及其应用如下。

（1）部件、结构的模态分析。用于指导结构改进。

（2）结构的动特性分析，传递特性分析。用于分析系统动力学特性；内燃机故障诊断；载荷识别与动力反演。

（3）响应与应力求解。用于系统振动（响应）特性分析；结构与构件的强度、疲劳与寿命分析；内燃机故障诊断；系统噪声预测分析。

（4）非线性分析，结构的动力学稳定性。

内燃机振动控制设计一般要用到上面的各种方法。

1.2.2　内燃机结构振动反问题简述

直接求解结构振动反问题的方法，即相关的（模型）系统参数识别、载荷识别。

系统参数识别一般针对包含随机因素或受随机因素干扰的系统模型，主要用数理统计方法、最小二乘估计、最优估计等方法估计参数值。在监控和诊断领域[4]-[10]，有时候能对参数（状态）变化做出定性判别即可，相应方法仍属于系统参数识别的方法，只是更宽泛。典型的方法有：基于特定模型的参数估计法；基于标准模型的定性判别法，如摄动估计法、传递函数法、Kalman 滤波法[13]。

对于线性系统来说，单一载荷反演的基本原理，在频域里只是除法，在时域里是反卷积。但由于内燃机是复杂多激振系统，不少的激励源都是运动的，且有随机性，车用内燃机还有传感器安置方面的困难，故虽有文献研究，距实用还很远。用于缸内压力反演的较早尝试的有文献[14]。

由于结构振动反问题一般较困难，常通过估计参数值将反问题转化为结构振动正问题，用动力学分析的方法求解。

1.2.3　内燃机活塞动力学研究概况

内燃机活塞动力学是由活塞系统摩擦学研究推动的。活塞系统摩擦学是近 20 多年来发展起来的摩擦学专门领域，其基本内容是活塞、活塞环组、缸套系统的润滑、摩擦、磨合、磨损、损伤等的研究，此外还包括一些输运问题（窜气、机油耗等）、效率分析。其中作为活塞动力学主要基础的是活塞系统润滑和摩擦的研究，也是下面介绍的重点。

润滑力学基本理论方面的情况。1886 年，O. Reynolds 根据流体力学理论导出著名的雷诺方程，奠定了现代润滑理论的基础。其后半个多世纪里，人们一方面围绕 Reynolds 方程提出了各种各样的解析法，包括 Sommerfeld（1904 年）对无限长轴承、Ocvick（1952 年）对无限短轴承的解析解；另一方面基于液体动压原理发展了多种轴承型式。20 世纪 40 年代以后，随着电子计算机的发明和数值计算方法的飞速发展，人们提出了求取雷诺方程数值解的多种方法，其中 B. Hahn（1957）的压力叠加法是近似求解活塞二阶运动较常用的方法。1965 年，Hirs 提出了有名的 Hirs 假设，首次涉及了粗糙表面的流体润滑问题。1971 年，GreenWood 提出粗糙表面微凸体接触模型。1978 年，Patir 和 Cheng 引入流量因子的概念，提出为工程界广泛应用的粗糙表面流体润滑的平均雷诺方程。至此传统的刚性流体动力润滑理论的相关方法已经基本完备。另一方面，弹性流体动力润滑的研究始于 20 世纪 40 年代末。随后由于 Dowson 等的工作，也于 60 年代中期初步建立了基本框架。弹流润滑实际上是综合了雷诺方程、变形方程、压黏关系的相关求解理论[18]。同一时期，温度效应、惯性、非牛顿等问题也都得到了研究。大体上讲，到 20 世纪 80 年代中期时，流体润滑的理论架构已经较完备，在现有理论框架内，剩下的主要工作有：①发展新的润滑剂物性模型（例如，在内燃机润滑方面重要的液-固两相流体润滑模型，1966 年提出了有关理论，在 90 年代以后得到摩擦学界的重视，并提出相关解法）；②发展好的算法，改进求解效率和精度，大力推广应用于现实中的各种有关润滑和摩擦学问题；③拓展理论，使能够应用于现有理论的基本假定尚不能得到满足的极端情况和特殊条件的摩擦学问题。

活塞系统各摩擦副的润滑摩擦研究。关于活塞环润滑，早期的研究可以追溯到二战以前。在 1960 年前后已经提出了一些针对单环的理论分析法。1979 年，Dowson 将方法扩展到活塞环组-缸套润滑分析。1980 年，Rhode 提出了活塞环混合润滑模型及分析方法；

之后相关分析法渐渐完善。对于活塞润滑和二阶运动方面的提法，较早的是在 20 世纪 70 年代或更早，Knoll 和 Peeken 于 1982 年提出了活塞裙部润滑的理论模型，之后活塞润滑方面的有关方法也在 80 年代中期达到完善。

然后这些分析方法迅速实用化，并形成了专用软件，如 GE 的 FLARE，AVL 的 Excite。以 AVL Excite（2007）的 Piston 模块来看，它实现的特性有：各种活塞裙部和缸套型面，活塞裙部和缸套的轴向和周向表面形貌，活塞径向弹性、缸套弹性，静态热应变，气缸压力偏载，环组惯性、摩擦（Stribeck 摩擦模型，可参见文献[20]），曲柄连杆机构摩擦力矩（Stribeck 摩擦模型，假定曲轴、连杆机构为刚性，且各滑动轴承无间隙，但可定义各滑动轴承的摩擦模型）、活塞销偏置和质心偏置，缸套壁面多重网格模型。从这些特性来看，其理论模型实际上实现了弹流润滑计算、摩擦学与机械动力学耦合、活塞-活塞耦合相互作用。

若此软件代表国外近年来的商用内燃机活塞摩擦学分析水平，那么尚未达到成熟的问题如下。

① 瞬态热变形。

② 活塞系统摩擦学与构件振动的耦合。

③ 活塞-环组运动与滑动轴承耦合。

④ 活塞-环组运动与曲轴连杆机构弹性和动特性的耦合。

⑤ 机油成分与特性的精细模型。

国外近年来的研究包括：摩擦副磨损、磨合过程的理论仿真[15]；多柔性体、多摩擦学系统的耦合仿真问题[16]。

国内活塞系统润滑、摩擦相关研究。1989 年，姜恩沪等在国内首先用流体润滑理论研究活塞二阶运动问题，并取得了与试验较为一致的结果[17]，该文的活塞力学模型比较完善。文中考虑了活塞行程各位置裙部油膜温度的不同，并因此考虑了润滑油的粘温特性；考虑了活塞环与活塞的横向摩擦作用，以及连杆对活塞的摩擦力矩。文中采用的是刚性雷诺方程和全膜流体润滑假设。1991 年陈伯时、裘祖干等的专著[18]总结了此前国内的有关研究情况，其中有一章专门讨论活塞二阶运动及活塞环组膜厚时间历程的求解，采用的是全膜流体润滑模型，由于书中另有章节介绍混合润滑模型，这就说明 1991 年之前国内对一个工作循环内活塞的润滑状态变化还不很明了，或者对混合润滑模型应用较少。1992－1993 年，桂长林、刘焜等在分析活塞环缸套作用时采用混合润滑模型[19]，1995 年以后发表的活塞与缸套润滑模型基本都采用混合润滑模型。1998 年刘焜等结合活塞二阶运动求解结果分析了活塞环组有偏斜情况下的二维流体润滑问题[15]。戴旭东等在 2001－2003 年间提出研究活塞缸套摩擦学与结构振动的耦合问题[16]，并对单缸系统做了研究，后来又有人提出多缸系统各缸振动特性的差异使得各缸活塞缸套摩擦学特性并不完全相同，建议研究多缸系统等。叶晓明在 2002－2004 年较详细地研究了缸套沿圆周方向非对称情况下的活塞环组润滑问题[19]，在模型中考虑了贫油及机油气穴效应等。白敏丽教授等于 2005 年在活塞环组混合润滑模型基础上引入全面的瞬态传热模型、摩擦数理模型（粘温特性），建立非稳态传热活塞环组混合润滑模型[20]。2004 年孟凡明用运动网格法研究了颗粒对润滑油特性的影响，2005 年王伟等将液-固两相流体润滑模型用于活塞环组的润滑分析[22]。

1.3　重要意义与主要内容

实际中早已有从理论上更深入全面地解释柴油机结构振动现象、揭示振动规律的需要，近年来相关的模型和技术也已逐渐成熟。另外，作者在参与一个内燃机振动评估诊断系统开发项目过程中[6]-[10]，从实验信号分析中做出了一些推断，若能从理论上得到支持，需要进行一些理论模型分析。

1.3.1　重要意义

（1）柴油机技术和柴油机机械设计的发展要求。在本章引言中已经述及，内燃机设计的发展方向是在多领域综合基础上实现整体优化设计。

（2）相关摩擦学数值模拟技术的成熟。目前混合润滑数值模拟已比较成熟，已经有能力"对任何工程表面，从全膜润滑到完全接触全域范围内，较精确地模拟其应力、膜厚、接触率、温度、随时间的变化过程"。弹流润滑数值模拟也已较成熟。

（3）故障诊断技术在机理研究方面的滞后。目前内燃机振动诊断在方法论上仍停留在"设置故障→采集样本→整理分析→提取特征→形成方法"的以归纳经验知识为主的低级阶段，远远不能满足实际需要。机械故障振动诊断技术长足发展必须由经验走向理论，形成完整的理论研究方法体系和相关的工程组织实施技术，即必须与多领域仿真相结合。

将先进的摩擦学数值模拟技术推广应用于内燃机结构动力学分析，利用多领域集成仿真技术将内燃机振动诊断技术由经验阶段提升到理论阶段，对促进相关学科的发展、相关技术的走向成熟都具有重要意义。

1.3.2　主要内容

基于整机多领域模型研究多工况下增压柴油机活塞敲击引起结构振动的情况，主要内容有建立有关模型及模型验证、仿真分析的情况；表面振动响应的仿真结果与实测结果的对比，以及结果分析情况。在介绍模型时强调仿真的整体性，各部分模型的依存与配合关系；综合仿真实施的一些问题。

（1）介绍对柴油机有关故障推断进行仿真验证的技术路线。

（2）进行整机曲柄连杆机构动力学分析与求解，求得各构件运动参数和构件间相互作用力（矩）变化过程。

（3）建立整机缸内一维热力学仿真模型，与机构动力学模型作联合仿真判定稳定工作点，求得各稳定工作点的缸内气体压力过程、温度过程等。其中，各工作点燃烧模型参数采用 Woschni 修正计算。

（4）在刚性光滑型面、全膜流体润滑假设下求解活塞二阶运动，求得对应各工况点的稳态活塞二阶运动时间历程，考察最小膜厚、最大压力、活塞组质量几何参数的影响。

（5）建立机体的有限元模型，通过对锤击试验模态分析与有限元模型模态分析得到的低阶固有频率与振型的比较，确认机体有限元模型的有效性。

（6）将各工况点一个工作循环的活塞裙部对缸套压力场、摩擦力场和缸内气体变化过程施加到机体有限元模型，求解结构的周期响应，考察仿真表面振动响应与实测振动响应多方面的对应性。总结活塞敲击引发结构振动的一些规律。

1.3.3　仿真模型系统的确认与验证

要仿真研究实际物理系统特性，首先就要求多领域子模型间匹配，以及整体综合模型的结构良性和可靠性。参照文献[31]中的有关建议，在实施集成仿真过程中，遵循以下原则。

（1）对每个子模型的确认包括理论模型有效性、计算模型有效性、程序实现有效性三方面。

（2）采用成组的反映多种因素变化的算例来验证模型，必须能确认结果是确定的规律而不是偶然巧合。

（3）以合适的方法进行模型匹配的有效性确认。

程序实现有效性由针对程序选定的算例或运行过程进行确认；理论模型有效性和计算模型有效性首先经概念完整性检查，然后由仿真试验设计确定的成组算例进行检验。

第 2 章

发动机故障振动问题的技术路线分析

●●●●●●●●

2.1 引言

对复杂动力学系统的动力学仿真结果的有效性确认，须要进行多个方面的验证，如数学模型建立上的理论推导验证和实验上的验证等。对动力学结构的振动仿真来说，仿真的响应特性应尽可能地在多种工况和多个方面与实测振动特性相符，这就对仿真系统本身的完备性提出了要求——它应能用于模拟不同工况和状态下的系统行为。

模型验证和推断检验都涉及多个环节，要想得出有意义的结果，必须遵循科学合理的工作方法和工作过程，并注意工作过程各环节的确认与验证。

2.2 发动机故障诊断基本问题

为了分析发动机的故障类型，采用对发动机表面进行振动信号的实测分析。实测时，采集发动机在空载、中速 1020r/min 稳态下连续 4 个循环测点 B1.45 的加速度响应过程[1,2]。

图 2-1 给出了几帧实测的发动机侧面的振动信号，由图 2-1 可以看到，局部波形 A 在各循环都稳定地出现，其发生的相位在第 5 缸压缩上止点及之后一段[3]（第 5 缸燃烧区段）

---

[1] B1.45 是机身主推力面侧面上部对应 4、5 缸之间的某横向振动加速度测点的代号，位置可参考图 6-4。

[2] CA 表示曲轴转角（Crank Angle），CA1 表示横轴以对应第 1 缸压缩的上止点位置信号窄脉冲中心为曲轴转角零度，由于上止点位置信号采用在飞轮贴片的漫反射光电感应原理，故横轴零度与真实第 1 缸压缩上止点可能会有−20~20° 甚至更大偏差，故本文对实测振动信号给出的曲轴转角横坐标都是近似基准。

[3] 被测柴油机型号为 WD615.67，属直列 6 缸柴油机，各缸做功顺序是 1-5-3-6-2-4。

角度/时间区域内。将局部波形 A 放大，并与同时段第 5 缸缸盖上测点 A1.56 的振动加速度[4]一同画出，如图 2-2 所示。由图 2-2 知，以 31.1665s 为分界点，波形分为前后两部分，之前部分两测点响应波形相似度小，缸盖响应更大；之后侧面响应几乎是突然增大到超过缸盖的响应，然后两测点波形有一定的相似性，这说明前后部分对应的激励不同[5]。

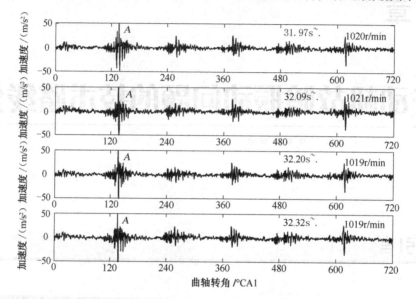

图 2-1　发动机侧面的振动加速度响应信号

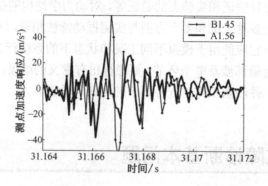

图 2-2　中速 1020r/min B1.45 与 A1.56 响应比较

通过发动机的燃烧冲击特性可确认缸盖测点前半部分对应燃烧冲击，而后半部分可能是压缩上止点附近发生在缸内的某种机械冲击。下面通过实例进行说明。

例如，图 2-3 为一稳定工况下测点 B1.45 的振动波形，该种振动的时域波形在宽的转速范围内有稳定的特征，由于机身侧面（主推力侧）中上部邻近测点的响应最大，缸盖测点响应亦较大，则就推断激振源在缸内中上部主推力侧，这种主推力主要通过缸体自身传递和/或上部传递。又由于活塞横向冲击是必定存在的，且在压缩上止点之后或附近稳定

---

[4] A1.56 测点位置可参考本书第 6 章图 6-4。

[5] 内燃机的燃烧冲击和构件间二次冲击的作用点随时间皆慢变，作用点移动不会导致某构件的突加载荷。

地发生，所以就首先推断波形可能是活塞敲击引起的响应。那么，推断是否成立呢？如果推断成立，那么局部波形 A 的时域波形特征包含了敲击作用和传递路径上的什么信息呢？换言之，如何解释实测振动信号中稳定重现的未知局部振动特征？

单纯的信号处理不可能回答这些问题，拆机检查也不一定奏效，系统地解答问题只能通过建立理论模型阐明激振力的作用机理，然后结合结构动力分析给出。如果能从理论上给出实际特性的可信的解释，问题就能得到解决。

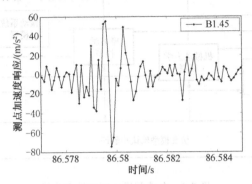

图 2-3　中速 1525r/min B1.45 响应

2.3　解决问题的技术路线

对于有显著特征的未知振动，若其包含的成分较少，如短时谱（短时傅里叶变换）峰少，时频分解原子少，即如图 2-2 所示的测点 B1.45，其振动的时频分解如图 2-4 所示。由图 2-4 可知，31.166s 之后只有三个基本信号成分，它们对应于 B1.45 响应大的部分，成分少且参数相似，则可能涉及的激励源和传递路径不会太多。这样，可以通过假设检验逐个考察各个可能的激振源，从而对未知振动的实质特征做出准确的推断。

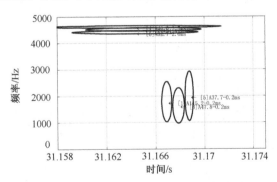

图 2-4　中速 1020r/min B1.45 局部波形 A 附近信号段时频分解成分分布[6]

采用备选假设的评判过程方法，建立如图 2-5 所示的技术路线进行评判。

6　采用匹配追踪算法，可参见文献[29]第 6 章。

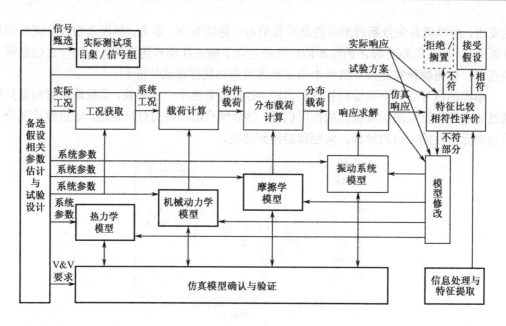

图 2-5　备选假设评判的技术路线

对于备选假设，选择合适的实际工况的实测信号作为验证比较对象，设计一组仿真试验，估计有关系统参数、完善并验证仿真模型后，运行仿真计算，将仿真与实测结果进行比较，然后修改模型重运行，或拒绝假设，或接受假设，抑或暂且搁置。

图 2-5 中的阴影框为过程实施的支撑模块，除信号处理（信号处理模块采用的是通用信号处理方法）模块外，其他模型将在后面各章依次介绍。

第 3 章

直列六缸发动机曲柄滑块机构动力学
········

3.1 引言

在一定假设下，多缸内燃机曲柄滑块机构仍可简化为单自由度系统。这样，利用虚功原理可方便地建立机构的运动方程。在求得机构运动后，再由作用力分析得到各运动副上的力和力矩。

在发动机曲柄滑块机构仿真中，考虑各运动副的动态特性比较复杂，采用摩擦学和动力学耦合仿真将导致很庞大的方程组和复杂的求解过程。实用的还是采用简单的运动副摩擦模型，调整有关参数使摩擦特性接近实际的变化规律。

发动机曲柄滑块机构仿真中的气体压力常采用实测或热力学仿真结果。可以用动力学模型与热力学模型作联合仿真，使模型在理论上更合理，可用于不同工况下机械特性分析，还可用于变工况过渡过程仿真，计算较简单。本章采用联合仿真的方法计算缸内气体压力，所用热力学模型将在第 4 章介绍。

对车用发动机，负载条件下的载荷模型可根据车辆运行条件采用经验公式简化计算；空载条件下作用于曲轴的外载荷主要是来自辅助机构和附属部件运转的阻力矩，附属部件很多，且特性、参数多是未知的，亦只能做一定简化。考虑到实测数据都在空载情况下取得，在分析结构动响应时对发动机的动力学计算主要针对空载，采用简化的空载负荷模型。

本章用所建立的模型对几个不同稳定工况点计算了内燃机曲柄滑块机构的稳态过程和运动副作用力，并与实测或经验特性作比较。结果表明模型在总体上反映了物理机构的实际情况，可用于进一步的活塞动力学分析。

3.2 曲柄滑块机构理论模型

对发动机曲柄滑块机构做如下假定。

（1）忽略分缸动力机构运动件在曲轴回转轴线方向上的运动，忽略运动件绕缸轴线的扭转，即假定内燃机分缸动力机构为严格的平面机构。

（2）各运动构件及机体皆为刚性。

（3）将活塞、活塞环组、活塞销视为一体，忽略其相对运动和因此导致的能量损失。

（4）忽略运动副间隙、弹性变性，但考虑其摩擦力，即将运动副视为理想平移、转动低副。

在假设（4）中，忽略间隙也就意味着忽略滑动轴承径向阻尼效应，以及活塞二阶运动。各项假设大致符合在中低速、小载荷下正常机构的实际情况。

在上述假定下，发动机曲柄滑块机构简化为单自由度的刚性平面机构，求解比较简便。

3.2.1 曲柄滑块机构运动分析

先以单缸的曲柄滑块机构（缸套-活塞组-连杆-曲轴段-主轴承座）为研究对象，建立如图 3-1 所示的系统广义坐标系。单缸系统构件的受力分析如图 3-2 所示。

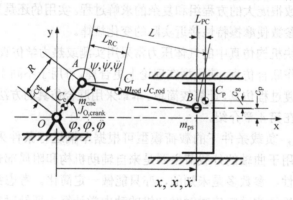

图 3-1 单缸系统及坐标系

由广义坐标（φ, ψ, x）描述系统位移时，系统有完整约束

$$\begin{cases} \sin\varphi + \lambda\sin\psi = r_{cp}, & \cos\psi > 0 \\ x = R(\cos\varphi + \lambda\cos\psi) \end{cases} \tag{3-1}$$

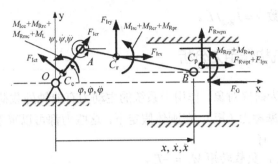

图 3-2　单缸系统构件受力分析

式（3-1）中，$\lambda = L/R$ 称为连杆曲柄比；$r_{cp} = c_p/R$，为活塞销偏置量 c_p 与曲柄半径的比。选取 φ 为独立坐标，则有非独立坐标的公式

$$\begin{cases} \psi = \arcsin \dfrac{r_{cp} - \sin\varphi}{\lambda} \\ x = R(\cos\varphi + \sqrt{\lambda^2 - (r_{cp} - \sin\varphi)^2}) \end{cases} \tag{3-2a}$$

$$\begin{cases} \dot\psi = -\dfrac{\cos\varphi}{\lambda\cos\psi}\dot\varphi = k_{RC}\dot\varphi \\ \dot x = R(k_{RC}(\sin\varphi - r_{cp}) - \sin\varphi)\dot\varphi = k_{PC}\dot\varphi \end{cases} \tag{3-2b}$$

$$\begin{cases} \ddot\psi = k_{RC}\ddot\varphi + \dfrac{dk_{RC}}{d\varphi}\dot\varphi^2 \\ \ddot x = k_{PC}\ddot\varphi + \dfrac{dk_{PC}}{d\varphi}\dot\varphi^2 \end{cases} \tag{3-2c}$$

其中速比 k_{RC} 和 k_{PC} 有

$$\begin{cases} k_{RC} = k_{RC}(\varphi) = \dfrac{\dot\psi}{\dot\varphi} = -\dfrac{\cos\varphi}{\sqrt{\lambda^2 - (r_{cp} - \sin\varphi)^2}} \\ \dfrac{dk_{RC}}{d\varphi} = k_{RC}(k_{RC}\tan\psi - \tan\varphi) \\ k_{PC} = k_{PC}(\varphi) = \dfrac{\dot x}{\dot\varphi} = R(k_{RC}(\sin\varphi - r_{cp}) - \sin\varphi) \\ \dfrac{dk_{PC}}{d\varphi} = R((k_{RC} - 1)\cos\varphi + k_{RC}(\sin\varphi - r_{cp})(k_{RC}\tan\psi - \tan\varphi)) \end{cases} \tag{3-3}$$

此外，对连杆的质心有

$$\begin{cases} x_{RC} = R(1-\alpha)\cos\varphi + \alpha x \\ y_{RC} = R(1-\alpha)\sin\varphi \end{cases} \tag{3-4a}$$

$$\begin{cases} \dot x_{RC} = -R(1-\alpha)\dot\varphi\sin\varphi + \alpha\dot x \\ \dot y_{RC} = R(1-\alpha)\dot\varphi\cos\varphi \end{cases} \tag{3-4b}$$

$$\begin{cases} \ddot x_{RC} = -R(1-\alpha)\ddot\varphi\sin\varphi - R(1-\alpha)\dot\varphi^2\cos\varphi + \alpha\ddot x \\ \ddot y_{RC} = R(1-\alpha)\ddot\varphi\cos\varphi - R(1-\alpha)\dot\varphi^2\sin\varphi \end{cases} \tag{3-4c}$$

其中连杆质心位置系数 $\alpha = L_{RC}/L$。

3.2.2 曲柄滑块机构作用力分析

以单缸动力机构为研究对象,作用于系统的主动力有曲轴外载荷、气体作用力、构件惯性力(矩)、运动副摩擦力(矩)。在刚体假定下,这些力都可以等效到相应的质心力系。在图 3-2 设定方向下,有

气体力 $F_G = p_G A_p$,负载转矩 $M_L = -T_s$,

惯性力和力矩 $F_{Ipx} = -m_{ps}\ddot{x}$,$F_{Irx} = -m_{rod}\ddot{x}_{RC}$,$F_{Iry} = -m_{rod}\ddot{y}_{RC}$,$M_{Irc} = -J_{C,rod}\ddot{\psi}$,

$F_{Ict} = -m_{crank}l_{CC}\ddot{\varphi}_{RC}$,$M_{Icc} = -J_{C,crank}\ddot{\varphi}$。

其余力和力矩:

F_{Rwpt} 为缸壁对活塞的摩擦力,见 3.2.6 节;

M_{Rpr}、M_{Rpr}、M_{Rcr}、M_{Rrc}、M_{Rmc} 为滑动轴承摩擦力矩,下标中 p 表示活塞,r 表示连杆,c 表示曲柄,m 表示主轴承座。而 M_{Rpr} 表示活塞(销)对连杆(小头轴承)的摩擦力矩等。在不考虑轴承间隙时,就有 $M_{Rrp} = -M_{Rpr}$,$M_{Rrc} = -M_{Rcr}$。滑动轴承摩擦力矩的确定见 3.2.4 节;

F_{Rwpn} 为缸壁对活塞横向支撑力,在前面假设下,F_{Rwpn} 恒不作功;

F_{Icr} 为曲柄非平衡质量的惯性离心力,在前面假设下,恒不作功。

3.2.3 发动机曲柄滑块机构动力学方程

根据达朗贝尔虚功原理,单缸动力机构的运动方程为

$$\sum_i F_{Ri}v_i + \sum_j F_{Ij}v_j + \sum_k M_{Rk}\omega_k + \sum_l M_{Il}\omega_l = 0 \tag{3-5}$$

式(3-5)中,F_{Ri}、F_{Ij}、M_{Rk}、M_{Il} ——系统所受有功力、系统惯性力、系统所受有功力矩、系统惯性力矩;v_i、ω_k 等为对应于该作用力(矩)方向上的速度、角速度。系统为单自由度,若取 φ 为独立广义坐标,则系统方程写成

$$\sum_i F_{Ri}\frac{v_i}{\dot{\varphi}} + \sum_j F_{Ij}\frac{v_j}{\dot{\varphi}} + \sum_k M_{Rk}\frac{\omega_k}{\dot{\varphi}} + \sum_l M_{Il}\frac{\omega_l}{\dot{\varphi}} = 0 \tag{3-5a}$$

即

$$\begin{aligned}
&F_{Rwpt}k_{PC} + \\
&\left(F_{Ict} + F_{Irx}\frac{\dot{x}_{RC}}{\dot{\varphi}} + F_{Iry}\frac{\dot{y}_{RC}}{\dot{\varphi}} + F_{Ipx}k_{PC}\right) + \\
&(M_{Rmc} + M_{Rrc} + (M_{Rcr} + M_{Rpr})k_{RC}) + \\
&(M_{Icc} + M_{Irc}k_{RC}) = 0
\end{aligned} \tag{3-5b}$$

将各力的值和速度式(3-2b)、加速度式(3-2c)代入式(3-5b),化简整理得

$$J_{es}\ddot{\varphi} + D_s\dot{\varphi}^2 = M_{Qs}(\varphi,\dot{\varphi}) \tag{3-6}$$

式（3-6）中，M_{Qs}——单缸系统等效力矩；

$$M_{Qs} = -T_s - (A_p p_G + F_{Rwpx})k_{PC} + (M_{Rpr} + M_{Rrc})k_{RC} - M_{Rrc} - M_{Rcm}$$

J_{es}——单缸系统等效转动惯量；

$$J_{es} = J_{es}(\varphi)$$
$$= J_{O,crank} + J_{C,rod}k_{RC}^2 +$$
$$(R^2(1-\alpha)^2 + \alpha k_{PC}(2R(\alpha-1)\sin\varphi + \alpha k_{PC}))m_{rod}$$

D_s——单缸系统等效科氏力系数；

$$D_s = D_s(\varphi) = m_{rod}(R(1-\alpha)\alpha k_{PC}\cos\varphi - \alpha(R(\alpha-1)\sin\varphi + \alpha k_{PC})\frac{dk_{PC}}{d\varphi})$$

对多缸系统，相应地有曲轴动平衡方程

$$T(\varphi,\dot{\varphi},t) + \sum_{i=1}^{N}(M_{Gi}(\varphi) + M_{Ii}(\varphi,\dot{\varphi},\ddot{\varphi}) + M_{Ri}(\varphi,\dot{\varphi})) = 0 \qquad (3-7)$$

式（3-7）中，M_{Gi}——第 i 缸气体作用引起的加于曲轴的力矩；

M_{Ii}——第 i 缸运动件惯性引起的加于曲轴的力矩；

M_{Ri}——第 i 缸运动副摩擦引起的加于曲轴的力矩。

特别地，当各缸热力学特性相同和构件参数相同时，有

$$T(\varphi,\dot{\varphi},t) + \sum_{i=1}^{N}(M_G(\varphi-\varphi_{i0}) + M_I(\varphi-\varphi_{i0},\dot{\varphi},\ddot{\varphi}) + M_R(\varphi-\varphi_{i0},\dot{\varphi})) = 0 \qquad (3-7a)$$

式（3-7a）中，φ_{i0}——第 i 缸初始相角，以曲轴转角计，对直列 6 缸发动机，若做功顺序 1-5-3-6-2-4 时，就可取

$$\{\varphi_{10},\varphi_{20},\varphi_{30},\varphi_{40},\varphi_{50},\varphi_{60}\} = \{0,\frac{8\pi}{3},\frac{4\pi}{3},\frac{10\pi}{3},\frac{2\pi}{3},2\pi\}$$

多缸系统方程也可化简为如下形式

$$J_e\ddot{\varphi} + D_e\dot{\varphi}^2 = M_Q(\varphi,\dot{\varphi}) \qquad (3-8)$$

式（3-8）中，M_Q, J_e, D_e——多缸系统等效曲轴力矩、等效转动惯量、等效科氏力系数。

3.2.4　轴承摩擦力矩特性

轴承摩擦力矩由恒定偏心率的短轴承摩擦力矩近似。若轴径为 d，轴承孔径为 D，轴承宽度为 b，轴转速为 ω_s，轴承座转速为 ω_b，偏心率为 ε，则隙径比 $m = \dfrac{C_d}{D} = \dfrac{D-d}{D}$，等效转速 $\omega = \omega_s - \omega_b$，则据文献[15]有

$$M_R = \frac{1}{\sqrt{1-\varepsilon^2}} \cdot \frac{\pi\mu b D^2 \omega}{2m} \qquad (3-9)$$

这是稳态静载的公式，作为动载下摩擦力矩的近似，取 ε 为一循环的平均值，或典型载荷与平均转速下的静载偏心率，在仿真中对各轴承统一取 $\varepsilon = 0.9$。

3.2.5　外载荷特性

空载下的发动机外载荷主要是辅助机构和附属部件运转的阻力（矩）。载荷的特性为恒功率的、接近恒转矩，或与转速和曲轴位置有复杂关系，难于一一确定。考虑到附属构件载荷一般是随转速增加而增大，近似为恒转矩的（恒功率则载荷随转速增大而减小），求解时，假定外载荷的主体部分是恒转矩的，对一些附属构件载荷采用简化计算。

所采用的转矩表达式为

$$T_L = T_{L0} + (\frac{sA_p}{4\pi})\sum_{i=1}^{N} w_i \qquad (3\text{-}10)$$

式（3-10）中，T_{L0} 为基值，$s = 2R$ 为行程长度，w_i（J/m^3）为第 i 个附属部件的比摩擦功（见表 3-1），w_i 根据文献[33]选定。

表 3-1　附属部件的比摩擦功

部件	机油泵	中冷器（风扇）	冷却水泵
比摩擦功（$\times 10^6\,J/m^3$）	0.012	0.090[7]	0.025

3.2.6　活塞组作用力

采用文献[33]的活塞组与缸套作用力近似公式：

$$F_f = F_{f,kr} + F_{f,hm,k} + F_{f,hmin,k} \qquad (3\text{-}11)$$

式（3-11）中，$F_{f,kr}$ ——活塞环组摩擦力，

$$F_{f,kr} = C_1 \cdot \frac{2\pi\mu b_{ring} \sqrt[3]{\upsilon}}{m_{ring}} \qquad (3\text{-}12)$$

$F_{f,hmin,k}$ ——活塞-缸套油膜承载区摩擦力，

$$F_{f,hmin,k} = \frac{C_2}{500} \cdot \frac{1}{6} \cdot \frac{2\pi\mu L_p \sqrt[3]{\upsilon} N_p}{m_p} \qquad (3\text{-}13)$$

$F_{f,hm,k}$ ——活塞-缸套油膜非承载区摩擦力，

$$F_{f,hm,k} = C_3 \cdot \frac{5}{6} \cdot \frac{2\pi\mu L_p \upsilon}{m_p} \qquad (3\text{-}14)$$

υ 为活塞往复运动速度，N_p 活塞缸套横向作用力，L_p 活塞裙部长度，b_{ring} 环组等效宽度，m_{ring} 环组与缸套隙径比，m_p 活塞配缸隙径比，μ 机油动力黏度。$C_1 \sim C_3$ 为系数，分别取值为 $C_1 = 12$，$C_2 = 15$，$C_3 = 1$。

按公式（3-11）计算的活塞组摩擦力在量级和变化规律上接近实测结果，如图 3-3 所示。

---

[7] 按增压度 a=2 计算，有 0.030×(a+1)=0.030×3=0.090kJ/L，详见[WZG01]p91。

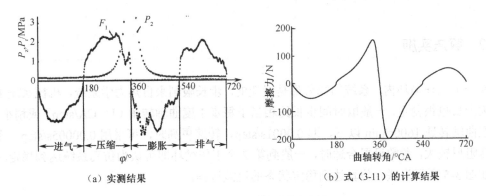

（a）实测结果　　　　　　　　　　　（b）式（3-11）的计算结果

图 3-3　实测与近似公式计算活塞组与缸套摩擦力比较
（图 3-3（a）引自文献[33]的图 5-14（b））

3.2.7　工质作用力

缸内工质作用力计算采用对稳定工况的热力学仿真的计算结果，假定曲轴箱内气体压力恒定，且忽略曲轴箱内气体对机构运动的气动阻力，计算结果详见第 4 章。

3.3　计算模型

简介系统方程的求解过程设计及实施问题。

3.3.1　算法设计

系统运动方程式（3-8）是二阶常微分方程，化为一阶方程组后，由 Runge-Kutta 法求数值解。由于工质作用力是采用热力学仿真的计算结果，故须与第 4 章热力学常微分方程组作联合仿真来求解，如图 3-4 所示。

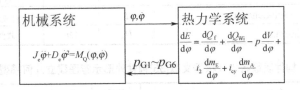

图 3-4　动力学与热力学联合仿真数据传递

稳定工况的获取：固定与该工况对应的初始转速和曲轴输出转矩，不断调整热力学参数，然后重新运行仿真直至得到稳定工况。

3.3.2 算法实施

在一个工作循环内，系统的载荷都是慢变的。步长限制来自热力学系统，机械系统求解对大步长也很稳定，一般取时间步长约相当于每步1度曲轴转角（1°CA/step）或稍小。这样在曲轴转速1600r/min以下，取0.0001s/step，转速更高时，可采用0.00005s/step。系统运转阻尼较大，参数设置合适时，一般到第2个工作循环即可认为仿真系统达到稳定状态，如图3-5所示为联合仿真达到稳定状态的过渡过程。

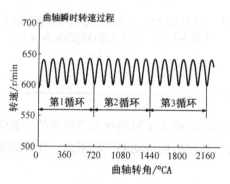

图3-5　联合仿真达到稳定状态的过渡过程

3.4　数据参数

仿真针对某型增压中冷柴油机的动力机构。模型涉及的系统质量几何参数见表3-2和表3-3，润滑参数见表3-4。

表3-2　基本尺寸（根据文献[35]数据）

参数	符号	值	备注
曲柄半径（连杆轴径与主轴颈轴间距）/mm	R	65	行程 $s = 2R = 130$mm
连杆大小头中心距/mm	L	219	杆长比 $\lambda = L/R = 3.3692$
缸径/mm	D_{cy}	126	截面积 $A_p = 0.01247$m^2

表3-3　构件质量特性（根据文献[35]构件外形示意图建立几何模型估得）

参数	符号	值	备注
曲轴绕轴线转动惯量（包括曲轴附件）/kg·m^2	$J_{O,crank}$	1.4454	
连杆质量/kg	m_{rod}	3.273	
连杆质心位置/mm	L_{RC}	54.75	位置系数 $\alpha = \dfrac{L_{RC}}{L} = 0.25$

参数	符号	值	备注
连杆绕质心 z 向转动惯量/kg·m²	$J_{C,rod}$	0.0322	
活塞组质量/kg	m_{ps}	2.2914	
活塞组质心位置/mm	L_{PC}	40	

表 3-4　润滑系统参数（轴承几何尺寸根据文献[35]数据）

参数	符号	值	备注
机油动力黏度/Pa·s	μ	0.015	40#油 90℃查文献[6]图 2.4
曲轴主轴径/mm	D_{mc}	100	
曲轴主轴承间隙（正常）/mm	C_{mc}	0.065	隙径比 m_{mc} =0.0013
主轴承宽度/mm	b_{mc}	46	
曲轴连杆轴径/mm	D_{rc}	82	
连杆轴承间隙（正常）/mm	C_{rc}	0.0425	隙径比 m_{rc} =0.00116
连杆轴承宽/mm	b_{rc}	46	
活塞销直径/mm	D_{rp}	50	
连杆小头轴间隙（正常）/mm	C_{rp}	0.018	隙径比 m_{rp} =0.00072
连杆小头轴承宽/mm	b_{rp}	41	
活塞配缸间隙（正常）/mm	C_{wp}	0.08125	
活塞裙部宽度/mm	L_p	80	隙径比 m_p =0.00129
活塞环组与缸套工作间隙（正常）/mm	C_{wr}	0.08125	隙径比 m_{ring} =0.00129
活塞环组等效宽度/mm	b_{ring}	10	这等于环的宽度之和，即假定全宽度上有效

3.5　模型验证

对运动副作用力特性和空载稳态瞬时转速特性进行验证，考察由模型仿真的结果与实际机构情况的接近程度。

3.5.1　运动副作用力特征的定性检查

根据内燃机曲柄连杆机构运动副作用力的一些基本特征，可对仿真结果进行定性检查。

（1）基本频率：工质作用引起的运动副作用力基频是工作循环频率。惯性力引起运动副作用力基频是曲轴回转频率。

（2）压缩上止点处活塞惯性力与气体压力方向相反。

（3）惯性效应：构件惯性引起的运动副作用力随转速显著增大，在高速下居主要地位。

由图 3-6 和图 3-7 的仿真结果可以看出，显然符合上述的基本特征（1）～（3），从而可以对仿真模型做进一步的考察。

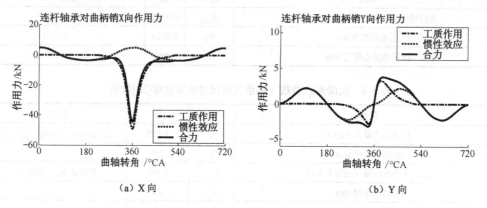

（a）X 向 　　（b）Y 向

图 3-6　仿真 1030r/min 连杆轴承对曲轴轴颈作用力

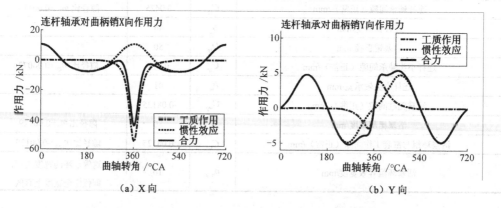

（a）X 向 　　（b）Y 向

图 3-7　仿真 1525r/min 连杆轴承对曲轴轴颈作用力

3.5.2　稳态瞬时转速波动检验

稳定工作时瞬时转速波动量与转速有关，转速越高，波动量越小，由实测发电机（由曲轴通过 V 带拖动）感应电压相变也可求得小角度内（约 9° CA 范围内）平均转速的变化过程，可以与仿真的曲轴瞬时转速变化过程进行比较。

实测瞬时转速平均峰谷差随转速提高而减小，且减小的程度与仿真相符。中速 1525r/min 下的差异显著，但实测瞬时转速也反映出该转速下各缸做功极不均衡，理论与实测差异大的原因可能是由于该发动机本身动力性有问题，如图 3-8 所示。

通过仿真特性与实测特性相符，说明动力机构模型总体上能反映实际机构情况，为后面内燃机摩擦学计算奠定了好的基础。

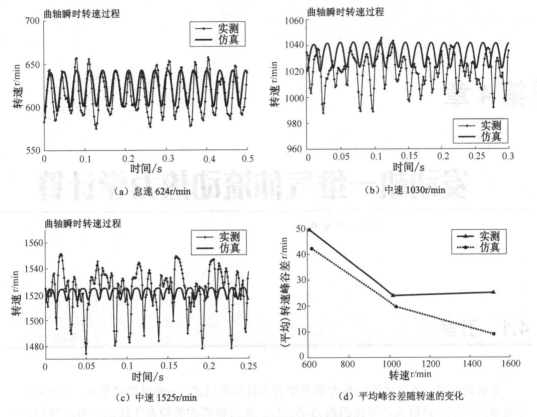

（a）怠速 624r/min

（b）中速 1030r/min

（c）中速 1525r/min

（d）平均峰谷差随转速的变化

图 3-8　实测与仿真瞬时转速波动比较

第4章

发动机一维气体流动热力学计算

● ● ● ● ● ● ● ●

4.1 引言

多缸柴油机一维气体流动热力学模型有多种简化形式。一种最简模型是，假定进排气系统参数恒定，只研究各缸内的热力学过程。此时建模的关键在于辅助参数和辅助过程——如工况点、燃烧模型参数、周壁传热、增压柴油机的进排气系统边界条件匹配、混合气基本热力学参数公式等的确定。由于主要关注缸内压力过程，故建立这种最简形式的热力学模型即可。

在没有实测的热力学状态参数情况下，可以通过比较柴油机热力学仿真结果和该机型的特性来确认模型有效性。本章通过对仿真发动机外特性和厂家发布的数据进行比较；在与动力学模型联合仿真基础上，对仿真的发动机的机械损失和效率进行考察。结果表明，热力学和动力学联合模型在模拟系统做功和效率方面总体上合理，可用于发动机动力学方面的进一步分析研究。

4.2 理论模型

对多缸柴油机稳态一维热力学过程做如下假定。

（1）柴油机在各稳定工作点运行时，进排气系统参数保持相应的定值（但各工况点间值可不同）。

（2）各缸热力学边界条件一致。

（3）工作过程中缸内气体泄漏可忽略。

（4）配气机构的动特性可忽略，认为各转速下配气相位相同。

（5）不同工作循环喷油量的差异和随机性可忽略，且各缸喷油量相等，各缸各循环燃烧情况相同。

（6）缸内工质成分各处均匀。

其中，假设（6）是一维气体流动热力学基本假设。假设（3）、（4）、（5）是常用假设，最大限度地简化了系统特性。假设（2）是由于对缸间传热、尺寸、动作等的差异没有先验知识，无法做更好选择。对增压发动机，假设（1）不一定合理，在未建立增压系统模型时，采用平均化的近似处理。

在上述假定下，可以不考虑进排气系统的动特性，只考虑缸内过程，使模型范围得到最大简化。同时，各缸热力学过程方程之间只有共用静态边界条件参数和自变量的依赖，而没有求解过程中的动态数据依赖，可同步独立地进行求解，简化缸内过程的求解。

4.2.1　系统基本方程

在前述假定下，只研究缸内系统，系统模型如图 4-1 所示。

图 4-1 中的基本符号有 p 压强（下标 i 表示缸号）、T 温度、m 质量、W 功、Q 热、V 体积、α_m 瞬时过量空气系数、ϕ 曲轴转角，皆用标准单位。

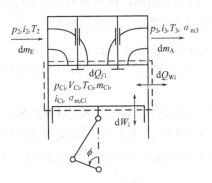

图 4-1　发动机气缸热力系统模型（本图参考了文献[1]第 9 章图 9-2b）

图 4-1 中，（p_2, i_2, T_2）为进气管内气体热力学参数，（$p_3, i_3, T_3, \alpha_{m3}$）为排气管内混合气体热力学参数，（$T_{Ci}, p_{Ci}, V_{Ci}, m_{Ci}, \alpha_{m,Ci}$）为第 i 缸的热力学状态参数，图中还标示了缸内系统与外界的作功、传热和传质。α_m（$\alpha_{m,Ci}$ 和 α_{m3}）称为混合气体的瞬时过量空气系数，定义为

$$\alpha_m \equiv \frac{m_{a0}}{L_0 m_f} \tag{4-1}$$

式（4-1）中，m_{a0}——混合气体中现有新鲜空气质量加上形成混合气体中燃烧产物消耗的新鲜空气质量；

m_f——形成混合气体中燃烧产物消耗的燃料质量；

L_0——燃料的理论燃烧质量系数，对柴油，根据文献[1]取 L_0 =14.36kg/kg。

选用独立参数（T, m, α_m）作缸内工质状态变量，则四冲程柴油机单缸热力学系统基

本方程为

$$mC_V \frac{dT}{d\varphi} = \frac{dQ_f}{d\varphi} + \frac{dQ_W}{d\varphi} - p\frac{dV}{d\varphi} + i_E \frac{dm_E}{d\varphi} - i_A \frac{dm_A}{d\varphi} - u\frac{dm}{d\varphi} - m\frac{\partial u}{\partial \alpha_m}\frac{d\alpha_m}{d\varphi} \quad (4\text{-}2a)$$

$$\frac{dm}{d\varphi} = \frac{dm_E}{d\varphi} - \frac{dm_A}{d\varphi} \quad (4\text{-}2b)$$

$$\frac{d\alpha_m}{d\varphi} = \begin{cases} -\dfrac{\alpha_m}{m_f}\dfrac{dm_f}{d\varphi} & ,\text{燃烧阶段} \\[2mm] \dfrac{1+L_0\alpha_m}{L_0 m}\dfrac{dm_E}{d\varphi} & ,\text{进气阶段} \\[2mm] 0 & ,\text{其他阶段} \end{cases} \quad (4\text{-}2c)$$

式中，Q_f——燃料燃烧放出热量，见 4.2.4 节；

$\quad\quad Q_W$——周壁向缸内传热量，见 4.2.3 节；

$\quad\quad m_E$——由进气阀进入缸内气体质量，允许倒流，见 4.2.5 节；

$\quad\quad m_A$——由排气阀排出缸外气体质量，允许倒流，见 4.2.5 节；

$\quad\quad m_f$——当前缸内工质包含的已燃烧燃料质量，见 4.2.4 节；

$\quad\quad i_E$——气体经过进气阀之前的焓，流进缸内时 $i_E = i_2$，倒流时 $i_E = i_{Ci}$；

$\quad\quad i_A$——气体经过排气阀之前的焓，流出缸外时 $i_A = i_{Ci}$，倒流时 $i_A = i_3$。

混合气体基本热力学状态参数由以下公式计算：

混合气体定容比热 C_V（据文献[27]介绍的由 F. Schmidt 气体表回归，对 k_{me} 取法有改动）

$$C_V = k_{me}C_{Ve} + (1-k_{me})C_{Va}, \text{J/(kg} \cdot \text{K)} \quad (4\text{-}3)$$

$$C_{Va} = 4.1868(a_0 + b_0 T + c_0 T^2)/\mu_a, \text{J/(kg} \cdot \text{K)} \quad (4\text{-}4)$$

$$C_{Ve} = 4.1868(a_r + b_r T + c_r T^2)/\mu_e, \text{J/(kg} \cdot \text{K)} \quad (4\text{-}5)$$

$$k_{me} = \frac{L_0 + 1}{L_0 \alpha_m + 1} \quad (4\text{-}6)$$

式中，μ_a——空气平均摩尔质量，kg/mol，取 $\mu_a = 0.02897$kg/mol；

$\quad\quad \mu_e$——燃烧产物平均摩尔质量，kg/mol，若假定柴油含 C:87.5%，H:12.5%[1]，则可简单计算如下

$$\mu_e = \frac{\dfrac{0.875}{12\text{g/mol}} \times 44\text{g/mol} + \dfrac{0.125}{2\text{g/mol}} \times 18\text{g/mol}}{\dfrac{0.875}{12\text{g/mol}} + \dfrac{0.125}{2\text{g/mol}}}$$

$$= 32\text{g/mol} = 0.032\text{kg/mol}$$

$\quad\quad a_*, b_*, c_*$——回归系数，$a_0 = 4.678$，$b_0 = 6.8723 \times 10^{-4}$，$c_0 = -6.0683 \times 10^{-8}$，$a_r = 4.7513$，$b_r = 1.199 \times 10^{-3}$，$c_r = -1.4232 \times 10^{-7}$。

当前缸内容积

$$V = V_0 + A_p(r + l - x) \tag{4-7}$$

式（4-7）中，V_0 是燃烧室容积，r 是曲柄半径，l 是连杆大小头中心距，x 是活塞销到主轴承中心距，A_p 是缸横截面积。

气体压力 p

$$p = \frac{mRT \cdot}{V} \tag{4-8}$$

式（4-8）中，m、T、V——气体质量、热力学温度、体积；

R——混合气体常数。

考虑到 WD615 系列柴油机是高强化柴油机，工作时缸内压力较高，对 R 的计算采用文献[27]中较精确的由查哈里亚斯（F.Zacharias）数据表整理得到的公式，如下

$$R = 9.81 \times (29 + A + \frac{p}{10^6}(\frac{B}{T^C} - A)), \text{J/(kg·K)} \tag{4-9}$$

$K = \dfrac{\alpha_m - 1}{\alpha_m + 0.0698}$，$A = 0.35 - 0.05K^{0.765}$，$B = 11.1 + 14.3K^{0.51}$，$C = 0.252 + 0.102K^{0.401}$

绝热指数 k，

$$k = 1 + R / C_v \tag{4-10}$$

单位质量混合气体内能 u，采用 Justi 公式[27]

$$u = 144.37[-(0.0975 + \frac{0.0485}{\alpha_m^{0.75}})(T - 273)^3 \times 10^{-6} +$$

$$(7.768 + \frac{3.36}{\alpha_m^{0.8}})(T - 273)^2 \times 10^{-4} + \tag{4-11}$$

$$(489.6 + \frac{46.4}{\alpha_m^{0.93}})(T - 273) \times 10^{-2} + 1356.8), \text{J/kg}$$

由此得到

$$\frac{\partial u}{\partial \alpha_m} = 144.37(T - 273)[\frac{0.036375}{\alpha_m^{0.75}}(T - 273)^2 \times 10^{-6} -$$

$$\frac{2.688}{\alpha_m^{0.8}}(T - 273) \times 10^{-4} - \frac{0.43152}{\alpha_m^{0.93}}], \text{J/kg} \tag{4-12}$$

单位质量混合气体 i，

$$i = u + RT, \text{J/kg} \tag{4-13}$$

4.2.2　缸内传热模型

壁面传热问题的基本关系由等效的热传导定理

$$dQ_W = \alpha_g F_i(T_w - T)dt = \frac{1}{\dot{\varphi}}\alpha_g F_i(T_w - T)d\varphi \tag{4-14}$$

式（4-14）中，α_g——等效壁面传热系数，单位为 $\text{W/(m}^2 \cdot \text{K)}$；

F_i——当前缸内计算传热面积，本文采用

$$F_i = F_{head} + F_{ps} + \pi D_{cy}(r + l - x) \tag{4-15}$$

F_{head}缸盖传热面积（m²），F_{ps}活塞组传热面积（m²），皆为定值；

T_W——壁面平均温度；K，本文设为定值（随工况不同有不同）。

关键问题在于α_g的确定，应用较广的是Woschni公式[1]。但Woschni公式中有些参数需试验确定，在不具备要求的试验条件也不知参数的大致取值范围时（如所谓静吹风风扇转速，没有相关经验和试验条件则难于估计），使用该公式误差较大。由朱访君公式[27]——对中低速大功率柴油机的试验数据整理回归得到α_g，其所依据的一些机型（如6135系列）与本研究针对的WD615.67柴油机机型功率和配置相当。考虑到该公式精度较高，参数易于确定，所以对周壁传热采用朱访君公式

$$\alpha_g = 1709.2D_{cy}^{-0.2}T^{-0.53}(\frac{p}{10^6})^{0.8}\{\upsilon_m + b[p - p_a(\frac{V_a}{V})^{1.36}]\}^{0.8}, W/(m^2 \cdot K) \qquad (4-16)$$

b为回归系数，有：$b = (4.52 - 0.349\frac{p_{max}}{10^6}) \times 10^{-6}$。

式（4-16）中，υ_m——活塞平均速度，单位为m/s；$\upsilon_m = \frac{sn}{30} = \frac{rn}{15}$，$s$是行程长度，单位为m；$n$是曲轴转速，单位为r/min；

V_a——压缩始点时的气缸容积，单位为m³；

p_a——压缩始点时的气缸压力，单位为Pa；

p_{max}——最高燃烧压力，单位为Pa。

此公式给出的传热系数变化规律与Woschni公式给出的有对应性，涉及参数少，且易于在计算中由程序自行设置。

4.2.3 燃烧放热模型

对于中低速柴油机，其实际燃烧放热率可由0维经验燃烧规律较好地近似[31]。采用经验燃烧规律相比燃烧的准维和分区模型[31]具有计算简单、消耗计算资源少、易于实施的优点，所以采用柴油机当量燃烧规律[1]：

$$\frac{dQ_f}{d\varphi} = m_{f0}H_u\frac{dx}{d\varphi} \qquad (4-17)$$

$$\frac{dx}{d\varphi} = 6.908\frac{m+1}{\varphi_z}(\frac{\varphi - \varphi_B}{\varphi_z})^m \exp\{-6.908(\frac{\varphi - \varphi_B}{\varphi_z})^{m+1}\} \qquad (4-18)$$

式中，m_{f0}——单缸循环供油量，单位为kg；对不同转速和负荷有不同的取值；

H_u——柴油低热值（燃烧产生水为气态时），单位为J/kg；本文据文献[1]取

$$H_u = 4.228668 \times 10^7 J/kg；$$

m——燃烧品质指数；

φ_z——燃烧持续角，单位为rad；

φ_B——燃烧起始角，单位为rad。

对直喷中速增压柴油机，m范围是0.5～2，φ_z范围相当于50～120°CA，具体取值则由实测确定的工况点或变工况计算。当量燃烧规律的参数的取值对仿真结果影响极大，如果没有实测数据，确定一个工作点只能通过多方验证来确认。然后基于确认的工作点进行仿

真，其结果才可能反映实际规律。

4.2.4 气阀流量特性

采用等效喷嘴模型[1]。适用于进气门、排气门正反向过流的通用公式：

$$\frac{dm_F}{dt} = \mu_e F_V \sqrt{p_i \rho_i} \Phi \tag{4-19}$$

$$\Phi = \begin{cases} \sqrt{\dfrac{2k_i}{k_i-1}[(\dfrac{1}{\pi_p})^{\frac{2}{ki}} - (\dfrac{1}{\pi_p})^{\frac{ki+1}{ki}}]} & ,\pi_p < \pi_{CR} \\ (\dfrac{2}{k_i+1})^{\frac{k_i}{ki-1}}\sqrt{\dfrac{2k_i}{k_i+1}} & ,\pi_p \geqslant \pi_{CR} \end{cases} \tag{4-20}$$

$$\pi_p = p_i / p_o, \quad (p_i > p_o) \tag{4-21}$$

$$\pi_{CR} = (\frac{k_i+1}{2})^{\frac{k_i}{k_i-1}} \tag{4-22}$$

式中 p_i, ρ_i, k_i——通过阀口之前气体的压力（Pa），密度（kg/m³），绝热指数；

p_o——通过阀口之后气体的压力（Pa）；

π_p, π_{CR}——压比，临界压比；

Φ——称为通流函数；

μ_e——喉口流量系数，本文对进、排气阀正反向过流均取 $\mu_e = 1$；

F_V——阀口通流截面积，对进、排气阀有

$$F_V = x_V \cos\beta(d_V + x_V \cos\beta \sin\beta) \tag{4-23}$$

式（4-23）中，x_V 是气门升程，d_V 是气门阀座端面直径，β 是气门座面斜角（锥角之半的余角）。

进气门正向过流时（气体流入缸内），$\dfrac{dm_E}{dt} = \dfrac{dm_F}{dt}$；反向过流取 $\dfrac{dm_E}{dt} = -\dfrac{dm_F}{dt}$。

排气门正向过流时（气体由缸内流出），$\dfrac{dm_A}{dt} = \dfrac{dm_F}{dt}$；反向过流取 $\dfrac{dm_A}{dt} = -\dfrac{dm_F}{dt}$。

气门升程和气门升（回）程曲线问题。采用假设的升（回）程角和曲线（升回程过程皆假设为匀速，即曲线为直线型），如图4-2所示。

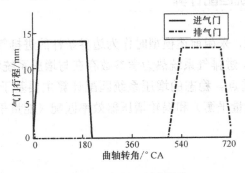

图4-2 简化气门行程曲线

4.2.5 变工况燃烧模型参数计算

燃烧模型所用参数是针对选定工况点的，用于不同的稳定工况点时，必须调整燃烧模型参数——采用实测数据进行修正，或者做变工况点计算。研究不同工况下机体振动特性，所以各种稳定工况点的热力学模型参数确定尤为重要，主要参考文献[1]、[31]进行变工况点计算，此方法又称为 Woschni 修正，基于已有工况点燃烧模型参数推算新工况点参数，基本公式为

$$\varphi_B = \varphi_g + \frac{\pi n}{30}(\frac{L_T}{a} + \tau_i) \tag{4-24}$$

$$\varphi_Z = \varphi_{Z0}(\frac{\alpha_{mI0}}{\alpha_{mI}})^{0.6}(\frac{n}{n_0})^{0.5} \tag{4-25}$$

$$m = m_0(\frac{\tau_{i0}}{\tau_i})^{0.5}(\frac{p_a}{p_{a0}}\frac{T_{a0}}{T_a})(\frac{n_0}{n})^{1.3} \tag{4-26}$$

式中，φ_{Z0}、m_0——已有工况燃烧模型参数；

φ_g——几何供油起始角，对 WD615.67 型柴油机，本文据文献[26]取 φ_g 相当于$-20\sim$ $-18°CA$；

L_T——高压油管长度（m）；本文对各缸取统一值 $L_T=0.7m$；

a——柴油中声速（m/s）；随压力和温度有一定变化，可考虑供油系初喷油前的实际情况取一平均值。基于文献[33]结果按 10MPa 50℃计算得到

$$a = \sqrt{\frac{E}{\rho}} = \sqrt{\frac{1.3GPa}{820kg/m^3}} = 1259.1m/s，\text{圆整取 } a = 1300m/s；$$

n_0, n——已有工况和新工况曲轴转速（r/min）；

p_a, T_a, α_{mI}——新工况点压缩始点气体压力（Pa），温度（K），燃烧过量空气系数；

τ_{i0}, τ_i——已有工况和新工况点滞燃时间，采用公式[27]

$$\tau_i = [0.1 + 2.672(\frac{p_{Bm}}{10^5})^{-0.87}\exp\{\frac{1967}{T_{Bm}}\}]\times 10^{-3}，s \tag{4-27}$$

式（4-27）中，p_{Bm}, T_{Bm}——滞燃期间的缸内平均压力（Pa），温度（K）。

4.2.6 涡轮增压系统匹配计算

对自然吸气发动机，采用前述模型时作为边界条件的进排气系统热力学参数容易确定；对增压中冷发动机，进排气系统热力学参数存在与增压系统和中冷系统匹配的问题，而以增压系统匹配为重点。稳态的增压系统匹配计算主要基于涡轮增压器相关特性曲线，通过流量匹配（质量平衡）和涡轮增压器效率匹配（能量平衡）实现，是个多步迭代过程。

4.3　计算模型

热力学方程组也是常微分方程组，但其求解过程中需保留、更新一些过程统计变量的值。在循环的一些点，对积分步有较高要求，还有瞬时过量空气系数过大问题，故算法设计有特殊性。

在一定初值选取方法下，稳定工况点获取通过调整系统参数和重运行仿真得到。

4.3.1　算法设计

对各缸分别建立方程，其求解属于常微分方程组求解问题，特殊之处在于如下两个方面。

（1）系统在一个工作循环内分成若干阶段，所以方程组是分段定义的。

（2）部分边界条件取决于过程的特征参数，故在积分时需保留该循环的一些特征参数，如压缩始点压力、温度，最高燃烧压力等。

上述两点都意味着参数具有不连续性，因而不利于采用变步长方法求解，因为变步长方法是采用试探方法确定步长，积分自变量有进有退，在试探过程中可能跨越段的界限或更新循环特征参数值，这样可能引起状态混乱或求解误差过大。所以，对热力学系统的求解采用定步长法，用 4 阶 Runge-Kutta 显式方法积分求解。

① 分缸状态判断。

定义一组全局变量，表征各缸的当前状态，在状态转变时更新全局变量记录，这样程序只能采用定步长法求解，但可采用非完整状态判断条件，这就接近人的思考方式。

② 步长选定。

由于排气上止点附近缸内容积小，取大步长可能会出现负质量导致求解失败，所以制约了大步长的选取。对各工况选取步长原则为每步内的曲轴转角小于 $1°$。此时积分求解是稳定的，效率亦可接受。

③ 初值选取。

由于发电机的六个缸相位依次错开，所以选取任意起始曲轴角度差别不大，关键是初始各缸热力学参数的确定。选取的初始条件是各缸内气体质量相等，都等于最大气缸容积所能容纳的新鲜空气质量，而各缸内气体温度初值赋以该位形上的绝热压缩温度，即

$$m_{Ci}\big|_{\varphi=\varphi0} = \frac{p_2 V_{cy}}{R T_2}, \quad T_{Ci}\big|_{\varphi=\varphi0} = T_2 \left(\frac{V_{Ci}}{V_{cy}}\right)^{k-1}, \alpha_{mCi}\big|_{\varphi=\varphi0} = \infty \tag{4-28}$$

由于初始曲轴角度取为对应于第 1 缸压缩上止点，此时实际机器瞬时转速接近一极小值，所以初始转速取得稍低于稳态平均转速。

4.3.2 稳定工况获取

以调整供油量为主，因供油量的调整影响燃烧模型参数，也需要随之调整燃烧模型参数。稳定工况获取的过程如图 4-3 所示。

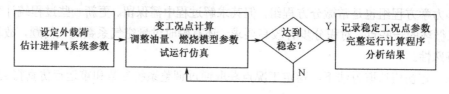

图 4-3 稳定工况获取过程

4.3.3 稳定工况热力学系统求解结果

通过热力学系统求解得到的稳定工况的缸内热力学参数过程，包括缸内压力、温度、密度、质量、过量空气系数等的变化过程。图 4-4 列出了通过仿真求得的转速 2201r/min，效转矩 M_e=915N·m，稳定工况点循环的缸内热力学参数过程。

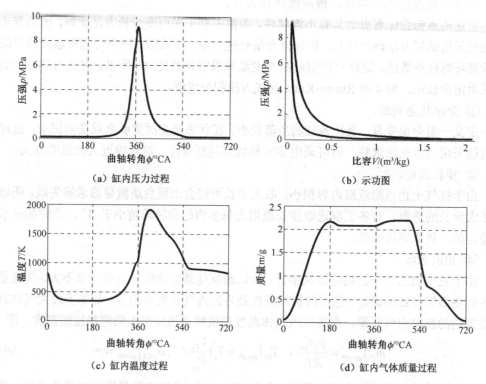

（a）缸内压力过程   （b）示功图

（c）缸内温度过程   （d）缸内气体质量过程

图 4-4 仿真求得的 2201r/min，M_e=915N·m，稳定工况点循环缸内热力学参数过程

4.4　数据参数

缸内热力学系统仿真涉及的参数见表 4-1、表 4-2、表 4-3 和表 4-4。其中，系统几何参数 r、l、A_p 的值见第 3 章表 3-3（r、l 在表中记作 R、L）。

表 4-1　与系统热力学模型相关的系统参数（据文献[26]表 2-1 和表 2-5）

参数	符号	值	备注
燃烧室容积/mL	V_0	92	
压缩比		16:1	
排气门开启角度[8]/°CA		131	下止点前 49°
排气门闭合角度/°CA		365	上止点后 5°
进气门开启角/°CA		358	上止点前 2°
进气门闭合角度/°CA		575	下止点后 35°

表 4-2　系统热力学参数（本书假定）

参数	符号	值	备注
缸盖传热面积/m²	F_{Head}	0.01539	将燃烧室容积折算到缸套长度加上缸孔截面积
活塞组传热面积/m²	F_{ps}	0.01539	
壁面平均温度/K	T_W	373	

表 4-3　气门几何参数（依据文献[26]文中数据及图 2-6）

参数	符号	值	备注
进气门升程/mm		13.9	
派气门升程/mm		12.9	
进气门阀座端面直径/mm	d_{Vin}	48	
进气门座锥面斜角/°	β_{Vin}	35	
排气门阀座端面直径/mm	d_{Vout}	46	
排气门座锥面斜角/°	β_{Vout}	45	

表 4-4　本章求解稳定工作点采用的进排气系统及燃烧模型参数

参数	符号	仿真模型工作点（转速/r/min，等效输出扭矩/（N·m））			
		(1002, 955)	(1403, 1170)	(1803, 1077)	(2203, 915)
进气管内气体压力/kPa	p_2	120	125	125	125
进气管内气体温度/K	T_2	333	333	338	343
排气管内气体压力/kPa	p_3	115	122	123	123

---

[8] 以下四个角度以该缸压缩上止点位置对应曲轴转角 0°，所以表中值与图 4-2 对应点恰相差 360° CA。

续表

参数	符号	仿真模型工作点（转速/r/min，等效输出扭矩/（N·m））			
		（1002，955）	（1403，1170）	（1803，1077）	（2203，915）
燃烧品质指数	m	0.8	0.6	0.64	0.6
燃烧持续角度/°CA	ϕ_z	100	110	110	114
燃烧起始角度/°CA	ϕ_B	−10	−6	−2.5	−2

4.5　模型验证

利用发动机生产厂家发布的数据考察仿真模型的外特性。利用关于柴油机效率的经验数据检查了仿真模型总体上的合理性。

4.5.1　外特性验证

按照第 4.3.2 节的过程可以求得给定外载荷（有效转矩 M_e）和油耗下的工况点，由工况点的稳定转速可确定柴油机的有效功率，这样求解一组工况点就可确定有效转矩、油耗、有效功率与转速的关系，得到仿真模型的外特性。通过与柴油机生产厂家发布的其外特性曲线[29]做比较，可以在较宽的工况范围内检验热力学模型的有效性。对本模型这样的比较结果如图 4-5 所示，可知仿真结果与实际柴油机的输出特性大致相符。这说明所建热力学模型和动力学模型模拟系统能量流是合理的，故由模型仿真计算缸内过程应较可靠，可用于内燃机动力、振动方面的进一步分析研究。

4.5.2　对仿真柴油机效率的定性考察

计算仿真模型各工况下的热效率、机械效率、指示功率，与该种类型柴油机的经验值做比较。一般认为柴油机的热效率为 0.4～0.5[30]，车用四冲程增压柴油机的机械效率为 0.80～0.92[1]，有效效率为 0.35～0.45[1]，仿真计算结果见表 4-5，其值皆在此经验范围内。说明仿真模型程序的热力学模块在效率特性方面能反映实际状态，也说明模型对摩擦阻力和附属部件功耗的估计合理。

表 4-5　仿真模型在稳定工作点的能量损失与效率参数

模型特性参数	仿真模型工作点（转速/r/min,等效输出扭矩/（N·m））			
	（1002，955）	（1403，1170）	（1803，1077）	（2203，915）
燃烧放热功率/kW	232.21	383.56	487.93	521.63
指示功率/kW	113.36	190.94	229.67	246.78
主运动副摩擦损失功率/kW	10.92	17.46	16.42	20.02

续表

模型特性参数	仿真模型工作点（转速/r/min,等效输出扭矩/（N·m））			
	（1002，955）	（1403，1170）	（1803，1077）	（2203，915）
有效输出功率/kW	100.31	171.9	203.34	211.07
热效率/%	48.817	49.781	47.071	47.309
机械效率/%	88.486	90.028	88.534	85.529
有效效率/%	43.196	44.817	41.674	40.463

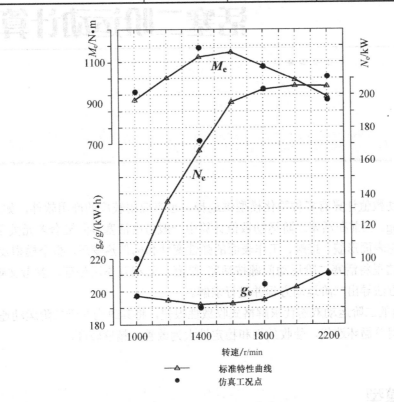

图 4-5　标准与仿真外特性比较

第 5 章

活塞二阶运动计算

●●●●●●●●

5.1 引言

活塞二阶运动数值计算有多种简化模型供选择，也有应用较广的商用软件，如 AVL Excite Piston&Ring。当前在活塞二阶运动数值计算中一般考虑活塞-环-缸套多元关系，在摩擦学模型中考虑表面形貌、接触、工作表面的弹性变性和构件热变形，整个模型及其求解都较为复杂。这里将活塞二阶运动问题按活塞-缸套二元相互作用处理，参考文献[20]模型推导过程和方法导出二阶运动方程并进行求解。

文献[20]给出的二阶运动双迭代求解格式收敛性很差，将其改为关于二阶运动速度的一阶差分格式采用单循环迭代，使收敛性和稳定性大为改善，精度较高。

5.2 理论模型

以活塞销-活塞-油膜系统为研究对象，在无歧义时，对系统简称为活塞组[9]。

对系统作如下假定。

（1）活塞沿活塞销轴方向的平移运动可忽略；活塞绕垂直于销轴方向的旋转运动可忽略。

（2）牛顿黏性流体。

（3）润滑油量充足。

（4）活塞、缸套振动的动态效应可忽略。

（5）油膜足够厚，活塞-缸套无微凸体接触，且表面形貌干扰可忽略。

（6）活塞一阶运动（往复运动）已知（假定外部惯性非常大）。

---

[9] 一般提活塞组的概念还包括活塞环组，本章与一般提法不同。

（7）润滑油密度均匀且不可压缩。

（8）油膜厚度方向压力不变。

（9）油膜惯性可忽略。

（10）不考虑活塞、缸套的弹性变性和热变性，不考虑曲轴连杆柔性的影响。

（11）温度对机油黏性的影响可忽略。

（12）缸套内壁为理想圆柱面。

上述假设（2）、（3）、（5）、（7）、（8）、（9）为光滑型面雷诺方程基本假设。因为活塞6自由度运动过于复杂，假设（1）限制活塞运动为3个自由度。假设（4）属于现在研究尚无定论的问题。假设（6）选择与系统的动力学模型进行非耦合求解，简化了稳态活塞二阶运动的数值求解。假设（10）避开了弹流润滑计算和动力机构多柔体，大大简化了数值求解。假设（11）由于活塞温度分布未知，及缸内温度分布、机油量均未知。假设（12）是由于缸套横截面形状未知，母线方向的型线和磨损亦未知。

在上述假设下，活塞组二阶运动为两个自由度的运动，满足的基本方程为如下三种。

（1）雷诺方程（油膜连续性方程）。

（2）面内刚体运动方程（牛顿-欧拉方程）：往复运动、横动、偏摆。

（3）微元运动方程（N-S方程的特例）。

主要在机构运动平面内研究活塞组运动，采用以下三种坐标系（见图5-1、图5-2）。

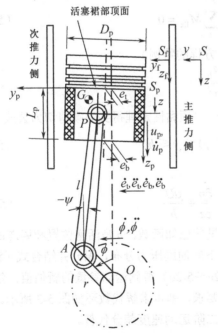

图 5-1 活塞—活塞销系统坐标系与运动参数

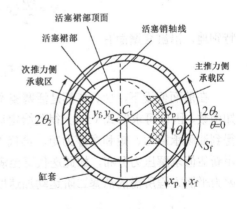

图 5-2 润滑坐标系与油膜承载区

（图 5-1 和图 5-2 参考了文献[20]图 4.23 和文献[17]图 7-1-1，有改动。）

（注：图中网纹表示裙部承载区表面，以下各图中网纹同，图中未考虑构件间的显隐关系。）

（1）与缸体固结的坐标系 S-x-y-z：在机构运动平面内，规定运动平面法向（曲轴旋转轴向）为 x 向，面内横向由主推力侧向，次推力则为 y 轴正向，沿缸套轴线向下为 z 轴正向（这是研究活塞二阶运动惯用坐标系，与第 3 章的坐标系不同）。

（2）活塞组整体坐标系 S_p-x_p-y_p-z_p：原点取裙部主推力侧承载区中心线与活塞裙部顶面的交点 S_p，z_p 沿活塞几何中心轴线，y_p 在裙部顶面内过顶面中心。

（3）润滑坐标系 S_f-θ（x_f）-y_f-z_f：在缸套内表面定义。取沿缸套内壁周向为θ(x_f)向，取主推力侧中心为角度 0，油膜厚度方向垂直各处缸套表面为 y_f 向，沿缸套几何中心轴线方向为 z_f 向。在不引起歧义时，有关的润滑推导中（如下面的雷诺方程中）也将 x_f-y_f-z_f 简写为 x-y-z，润滑坐标系下各处运动界面沿 y_f、z_f 向的等效速度分别记为 V、U，而各处油膜相应等效速度记为 v、u。

在这些坐标系下，活塞组运动满足的基本方程有以下三种。

（1）雷诺方程（在润滑坐标系下，p 为压力分布，h 为油膜厚度分布）

$$\frac{\partial}{\partial x}(\frac{h^3}{\mu}\frac{\partial p}{\partial x}) + \frac{\partial}{\partial z}(\frac{h^3}{\mu}\frac{\partial p}{\partial z}) = -6U\frac{\partial h}{\partial z} + 12V \tag{5-1}$$

（2）刚体运动方程（在缸体结体系下）

$$F_{\Sigma y} = \sum_i F_{Riy} + \sum_j F_{Ijy} = 0 \tag{5-2a}$$

$$F_{\Sigma z} = \sum_i F_{Riz} + \sum_j F_{Ijz} = 0 \tag{5-2b}$$

$$M_{\Sigma x} = \sum_i M_{Rix} + \sum_j M_{Ijx} = 0 \tag{5-2c}$$

（3）微元运动方程（在润滑坐标系下，N-S 方程的特例）

$$\frac{\partial p}{\partial z} = \mu\frac{\partial^2 u}{\partial y^2} \tag{5-3}$$

由假设（8）对式（5-3）沿厚度方向积分，并结合牛顿黏性定理得到油膜剪切力公式

$$\tau = \frac{\partial p}{\partial z}(y - \frac{h}{2}) + \frac{\mu U}{h}, 0 \leqslant y \leqslant h \tag{5-3a}$$

特别地，沿缸套壁面有

$$\tau_{cy} = \tau\Big|_{y=0} = -\frac{h}{2}\cdot\frac{\partial p}{\partial z} + \frac{\mu U}{h} \tag{5-3b}$$

在前面假设下，U、V 都是活塞姿态和运动量的已知函数，h 是活塞位置和姿态的已知函数，因而可求解式（5-1）得到给定运动参数下的油膜压力分布，积分并结合式（5-3）得到油膜承载力、矩和摩擦力矩，再代入式（5-2a～5-2c）得到运动参量的新估值，然后用新估值求解压力分布，如此迭代直至满足误差要求，基本求解代数环如图 5-3 所示。求解力平衡方程所需的活塞二阶运动加速度一般由二阶运动速度差分代替。

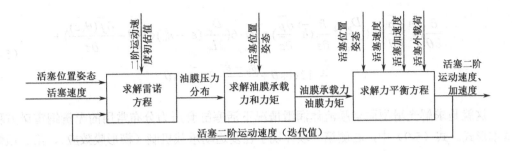

图 5-3　二阶运动基本求解代数环

下面分节介绍活塞二阶运动模型。

5.2.1　考虑惯性的光滑型面下活塞二阶运动方程

二阶运动姿态由 (e_t, e_b) 描述，e_t 为活塞裙部顶面中心相对缸套中心轴线的横向（y 向）偏移量，e_b 为活塞裙部底面中心相对缸套中心轴线的偏移量，皆为代数量，以沿 y 轴正向为正。并记

$$(\dot{e}_t, \dot{e}_b) = (\frac{de_t}{dt}, \frac{de_b}{dt}), \quad (\ddot{e}_t, \ddot{e}_b) = (\frac{d^2 e_t}{dt^2}, \frac{d^2 e_b}{dt^2}) \tag{5-4}$$

下面介绍前述基本方程的适用形式。

1. 光滑型面全膜流体润滑情况下的雷诺方程

一般地，(e_t, e_b) 及其对时间的导数都是与隙径比 $m_p = 2c_r / D_p$（c_r 活塞裙部配缸间隙基值）同量级的小量（~ 0.001），所以式（5-1）中的有关参量都可以取它们对二阶运动参量的一阶近似，典型地有

$$U = u_p + o(m_p^0) \tag{5-5}$$

$$V = \dot{e}_t \cos\theta + \frac{z}{L_0}(\dot{e}_b - \dot{e}_t)\cos\theta + o(m_p^1) \tag{5-6}$$

$$h = c_r + e_t \cos\theta + \frac{z}{L_0}(e_b - e_t)\cos\theta + f(\theta, z) + o(m_p^1) \tag{5-7}$$

将 U、V 表达式代入式（5-1），并采用下述无量纲代换

$$\begin{cases} \varepsilon_t = e_t / c_r, \varepsilon_b = e_b / c_r, \overline{z} = z / L_0, \theta = 2x / D_p \\ \overline{u_p} = 2u_p / (\omega D_p), \overline{h} = h / c_r, \overline{f}(\theta, \overline{z}) = f(\theta, \overline{z}L_0) / c_r \\ \overline{p} = p m_p^2 / (\mu\omega) \end{cases} \tag{5-8}$$

略去 $o(m_p^1)$ 小量，就得到

$$\frac{\partial}{\partial \theta}(\overline{h}^3 \frac{\partial \overline{p}}{\partial \theta}) + (\frac{D_p}{2L_0})^2 \frac{\partial}{\partial \overline{z}}(\overline{h}^3 \frac{\partial \overline{p}}{\partial \overline{z}}) = \overline{u}_p \cdot 6(\frac{D_p}{2L_0}(\varepsilon_t - \varepsilon_b)\cos\theta - \frac{\partial \overline{f}(\theta, \overline{z})}{\partial \overline{z}}) +$$

$$\frac{\dot{\varepsilon}_t}{\omega} \cdot 12\cos\theta + \frac{\dot{\varepsilon}_b - \dot{\varepsilon}_t}{\omega} \cdot 12\overline{z}\cos\theta \tag{5-9}$$

这就是求解光滑型面全膜流体润滑情况下活塞缸套压力分布常用的无量纲雷诺方程基本形式。式（5-9）中，右侧第一项体现了往复运动承载机制（楔形膜效应），第二项体现横动承载机制，第三项体现偏摆承载机制，后两种机制又合称为挤压膜效应。

2. 活塞二阶运动方程

活塞组作为刚体系统的质量和运动几何参数如图 5-4 所示，其中 C_p 为活塞销相对活塞几何中心轴线的横向偏置量，C_g 为活塞质心相对销轴的横向偏置量，它们都是代数量，不同机型有所不同，取向 y_p 正向（向次推侧）偏置为正。C_p 和 C_g 使得 z 向作用力可以通过产生转矩影响活塞二阶运动，是系统模型的重要边界参数。m_{pis}、J_{Cpis} 为活塞质量参数，m_{pin}、J_{Cpin} 为活塞销的质量参数。活塞和活塞销虽然常常可看成是相互固结的（对于全浮式装配有相对转动），但将质量参数分开写，分析更加通用、方便，公式也更直观。

活塞组受到来自周围气体（缸内气体和曲轴箱气体）、活塞环组、缸壁润滑油膜、连杆小头轴承及油膜的作用，其自身往复运动和二阶运动也产生相应的惯性载荷。假定周围气体对活塞组的作用可等效为沿活塞几何轴线的集中力，并且充分考虑其他作用力和惯性力的面内分量及转矩时，活塞组受力如图 5-5 所示。其中 F_{RG*}（下标 y 代表 y 向分量，下标 z 代表 z 向分量，均对缸体结体系，其余同）为气体力，F_{RR*}（n 为法向分量，t 为切向分量）和 M_{RRx0} 为活塞环组作用力（矩），F_{Rh*} 和 M_{Rhx} 为润滑油膜作用等效到活塞销轴的集中力（矩），F_{RCP*} 和 M_{RCPx} 为连杆小头轴承作用力（矩），F_{I*}（下标 pis 表示活塞，pin 表示活塞销，余同）和 M_{I*} 为惯性力（矩），则刚体运动方程式（5-2a～5-2c）可以写成

$$F_{\Sigma y} = \sum_i F_{Riy} + \sum_j F_{Ijy}$$

$$= (F_{RGy} + F_{RRy} + F_{Rhy} + F_{RCPy}) + (F_{Ipis,y} + F_{Ipin,y}) = 0 \tag{5-2a'}$$

$$F_{\Sigma z} = \sum_i F_{Riz} + \sum_j F_{Ijz}$$

$$= (F_{RGz} + F_{RRz} + F_{Rhz} + F_{RCPz}) + (F_{Ipis,z} + F_{Ipin,z}) = 0 \tag{5-2b'}$$

$$M_{\Sigma x} = \sum_i M_{Rix} + \sum_j M_{Ijx}$$

$$= (M_{RGx} + M_{RRx} + M_{Rhx} + M_{RCPx}) + (M_{Ipis,x} + M_{Ipin,x}) = 0 \tag{5-2c'}$$

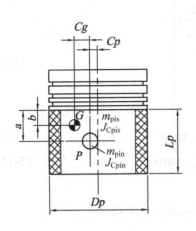

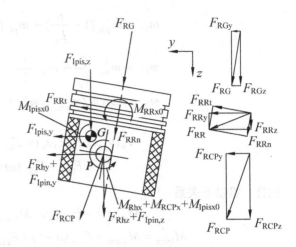

图 5-4　活塞组质量和运动几何参数　　　　图 5-5　活塞组受力模型

（图 5-4 和图 5-5 参考了文献[20]图 4.23，有改动）

通常将连杆质量等效到其大小头中心（这虽不严格但为分析活塞 z、y 向作用力的关系提供了一种简明有益的方法），且将等效到小头的那部分质量 $m_{rod,p}$ 添加到活塞销的平动质量，即

$$m'_{pin} = m_{pin} + m_{rod,p} \qquad (5\text{-}9)$$

采用此种等效，此时连杆体为轻质，F_{RCP*} 须沿连杆轴向，故矢量分解满足约束

$$F_{RCPz} \sin\psi + F_{RCPy} \cos\psi = 0 \qquad (5\text{-}10)$$

ψ 为连杆斜角，当连杆小头相对大头朝次推力侧倾斜时为正，不考虑活塞销偏置时有

$$\psi = -\arcsin\frac{\sin\varphi}{\lambda}$$

考虑偏置时有

$$\psi = \arcsin(\frac{C_p}{L} - \frac{\sin\varphi}{\lambda}) \qquad (5\text{-}11)$$

式（5-10）与式（5-2b'）结合代入式（5-2a'）消去 F_{RCPy}，并将以下关系

$$F_{Ipis,y} = -m_{pis}((1-\frac{b}{L_p})\ddot{e}_t + \frac{b}{L_p}\cdot\ddot{e}_b), \quad F_{Ipin,y} = -m_{pin}((1-\frac{a}{L_p})\ddot{e}_t + \frac{a}{L_p}\cdot\ddot{e}_b)$$

$$F_{RGy} = F_{RG}(e_b - e_t)/L_p, \quad F_{RGz} \approx F_{RG}, \quad F_{IPisz} = -m_{pis}\dot{u}_p, \quad F_{IPinz} = -m'_{pin}\dot{u}_p$$

一同代入后整理得到

$$m_{11}\ddot{e}_t + m_{12}\ddot{e}_b + m_{13}\dot{u} - F_h(u,e_t,e_b,\dot{e}_t,\dot{e}_b) + \frac{F_{RG}}{L_p}(e_t - e_b) = F_R \qquad (5\text{-}12)$$

其中

$$m_{11} = m'_{\text{pin}}(1 - \frac{a}{L_p}) + m_{\text{pis}}(1 - \frac{b}{L_p})$$

$$m_{12} = m'_{\text{pin}}\frac{a}{L_p} + m_{\text{pis}}\frac{b}{L_p}$$ \hspace{2cm} (5-13)

$$m_{13} = \tan\psi(m_{\text{pis}} + m'_{\text{pin}})$$

$$F_h(u_p, e_t, e_b, \dot{e}_t, \dot{e}_b) = F_{Rhy} + F_{Rhz}\tan\psi \tag{5-14}$$

$$F_R = F_{RRy} + F_{RRz}\tan\psi + F_{RG}\tan\psi \tag{5-15a}$$

同样，将以下关系

$$M_{RGx} = -F_{RG}c_p, \quad M_{Ipin,x} = -J_{Cpin}(\ddot{e}_t - \ddot{e}_b)/L_p$$

$$M_{Ipis,x} = M_{Ipisx0} + F_{Ipisy}(a-b) + F_{Ipisz}C_g$$

$$= -J_{Cpis}\frac{\ddot{e}_t - \ddot{e}_b}{L_p} - m_{\text{pis}}(a-b)(\ddot{e}_b\frac{b}{L_p} + \ddot{e}_t(1 - \frac{b}{L_p})) - m_{\text{pis}}C_g\dot{u}_p$$

代入式（5-2c'），整理得到

$$m_{21}\ddot{e}_t + m_{22}\ddot{e}_b + m_{23}\dot{u}_p - M_h(u_p, e_t, e_b, \dot{e}_t, \dot{e}_b) = M_R \tag{5-16}$$

其中（设 $J_C = J_{Cpis} + J_{Cpin}$）

$$m_{21} = \frac{J_C}{L_p} + m_{\text{pis}}(1 - \frac{b}{L_p})(a-b)$$

$$m_{22} = m_{\text{pis}}\frac{b(a-b)}{L_p} - \frac{J_C}{L_p}$$ \hspace{2cm} (5-17)

$$m_{23} = m_{\text{pis}}C_g$$

$$M_h(u_p, e_t, e_b, \dot{e}_t, \dot{e}_b) = M_{Rhx}$$

$$M_R = M_{RRx} + M_{RCRx} - F_{RG}C_p \tag{5-18a}$$

不计环组和连杆小头轴承的作用时

$$M_R = -F_{RG}C_p \tag{5-18b}$$

式（5-12）和式（5-16）可以合写成

$$\begin{bmatrix} m_{11} & m_{12} \\ m_{21} & m_{22} \end{bmatrix}\begin{bmatrix} \ddot{e}_t \\ \ddot{e}_b \end{bmatrix} + \begin{bmatrix} m_{13} \\ m_{23} \end{bmatrix}\dot{u}_p - \begin{bmatrix} F_h(u_p, e_t, e_b, \dot{e}_t, \dot{e}_b) + F_{RG}(e_t - e_b)/L_p \\ M_h(u_p, e_t, e_b, \dot{e}_t, \dot{e}_b) \end{bmatrix} = \begin{bmatrix} F_R \\ M_R \end{bmatrix} \tag{5-19}$$

式（5-19）就是活塞二阶运动方程的一种基本形式。其中 $\dot{u}_p$ 为一阶运动加速度，$\ddot{e}_t$、$\ddot{e}_b$ 为二阶运动加速度，方程表明一二阶运动存在形式上的耦合，等号右边主要反映气体力作用。所以，方程在形式上表明往复运动、气体力作用、润滑特性 F_h 和 M_h 是引起二阶运动的外因，活塞组质量及其分布是决定二阶运动特性的内因，这是符合逻辑的。

从式（5-13）和式（5-17）也容易看出活塞组质量几何参数对二阶运动有很大影响。

3. 油膜作用力

已知活塞裙部压力分布时，油膜作用力计算如下。

油膜横向承载力 F_{Rhy}（记 $\Theta = (-\pi, -\pi + \theta_2) \bigcup (-\theta_2, \theta_2) \bigcup (\pi - \theta_2, \pi)$，称为承载区域周向角度范围；记 $R_p = D_p / 2$ 为活塞裙部基准柱面半径）

$$F_{Rhy} = \int_0^{L_p} \int_{\theta \in \Theta} p \cos\theta \cdot R_p \mathrm{d}\theta \mathrm{d}z \tag{5-20}$$

油膜轴向作用力 F_{Rhz}（已假定缸套内壁为理想柱面，下式为沿缸套内壁与裙部接触区域的积分）

$$\begin{aligned}
F_{Rhz} &= -\int_0^{L_p} \int_{\theta \in \Theta} (-\frac{h}{2} \cdot \frac{\partial p}{\partial z} + \frac{\mu u_p}{h}) R_p \mathrm{d}\theta \mathrm{d}z \\
&= -\int_0^{L_p} \int_{\theta \in \Theta} \frac{p}{2} \cdot \frac{\partial h}{\partial z} \cdot R_p \mathrm{d}\theta \mathrm{d}z - \int_0^{L_p} \int_{\theta \in \Theta} \frac{\mu u_p}{h} \cdot R_p \mathrm{d}\theta \mathrm{d}z
\end{aligned} \tag{5-21}$$

（此步作分部积分并利用齐次边界条件）

油膜对活塞力矩 M_{Rhx}，$M_{Rhx} = M_{RHNx} + M_{RHFx}$，其中

$$M_{RHNx} = \int_0^{L_p} \int_{\theta \in \Theta} p \cos\theta \cdot (a - z) \cdot R_p \mathrm{d}\theta \mathrm{d}z \tag{5-22a}$$

$$M_{RHFx} = \int_0^{L_p} \int_{\theta \in \Theta} (-\frac{h}{2} \cdot \frac{\partial p}{\partial z} + \frac{\mu u_p}{h}) \cdot (R_p \cos\theta + C_p) R_p \mathrm{d}\theta \mathrm{d}z \tag{5-22b}$$

5.2.2　活塞二阶运动求解意义

求解活塞二阶运动可得到以下结果。

（1）活塞运动的摩擦功耗。运动阻力公式已见上节式（5-21）；摩擦功率为

$$P_f = F_{Rhz} u \tag{5-23}$$

（2）可详细分析影响功耗的各种因素。

（3）活塞二阶运动特性参数。如最小油膜厚，最大油膜压力，最大压力增加率等及其出现的位置，评价油膜建立的可靠度和润滑品质。

（4）活塞-缸套相互作用：求得相互作用分布载荷的变化过程，用于结构振动和噪声的分析预测。

5.3　算法模型

求解二阶运动的关键问题就是算法对求解过程和油膜压力分布的求解效率，以下分别介绍。

5.3.1 求解过程

对单个位形的求解过程如图 5-5 所示，对整个循环的求解过程如图 5-6 所示。

图 5-6　整个循环活塞二阶运动历程的求解过程

一般求解稳定工作循环下的活塞二阶运动，初始条件选择要使循环结束与开始时的活塞运动参量误差在给定误差范围内。单个位形的求解结束后，若循环未结束或循环开始、终点差异过大，时间步应前进一步继续求解。如此直至终止。

活塞二阶运动阻尼较大，一般迭代 2～3 个循环，就可得到满意的稳定工作循环解。

5.3.2 压力分布求解

1. 二阶运动求解过程

对方程式（5-9）按照右侧压力形成的机理（活塞二阶运动速度组合形式）分解为三个只与活塞位置姿态有关的基本方程

$$\frac{\partial}{\partial \theta}\left(\bar{h}^3 \frac{\partial \bar{p}}{\partial \theta}\right) + \left(\frac{D_{\mathrm{p}}}{2L_0}\right)^2 \frac{\partial}{\partial \bar{z}}\left(\bar{h}^3 \frac{\partial \bar{p}}{\partial \bar{z}}\right) = 6\left(\frac{D_{\mathrm{p}}}{2L_0}(\varepsilon_{\mathrm{t}} - \varepsilon_{\mathrm{b}})\cos\theta - \frac{\partial \bar{f}(\theta, \bar{z})}{\partial \bar{z}}\right) \tag{5-9a}$$

$$\frac{\partial}{\partial \theta}\left(\bar{h}^3 \frac{\partial \bar{p}}{\partial \theta}\right) + \left(\frac{D_{\mathrm{p}}}{2L_0}\right)^2 \frac{\partial}{\partial \bar{z}}\left(\bar{h}^3 \frac{\partial \bar{p}}{\partial \bar{z}}\right) = 12\cos\theta \tag{5-9b}$$

$$\frac{\partial}{\partial \theta}\left(\bar{h}^3 \frac{\partial \bar{p}}{\partial \theta}\right) + \left(\frac{D_{\mathrm{p}}}{2L_0}\right)^2 \frac{\partial}{\partial \bar{z}}\left(\bar{h}^3 \frac{\partial \bar{p}}{\partial \bar{z}}\right) = -12\bar{z}\cos\theta \tag{5-9c}$$

仿照 Hahn 法的思想，可以在相同边界条件下分别求解这三个方程，得到相应的压力分布，依次记为 $\bar{p}_{\mathrm{u}}(\theta, \bar{z})$，$\bar{p}_{\mathrm{t}}(\theta, \bar{z})$，$\bar{p}_{\mathrm{b}}(\theta, \bar{z})$，并设它们的线性组合为

$$\bar{p}_{\mathrm{syn}}(\theta, \bar{z}) = \bar{u}_{\mathrm{p}} \bar{p}_{\mathrm{u}}(\theta, \bar{z}) + \frac{\dot{\varepsilon}_{\mathrm{t}}}{\omega} \bar{p}_{\mathrm{t}}(\theta, \bar{z}) + \frac{\dot{\varepsilon}_{\mathrm{b}} - \dot{\varepsilon}_{\mathrm{t}}}{\omega} \bar{p}_{\mathrm{b}}(\theta, \bar{z}) \tag{5-24}$$

将此分布的负值区域置零，就得到这些运动参数下真实压力分布的一阶近似。通过实际算例检验表明，此一阶近似精度足以满足定性分析需要。其意义在于，三种压力分布都只与姿态有关，而与活塞往复运动速度、二阶运动速度无关，故在对特定位姿的求解过程中只须求解一次，而求解二阶运动速度的迭代过程只是在用不同的二阶运动速度估值、计算权值，进行三种基本分布叠加，可大大提高过程求解速度。其基本求解迭代过程如图 5-7 所示。

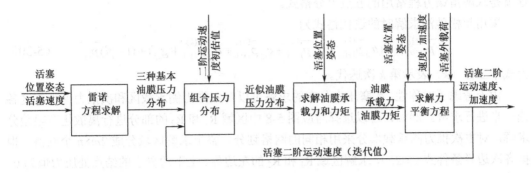

图 5-7　采用 Hahn 法思想的基本求解过程迭代循环

2. 基于雷诺方程的求解

边界条件：采用齐次边界条件

$$\begin{cases} \overline{p}(\theta,\overline{z}) = 0, \forall(\theta,\overline{z}) \in ([-\pi+\theta_2, -\theta_2]\bigcup[\theta_2, \pi-\theta_2])\times[0,1] \\ \overline{p}(\theta,0) = \overline{p}(\theta,1) = 0, \forall \theta \in (-\pi,\pi] \\ \overline{p}(\pi,\overline{z}) = \overline{p}(-\pi,\overline{z}), \forall \overline{z} \in [0,1] \end{cases} \tag{5-25}$$

一般地，活塞裙部型面关于曲柄滑块机构运动的中心平面是对称的，这样，就有对称性条件

$$\overline{p}(-\theta,\overline{z}) = \overline{p}(\theta,\overline{z}), \forall(\theta,\overline{z}) \in [-\pi,\pi]\times[0,1] \tag{5-26}$$

利用这一对称性条件可使求解和计算量减少近半。

　　求解雷诺方程的常用方法是有限差分法[18,19,31]。可以采用等距或不等距的网格划分，与超松弛迭代相结合，收敛速度令人满意。当采用式（5-25）的边界条件时，求解区域本身较窄，且形状规则，故可选择等距划分，此时，对一般形式的采用无因次参数的雷诺方程

$$\frac{\partial}{\partial\theta}(\overline{h}^3\frac{\partial\overline{p}}{\partial\theta}) + \lambda^2\frac{\partial}{\partial\overline{z}}(\overline{h}^3\frac{\partial\overline{p}}{\partial\overline{z}}) = f(\theta,\overline{z})$$

可采用差分形式

$$\frac{\overline{h}_{i+\frac{1}{2},j}^3(\overline{p}_{i+1,j} - \overline{p}_{i,j}) - \overline{h}_{i-\frac{1}{2},j}^3(\overline{p}_{i,j} - \overline{p}_{i-1,j})}{(\Delta\theta)^2} + \lambda^2\frac{\overline{h}_{i,j+\frac{1}{2}}^3(\overline{p}_{i,j+1} - \overline{p}_{i,j}) - \overline{h}_{i,j-\frac{1}{2}}^3(\overline{p}_{i,j} - \overline{p}_{i,j-1})}{(\Delta\overline{z})^2} = f_{i,j} \tag{5-27}$$

其中 $\overline{p}_{i,j}$ 表示 $\overline{p}_{i,j} = \overline{p}(\theta_0 + i\Delta\theta, \overline{z}_0 + j\Delta\overline{z})$，其余变量的下标记号含义同，化简得到

$$\overline{p}_{i,j} - a_{i,j}\overline{p}_{i+1,j} - b_{i,j}\overline{p}_{i-1,j} - c_{i,j}\overline{p}_{i,j+1} - d_{i,j}\overline{p}_{i,j-1} - g_{i,j} = 0 \tag{5-28}$$

其中

$$\begin{cases} a_{i,j} = \frac{\overline{h}_{i+\frac{1}{2},j}^3}{k_{i,j}(\Delta\theta)^2}, b_{i,j} = \frac{\overline{h}_{i-\frac{1}{2},j}^3}{k_{i,j}(\Delta\theta)^2}, c_{i,j} = \frac{\lambda^2\overline{h}_{i,j+\frac{1}{2}}^3}{k_{i,j}(\Delta\overline{z})^2}, d_{i,j} = \frac{\lambda^2\overline{h}_{i,j-\frac{1}{2}}^3}{k_{i,j}(\Delta\overline{z})^2} \\ k_{i,j} = \frac{\overline{h}_{i+\frac{1}{2},j}^3 + \overline{h}_{i-\frac{1}{2},j}^3}{(\Delta\theta)^2} + \frac{\lambda^2(\overline{h}_{i,j+\frac{1}{2}}^3 + \overline{h}_{i,j-\frac{1}{2}}^3)}{(\Delta\overline{z})^2} \\ g_{i,j} = \frac{-f_{i,j}}{k_{i,j}} \end{cases} \tag{5-29}$$

这就是求解雷诺方程常用的五点差分格式。

采用超松弛法求解时的迭代格式为

$$\overline{p}_{i,j}^{(k+1)} = \beta(a_{i,j}\overline{p}_{i+1,j}^{(k)} + b_{i,j}\overline{p}_{i-1,j}^{(k)} + c_{i,j}\overline{p}_{i,j+1}^{(k)} + d_{i,j}\overline{p}_{i,j-1}^{(k)} + g_{i,j}) + (1-\beta)\overline{p}_{i,j}^{(k)} \qquad (5-30)$$

上式中上标（k）表示第 k 次迭代。

由于考虑了对称性，活塞压力分布的求解可以对主推力侧承载区和次推力侧承载区各选一半进行求解。例如，可以选择对应图 5-8 中区域 R_1 和 R_2 的部分进行离散化有限差分求解。对主次推力侧承载部分采用相同的网格划分，整个求解区域分成 $2m×n$ 个网格。根据齐次边界条件式（5-25），求解区域 R_1 和 R_2 的左边界、上下边界上的结点处压力恒为 0，无须迭代。但 R_1 和 R_2 的右边界（对应于下标为 m 和 $2m+1$ 的结点列）结点对应两承载区的中心线，这些结点的压力分布须迭代求解，且差分格式有不同，如图 5-9 所示。中心线上结点的差分格式为

$$\overline{p}_{i,j} - 2b'_{i,j}\overline{p}_{i-1,j} - c'_{i,j}\overline{p}_{i,j+1} - d'_{i,j}\overline{p}_{i,j-1} - g'_{i,j} = 0 \qquad (5-28a)$$

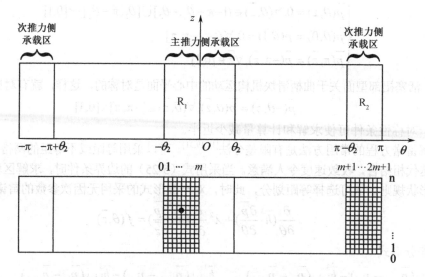

图 5-8　活塞裙部展开图:求解区域选择与网格划分

其中

$$\begin{cases} b'_{i,j} = \dfrac{\overline{h}_{i-\frac{1}{2},j}^{3}}{k'_{i,j}(\Delta\theta)^2}, c'_{i,j} = \dfrac{\lambda^2 \overline{h}_{i,j+\frac{1}{2}}^{3}}{k'_{i,j}(\Delta\overline{z})^2}, d'_{i,j} = \dfrac{\lambda^2 \overline{h}_{i,j-\frac{1}{2}}^{3}}{k'_{i,j}(\Delta\overline{z})^2} \\[3mm] k'_{i,j} = \dfrac{2\overline{h}_{i-\frac{1}{2},j}^{3}}{(\Delta\theta)^2} + \dfrac{\lambda^2(\overline{h}_{i,j+\frac{1}{2}}^{3} + \overline{h}_{i,j-\frac{1}{2}}^{3})}{(\Delta\overline{z})^2} \qquad ,i=m,2m+1; 0 \leqslant j \leqslant n \\[3mm] g_{i,j} = \dfrac{-f_{i,j}}{k_{i,j}} \end{cases} \qquad (5-29a)$$

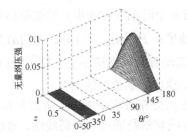

图 5-9　利用对称性求得的 R_1 和 R_2 区压力分布举例

超松弛因子：一般认为求解雷诺方程这样的椭圆型偏微分方程超松弛法的松弛因子取 s=1.4～1.7[18]，但对齐次边界条件下的活塞二阶运动压力分布问题，可以验证松弛因子取 s=1.9 时具有最高的求解效率，如图 5-10 所示。迭代次数只有取 s=1.6 时的 1/2。这说明通过对差分方法优选迭代参数可以有效节约求解时间。

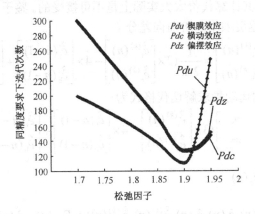

图 5-10　松弛因子与迭代求解效率

5.3.3　动力学方程求解迭代格式改进

图 5-5 基本求解过程代数环和图 5-7 采用叠加法的求解过程代数环都要求由运动方程式（5-19）求解活塞二阶运动速度。一般是求解稳定工作循环中一组离散时刻的活塞运动，而每个时刻的运动求解如前述是通过迭代求解运动方程。所以通常将式（5-19）离散化，并采用以下迭代格式

$$\begin{bmatrix} m_{11} & m_{12} \\ m_{21} & m_{22} \end{bmatrix} \begin{bmatrix} \hat{\ddot{e}}_t^{(k)}(n) \\ \hat{\ddot{e}}_b^{(k)}(n) \end{bmatrix} + \begin{bmatrix} m_{13} \\ m_{23} \end{bmatrix} \dot{u}_p(n)$$

$$- \begin{bmatrix} F_h(u_p(n), \hat{e}_t(n), \hat{e}_b(n), \hat{\dot{e}}_t^{(k)}(n), \hat{\dot{e}}_b^{(k)}(n)) + F_{RG}(n) \cdot (\hat{e}_t(n) - \hat{e}_b(n))/L_p \\ M_h(u_p(n), \hat{e}_t(n), \hat{e}_b(n), \hat{\dot{e}}_t^{(k)}(n), \hat{\dot{e}}_b^{(k)}(n)) \end{bmatrix} \quad (5\text{-}19a)$$

$$= \begin{bmatrix} F_R(n) \\ M_R(n) \end{bmatrix}$$

其中 $\hat{e}_t(n)$、$\hat{e}_b(n)$ 表示第 n 个时刻（时间步）的位姿估计值；$u_p(n)$、$\dot{u}_p(n)$ 为第 n 个时刻活塞往复运动速度和加速度；$F_{RG}(n)$、$F_R(n)$、$M_R(n)$ 为第 n 个时刻的作用力。这些值都在迭代求解第 n 时刻的运动参数时保持不变。而 $\hat{e}_t^{(k)}(n)$、$\hat{e}_t^{(k)}(n)$ 等则表示第 n 时刻上第 k 次迭代后活塞二阶运动速度、加速度的估值。

由于在由雷诺方程求解压力分布过程中抛弃了压力分布的负值区域，此方程对活塞二阶运动速度项不是线性的。传统解法是通过牛顿切线法，通过数值方法估计各求解步上的 Jacobi，收敛虽快，计算机的计算量稍大。文献[20]提出采用 Broyden 迭代法，无需估计 Jacobi，仅由各步误差和改进量得到速度数值解，显然比 Newton 法要方便。但该文献中的 Broyden 迭代公式与标准 Broyden 法[41]不同，且更重要的是：该文献对二阶运动加速度估值和速度估值没有同时进行，在由 Broyden 法迭代求速度时，保持当前时间步上一次加速度估值不变；这样，其过程仅对非常小的时间步长（比如，对整循环 720° 来说，取步长为 0.1°）收敛，对稍大的步长则根本不收敛。由于每时间步都要求解雷诺方程，只适用于小步长的方法，因其计算代价太大实际上是不可接受的。鉴于此，在求解平衡方程时，将式（5-19a）左边加速度项用二阶前向差分

$$\begin{bmatrix}\hat{\ddot{e}}_t^{(k)}(n)\\\hat{\ddot{e}}_b^{(k)}(n)\end{bmatrix}=\frac{1}{2\Delta t}(3\times\begin{bmatrix}\hat{\dot{e}}_t^{(k)}(n)\\\hat{\dot{e}}_b^{(k)}(n)\end{bmatrix}-4\times\begin{bmatrix}\hat{\dot{e}}_t(n-1)\\\hat{\dot{e}}_b(n-1)\end{bmatrix}+\begin{bmatrix}\hat{\dot{e}}_t(n-2)\\\hat{\dot{e}}_b(n-2)\end{bmatrix})\quad(5\text{-}31)$$

代替，实际采用的运动量求解迭代格式为

$$\frac{1}{2\Delta t}\begin{bmatrix}m_{11}&m_{12}\\m_{21}&m_{22}\end{bmatrix}(3\times\begin{bmatrix}\hat{\dot{e}}_t^{(k)}(n)\\\hat{\dot{e}}_b^{(k)}(n)\end{bmatrix}-4\times\begin{bmatrix}\hat{\dot{e}}_t(n-1)\\\hat{\dot{e}}_b(n-1)\end{bmatrix}+\begin{bmatrix}\hat{\dot{e}}_t(n-2)\\\hat{\dot{e}}_b(n-2)\end{bmatrix})$$

$$+\begin{bmatrix}m_{13}\\m_{23}\end{bmatrix}\dot{u}_p(n)$$

$$-\begin{bmatrix}F_h(u_p(n),\hat{e}_t(n),\hat{e}_b(n),\hat{\dot{e}}_t^{(k)}(n),\hat{\dot{e}}_b^{(k)}(n))+F_{RG}(n)\cdot(\hat{e}_t(n)-\hat{e}_b(n))/L_p\\M_h(u_p(n),\hat{e}_t(n),\hat{e}_b(n),\hat{\dot{e}}_t^{(k)}(n),\hat{\dot{e}}_b^{(k)}(n))\end{bmatrix}$$

$$=\begin{bmatrix}F_R(n)\\M_R(n)\end{bmatrix}\quad(5\text{-}19b)$$

式中，$\begin{bmatrix}\dot{e}_t(n-1)\\\dot{e}_b(n-1)\end{bmatrix}$ 和 $\begin{bmatrix}\dot{e}_t(n-2)\\\dot{e}_b(n-2)\end{bmatrix}$ 为上一时间步和上上一时间步的活塞二阶运动速度（求解时采用等时间间隔）。

采用此处理后，算法的稳定性大为提高，对于 8° 甚至 12° 的大步长（每循环只计算 60 次），结果稳定，且精度较高。

附：采用的标准 Broyden 迭代格式（据文献[41]）

对方程 $f(x)=0$ 求解 x 的 Broyden 法
（1）确认 x_0 初值，初始化 $B_0=I$ 或 Jacobi 估计，$k=0$；
（2）由 $B_k s_k=-f(x_k)$ 求解 s_k；
（3）$x_{k+1}=x_k+s_k$；
（4）$y_k=f(x_{k+1})-f(x_k)$；

（5）$B_{k+1} = B_k + f(x_{k+1})s_k^T / (s_k^T s_k)$；

（6）检验 $\|f(x_{k+1})\| < \lambda_1 \wedge \|s_k\| < \lambda_2$，是则终止，否则 $k+1 \to k$，转1）。

5.4　几何数据参数有效估计

　　介绍求解活塞二阶运动采用的活塞组相关几何、质量特性及数值求解的有关参数。

5.4.1　几何及质量参数

　　活塞几何与质量参数采用技术资料或几何建模进行估计，见表 5-1。

表 5-1　求解 2 阶运动采用的活塞质量、几何与润滑参数（部分据文献[35]）

活塞几何与质量参数	符号	值	备注
活塞直径/mm	D_p	126	
冷态标准配缸间隙/mm	c_r	0.075～0.2	
（冷态）隙径比/mm	m_p	0.0012～0.0032	
活塞质量/kg	m_{pis}	1.616	由近似几何模型估计
活塞销质量/kg	m_{pin}	0.675	
活塞绕质心沿销轴向转动惯量/kg·m²	J_{Cpis}	0.016836	两项和
活塞销沿轴向转动惯量/kg·m²	J_{Cpin}		
裙部长度/mm	L_p	80	实测
润滑油动力黏度/（Pa·s）	μ	0.015	见表 3-5 相应备注
活塞销轴偏置/mm	C_p	−1	
活塞质心相对销轴偏置/mm	C_g	−1	
销位置/mm	a	40	实测
质心位置/mm	b	20	由近似几何模型估计

5.4.2　活塞裙部型线

　　型线本身是个复杂问题，中凸型线活塞在其周向不同部位型线的凸度亦不同，由于没有关于所研究机型的活塞裙部型线的资料，从仿真角度，进行简化处理。简化情形一般选极端的情形，可使人们了解实际变动将产生影响的范围。对活塞型线来说，直型线是一个极端，但直型线建立稳定油膜有一定困难，仿真中常发生撞缸现象。考虑到直型线的重要性（理论及实用上），为使仿真易于实施，采用对直型线接近顶部和底部进行局部修正的方法，所用型线的一个例子如图 5-11 所示。为进一步简化计算，并假定裙部承载区内周向各位置型线相同。作此处理后仿真比较稳定，且结果与文献及实测有对应性（见第 7 章）。

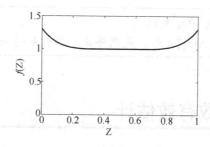

图 5-11　采用的典型裙部型线

5.4.3　数值求解活塞二阶运动的有关参数

数值求解过程的有关参数见表 5-2。

表 5-2　数值求解活塞二阶运动有关参数

参数	符号	值	备注
活塞裙部主次推力侧承载区域角度之半/°	θ_2	35	
裙部轴向网格划分数	n	32	
裙部周向半承载区网格划分数	m	32	

5.5　模型确认与验证

对实际发动机活塞二阶运动进行测定还较为困难,虽有相关的尝试[23,42],但是仅仅是行程中几个有限的点。退一步说,即便可测,由于模型涉及的因素多且复杂,影响真实系统的因素更多,所以仍然存在结果分析上的困难。故对仿真结果的确认与验证还是通过间接途径,即逻辑一致和结论合理。

5.5.1　模型验证

模型验证主要检查程序实现与理论模型及算法设计的符合性。进行模型检查项目有如下几个。

(1)力平衡。由求得的二阶运动参数计算承载力、力矩,考察若干选定点或一过程内活塞-销系统平衡方程的满足情况。

(2)承载力成分分析。形成横向承载力的三种机理还是比较直观的,而单一机理也比复合机理更易于分析。所以,可以考察一些特定的姿态和速度、外载荷下的承载力成分,看其中起主要作用的承载机理的情况是否符合常识而进行判断。这对检查程序和模型的错误都很有用。显然，对于式（5-9），其右端某向量值较大时，相应的机理对合成压力分布的影响也大，这样，活塞往复运动速度大，则楔形膜作用就大。在最小油膜厚小时，挤压膜效应（与横动和偏摆都有关）也应较大，据此可对活塞行程中一些特定点的求解结果进行检查。

（3）对权威文献中给出的计算结果进行类似工况和参数的分析，考察结果定性或定量的一致性。例如，文献[20]给出高速 3000r/min 下中凸型线活塞二阶运动的一个算例，其销轴和质心都偏向主推力侧，销偏置 1mm，质心偏置 3mm；对所研究的柴油机模型活塞组设置偏心量：销偏置 1mm，质心偏置 2mm，皆偏向主推力侧，在空载中速 1034r/min 稳态下求解活塞二阶运动，结果如图 5-12 所示。由图 5-12 可知，求解结果和文献中的求解运动规律及其主要特征是定性相符的。由于采用的数学模型相似，这就表明所编制的程序对理论模型的求解是可信的。

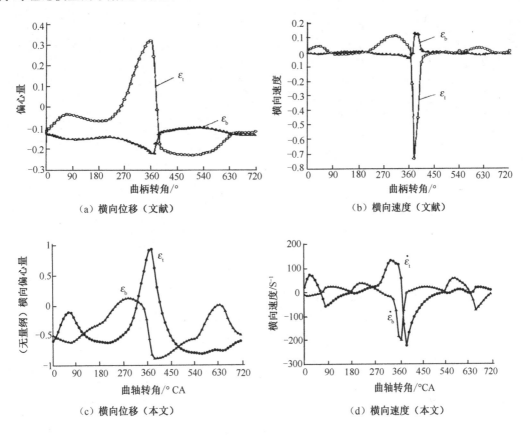

图 5-12　仿真结果和文献算例结果比较

5.5.2　模型确认

用仿真结果做相关的分析，对理论模型的正确性进行确认。

（1）因素分析：用理论模型仿真考察影响二阶运动的因素，与关于该方面已有的知识做比较并进行确认。

（2）效应分析；理论模型仿真结果用于有关领域的研究，考察导出结论的合理性。在后面，将二阶运动求解结果用于内燃机结构振动分析，得到与实测相对应关系的表面振动特性，就能以效应分析的方式验证理论模型的有效性。

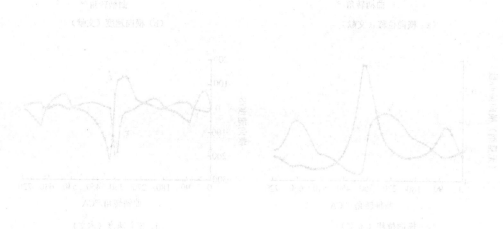

第 6 章

柴油机机体有限元建模与模型验证

●●●●●●●

6.1 引言

研究发动机机体的结构振动需建立机体振动系统模型，若以理论建模为主，则首选就是建立机体的有限元模型。有限元建模涉及单元选择、结构简化、系统和结构未知参数的处理等问题，如何解决这些问题对系统响应的求解效率和精度都有很大影响。就结构振动分析来说，这方面的技术及相关处理已很成熟，但对于研究存在模型几何尺寸不全、结构细节未尽知、材料特性未知、结构分析的边界条件复杂、支撑参数未知等问题，建模时需要考虑其特殊性。在作建模选择时要考虑尽量减轻未知因素的影响或模型能从多方面获得验证，以确认对许多未知因素的处理是否合适。

复杂结构有限元模型的验证常通过与试验模态分析（EMA）的结果做对比和相互结合分析进行。比较实际结构和有限元模型的模态参数无疑是最方便的，但如果 EMA 是采用锤击法或自由振动衰减法测试，则所得结果是复模态和复振型，与有限元分析的实振型无法直接比较；由复模态估计实模态参数的方法[43]在测点较少（如，4 个，这一般远小于信号中存在的特征频率数）时，实施不是很有效，所以少测点锤击测试情况下，EMA 与 FEM 的振型比较是个问题。解决问题的途径也许是采用一定的阻尼模型然后做有限元复模态分析，再做复振型之间的比较。本书通过提取复振型的各分量的绝对值和实部信号，将复振型近似简化为实振型，然后与仿真模型的实振型做比较，这一简单处理方法为模态对应关系的确认提供较好的参考。

6.2 机体有限元建模

建模在前后处理软件 MSC.Patran 中以交互的方式完成，以下分项说明。

6.2.1 单元和单元属性

考虑到机体整体上薄壁箱体结构，以板单元为基础，采用板梁复合结构来构建机体的有限元模型，见表 6-1。

整个机体采用统一的高强度灰铸铁材料，材料特性未知，估计的材料特性参数见表 6-2。不考虑缸套、主轴承轴瓦、凸轮轴轴套、缸盖等材料的特殊性，通过求解结构动特性对此取值的合理性进行验证。

由于梁单元和板单元在空间的重叠会导致计算结构质量的重叠，从而影响质量阵，将所有梁单元的密度改为 4200kg/m^3，以减小这种影响。

表 6-1　机体有限元模型采用的单元类型

NASTRAN 单元类型	用于结构	备注
QUAD4，四节点四边形单元	各缸缸体内壁面	施加分布力
TRI3，三节点三角形单元	除缸体内壁面外的所有曲面和平面；部分结构加强板	
BAR2，二节点梁单元	主轴承座隔板上的固有加强筋；主轴承座；主油道通孔；凸轮轴孔外壁	

表 6-2　机体有限元模型采用的材料数据（据文献[35]表 1.1.4，表 1.1.6）

材料名称	弹性模量/GPa	密度/kg/m^3	泊松比
高强度灰铸铁	150	7200	0.3

6.2.2 子结构划分与结合面连接方式

发动机机体结构模型由若干部件模型组成，部件又按自身结构形状划分为子结构。机体部件包括缸体、曲轴箱、缸盖（建模的 WD615 系列柴油机是每缸一盖）、飞轮壳，如图 6-1 所示。

按形状简单、刚度较大、含单元数与其他子结构大致相等、结合面简单等原则将机体划分成若干子结构；子结构构成构件，构件间不定义离散弹簧、阻尼元，而是由公共结点连接。

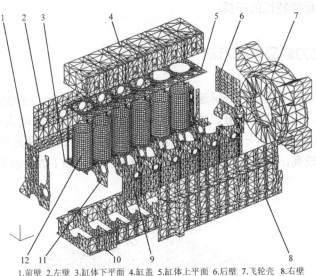

1.前壁　2.左壁　3.缸体下平面　4.缸盖　5.缸体上平面　6.后壁　7.飞轮壳　8.右壁
9.右水套壁　10.曲轴箱　11.上主轴承座隔板　12.缸体内壁

图 6-1　机体有限元模型主要的子结构

6.2.3　有限元建模和结构简化的处理

　　左右壁和主轴承座隔板定义为变厚度的。各部分厚度根据各部分实际结构情况做选择。

　　缸盖结构简化。缸盖内部的孔道结构很复杂，又缺少相关图纸资料，根据大致的隔板形状和位置将缸盖简化为有多道纵横筋板和水平隔板的盒式结构，删除一些隔板小块以模拟排气道、进气道、出水口、进排气阀挺杆孔、两侧型芯孔等表面和内部结构要素。

　　结构塞孔与碗形塞问题处理。缸体四壁、水套右壁、缸盖两侧（相应于发动机前后向）皆有孔，孔是铸造时支撑型芯用的，孔均封有碗形塞，碗形塞厚度小（只有开孔处壁厚的1/4），又存在与塞孔结合面的问题，在建模时对碗形塞未建模，将塞孔边界按结构的自由边界处理。

　　油底壳和一些附属质量未建模。因为其质轻并且刚度小，许多结构尺寸未知，且对机体振动的影响小。

6.2.4　支撑约束处理

　　采用与实际发动机安装方式类似的支撑形式，在曲轴箱两侧第 1、第 2 缸之间的支撑结构和飞轮壳的四个耳上定义约束，限制安装面各节点的平动自由度，即采用刚性支撑，对转动自由度未加约束，未采用弹性支撑，这是因为：（1）实际支撑系统力学参数未知；（2）支撑系统固有频率较低，而分析结构振动以几百赫兹以上的较高频率为主，以排除后续分析时此支撑低频特性的干扰。

6.2.5 模型动力响应求解方法

采用子结构法，其优点为求解速度快；便于修改和再分析、结构优化设计；便于大型模型维护、管理。但有合理划分、选择保留自由度等的要求，因此需要较多经验。

仅研究结构振动的某一方面时，子结构法并非必要。有限元再分析机制（Restart Anlysis）效率也较高，且可基于更精确的模态求解结果。图 6-2 所示为有限元模型机体支撑方式。

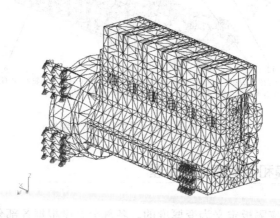

图 6-2　有限元模型机体支撑方式

6.2.6 模型的检查和验证

对建模中的模型进行检查和验证。自由边、单元属性、重合结点、重合单元等都是常用的检查方面，可帮助发现和修正明显的建模错误。

比较隐蔽的单元属性和连接错误、建模时对结构的不合理简化等则可通过对子结构、部件、模型的模态振型分析进行。在求解结构的实模态时，将特征向量（振型）单位化方式设为 MAX 方式，则可通过检查模态质量确认局部自由度；直接通过 MSC.Patran 的 QuikPlot 查看振型图也可以进行检查（对发动机这样的复杂箱体结构，应与 Patran 的 Group 操作相结合）。

通过整体模态特性进行模型验证。直列式发动机机体沿曲轴旋转轴向可看成复杂变截面和交替开闭口的梁，相应地发动机机体的低阶模态有类似连续梁弯、扭模态这样的振型，发动机振动学称为整体模态。对各不同机型，发动机机体前几阶固有频率一般都对应于其整机体模态的固有频率，且整机体模态的固有频率一般顺序[2]为

$$轴向扭转频率 < 横弯频率 < 纵弯频率、裙部开合频率$$

通过对整机体模态固有频率的一般顺序对整体结构建模可进行简易的定性验证，一般用有限元无约束自由模态分析做此验证比较合适。

对所建立的模型作约束模态分析得到如图 6-3 所示的低阶固频与振型，除了一阶纵向扭转频率高于横弯外，与此规律相符。一阶轴向扭转频率较高是支撑约束所致。

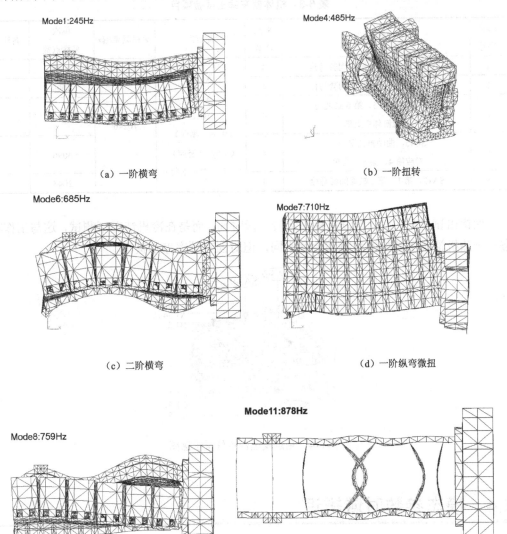

（a）一阶横弯　　　　　　　　　　　　　　（b）一阶扭转

（c）二阶横弯　　　　　　　　　　　　　　（d）一阶纵弯微扭

（e）二阶横弯一阶扭耦合　　　　　　　　　（f）主轴承座隔板摆振和裙部开合

图 6-3　发动机机体低阶模态

6.3　柴油机机体锤击试验布置与实施

在发动机就车停机状态下，用力锤击机体选定的一组激励点进行激励，如图 6-4 所示，同步采集机体选定的各测点的加速度响应，见表 6-3。

表 6-3　机体就车锤击试验项目

试验序号	锤击点	重复次数	测点组	采样频率/Hz	单次采样点数	备注
1	SA56，第 5、第 6 缸盖间骑马栓	4	A1.34 A1.56 B1.2 C1.5x（横向） C1.5y（竖向） C1.5z（曲轴轴向）	10240	2048	
2	SA34，第 3、第 4 缸盖间骑马栓	4			4096	
3	SB56，左壁第 5、第 6 缸之间 对应缸体中上部	4			2048	
4	SC45，曲轴箱左壁中部 对应第 4、第 5 缸之间	4			4096	
5	SA12，第 1、第 2 缸盖间骑马栓	4			2048	

做锤击试验时，发动机没有提前运转一段时间，而是在冷机情况下测试，这与工作状态——热机情况下结构的动特性会有不同，但对固有频率差别甚小。

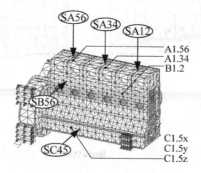

图 6-4　测点及锤击点位置示意图

6.4　模态参数时域辨识

模态参数的时域辨识有多种方法，特征系统实现法（ERA 法）是较常用的方法，它适用于 MIMO 多点冲击激励、多点测量的情况，也适用于从系统自由衰减振动中提取模态。选择此法是因为其较为简洁，需设定的算法参数少，求解阻尼准确，还可得到系统复模态。

6.4.1　ERA 法概述

假定多点激振、多点观测的线性振动系统的状态方程为

$$\begin{cases} x(l+1) = Ax(l) + Bu(l) \\ y(l) = Cx(l) \end{cases} \quad (A \in R^{2n \times 2n}, B \in R^{2n \times r}, C \in R^{m \times 2n}; m, n, r \in N) \quad (6\text{-}1)$$

则系统的脉冲响应序列矩阵为

$$h(l) \overset{\text{def}}{=} [h_{ij}(l)]_{m \times r} = CA^l B, l \in Z \quad (6\text{-}2)$$

定义系统的 Hankel 分块矩阵（$p, q \in \mathbf{N}, mp \geqslant 2n, qr \geqslant 2n$）

$$(h(l))_{p,q} = \begin{bmatrix} h(l) & h(l+1) & \cdots & h(l+q-1) \\ h(l+1) & h(l+2) & \cdots & h(l+q) \\ \vdots & \vdots & \ddots & \vdots \\ h(l+p-1) & h(l+p) & \cdots & h(l+p+q-2) \end{bmatrix} = (T)_p A^l (Q)_q \quad (6\text{-}3)$$

式（6-3）中，$(T)_p$ 为系统能观性矩阵，$(Q)_q$ 为系统能控性矩阵，有

$$(T)_p \overset{\text{def}}{=} \begin{bmatrix} C \\ CA \\ \vdots \\ CA^{p-1} \end{bmatrix}, \quad (Q)_q \overset{\text{def}}{=} \begin{bmatrix} B & AB & \cdots & A^{q-1}B \end{bmatrix} \quad (6\text{-}4)$$

若系统是完全可控和可观测的，则 $rank((h(l))_{p,q}) = 2n$，对 Hankel 分块矩阵做奇异值分解

$$(h(0))_{p,q} = VDW^T \quad (6\text{-}5)$$

所得非异对角阵 D 仍是 $2n$ 阶的，并且有系统的（最小）实现：

$$\hat{C} = E_m^T VD, \hat{A}_1 = D^{-1}V^T(h(1))_{p,q}W, \hat{B} = W^T E_r \quad (6\text{-}6a)$$

其中，$E_m = ([I_m \quad 0_m \quad \cdots \quad 0_m]_{m \times mp})^T$，$E_r = ([I_r \quad 0_r \quad \cdots \quad 0_r]_{r \times rq})^T$ 为选择阵。

做系统特征值估计时，一般采用平均法做 A 的估计：

$$\hat{A}_1 = (D^{-1}V^T(h(1))_{p,q}W + (D^{-1}V^T(h(-1))_{p,q}W)^{-1})/2 \quad (6\text{-}6b)$$

若求得 $\hat{A}_1$ 的特征值 z_i 和对应的特征向量 g_i（$i = 1 \cdots n$），且设 $G = [g_1 \quad g_2 \quad \cdots \quad g_{2n}]$，则将有振动系统的模态参数估计

$$\left. \begin{aligned} \Psi &= E_m^T VDG \\ L &= G^{-1}B = G^{-1}W^T E_r \\ \lambda_i &= \ln(z_i)/\Delta t \end{aligned} \right\} \quad (6\text{-}7)$$

Ψ 为系统复振型矩阵，L 为各激励的模态参与因子矩阵，λ_i 为系统的复特征值。

估计模态纯度的评定可以用模态幅值相干系数（MAC），若 $L_0 = G^{-1}W^T$，且设

$$\overset{\upsilon}{L}_{i,j} = \{L_0(i, r*(k-1)+j), k = 1 \cdots q\}_{q \times 1} \quad (6\text{-}8a)$$

$$a_i = \{\exp(\lambda_i k\Delta t)\}_{q \times 1} \quad (6\text{-}8b)$$

$\overset{\upsilon}{L}_{i,j}$ 是第 j 个激励引起第 i 阶模态的实际幅值时间过程，a_i 是理想幅值时间过程序列，则有

$$MAC(i,j) = \frac{\left| \left\langle \overset{\upsilon}{L}_{i,j}, a_i \right\rangle \right|}{\sqrt{\left\langle \overset{\upsilon}{L}_{i,j}, \overset{\upsilon}{L}_{i,j} \right\rangle \left\langle a_i, a_i \right\rangle}} , \quad (i=1\cdots 2n, \ j=1\cdots r) \qquad (6\text{-}9)$$

$MAC(i,j)$ 的意义是参考第 j 个激励的第 i 阶模态的模态幅值相干系数。

6.4.2 算法实现

ERA 法只涉及五个参数：$n, p, q, r, \Delta t$。

对单点锤击，可以取 $r=1$；不同锤击点的响应采样频率相同时，也可放到一起来分析，此时 r 等于不同的锤击点数。对同点不同次锤击采用的是集中同时处理，不同激励点采用分别处理，然后汇总。

p, q 有下限，就是 $mp \geq 2n, qr \geq 2n$，其合适值取决于有效信号长度。例如，可做如下考虑：单次采样前面部分一般是响应强，信噪比较大，若信噪比较大的时段的有效点数为 N，则 p、q 都可以取到

$$p=q=\left\lfloor \frac{N}{2} \right\rfloor$$

系统阶数估计可以用文献[37]提出的检查 D 的突变点之前的奇异值个数的方法，但突变点并不总存在，或者之前的奇异值个数很少，此时就要试给 n 值，看求取结果的情况；可以通过有限元模态分析，分析频宽范围 $0\sim 1/(2\Delta t)$ 内的模态阶数作为 n 的估值。

Δt 可取采样时间或其整数倍，若是后者，则须先对相应信号作低通滤波，再生成 Hankel 矩阵，以消除频率混叠。如果不是用 $\hat{A}_1$ 计算特征值，而是用 $\hat{A}_l(l\geq 2)$，也必须考虑频率混叠问题。若信号采样频率足够高时，采用滤波并用 $\hat{A}_l(l\geq 2)$ 计算特征值的好处是对低频特性的估计更精确，与抽取方法结合还可提高计算效率。

6.4.3 模态参数辨识结果评估

对测试项目 1、3、4 分别用 ERA 法辨识其低阶模态参数，整理的结果见表 6-4。可见该法识别结果比较稳定、全面，其结果可靠。

表 6-4　ERA 法对不同锤击测试项目识别得到的机体低阶模态

序号	锤击点	识别频率	阻尼比	模态参与因子	MAC	备注
1	SA56	235.58	0.021525	0.045261	0.98018	
	SC45	231.59	0.025813	0.065214	0.98903	
2	SB56	320.24	0.008767	0.048064	0.90206	
	SC45	335.34	−0.00128	0.059744	0.98741	
3	SA56	504.1	0.011008	0.058021	0.98223	
	SB56	512	0.003235	0.062802	0.71951	
	SC45	527.52	0.021443	0.10234	0.99105	

序号	锤击点	识别频率	阻尼比	模态参与因子	MAC	备注
	SA56	605.15	−0.00266	0.054515	0.98543	
4	SB56	615.95	0.027835	0.10494	0.6751	
	SC45	617.49	0.017932	0.099416	0.99145	
5	SB56	796.14	0.012451	0.11536	0.51543	
	SC45	800.71	0.019377	0.13862	0.99025	
6	SB56	837.54	0.014302	0.24609	0.45644	
	SC45	837.6	0.003117	0.04643	0.99222	
	SB56	888.36	0.015632	0.10193	0.38479	
7	SC45	889.71	0.010321	0.088341	0.99136	
	SA56	903.48	0.011563	0.078409	0.9831	
	SC45	1007.9	0.011709	0.10544	0.9946	
8	SA56	1011.1	0.005755	0.088791	0.99134	
	SB56	1013.6	0.014664	0.11112	0.25194	

表 6-4 中，负的阻尼比与分析信号段的选取和 ERA 算法参数选取有关，一般该模态真实阻尼很小时偶尔会出现此情况。

6.4.4　柴油机频带阻尼分布估计

利用 ERA 法求得的固有频率和阻尼数据可估计被测结构的频带阻尼分布，这对于初步的动响应求解是有用的。由锤击试验得到的频带阻尼分布如图 6-5 所示。

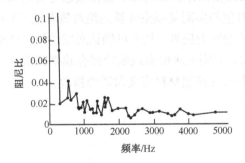

图 6-5　由锤击试验得到的频带阻尼分布

6.5　EMA 与 FEM 结果比较

对有限元模型做支撑部位约束情况下的模态分析，可得到模型的低阶模态和振型。可从分析结果中导出与锤击试验测点位置相对应的模型节点的各阶振型位移，与锤击试验模态参数识别所得测点振型比较见表 6-5。

表 6-5 低阶模态特征频率与振型对应性

阶数	模态名称	有限元模型					试验模态分析 ERA 法					振型相关系数
		频率	A1.34	A1.56	B1.2	C1.5	频率	A1.34	A1.56	B1.2	C1.5	
1	横 I	241	0.08	0.08	1	0.75	270	-0.18	-0.34	1	0.22	0.82
2	横 I 后沉	320	0.17	0.17	-0.25	1	310	-0.34	-0.73	0.74	-0.2	0.40
3	后沉	351	0.75	1	0	-0.5	396	1	0.37	-0.26	-0.24	0.83
4	扭 I	479	0.2	0.2	1	0.2	530	0.20	0.30	1	0.3	0.99
5	后部上摆	492	1	1	-0.1	-0.4	617	0.57	1	-0.27	-0.79	0.91
6	横 II	638	-0.2	0.2	-0.6	1	666	1	-0.29	0.44	-0.2	0.52
7	曲横III下	679	1	-0.4	-0.4	1	762	1	0.05	-0.46	0.53	0.91
8	曲横III	718	1	-0.25	0.5	1	800	0.24	0.73	1	0.69	0.57
9		727										
10	隔板横振	797										
11	与	804										
12	裙部开合	819										
13		812										
14	纵 I	855	1	-0.67	0.2	0	967	1	0.92	0.83	0.39	0.27
15	隔板横振	928										
16	横 II 扭 I;	962	-0.25	0.25	-0.8	1	1012	0.77	-0.66	1	-0.74	0.89
17	隔板横振	979										

由表 6-5 可知，有限元模型计算系统低阶整体模态与实测低阶模态有对应关系，理论模型实振型的分量的绝对值与实测复振型分量的绝对值有较好对应关系，据此可确认理论计算与实测模态在若干点存在对应性，从而可确认对发动机机体结构的建模是合理的。从表 6-5 中的数据可以看出，有限元求解系统低阶固有频率都偏低，这可能是由于材料特性取值不合适，据此可对有限元模型材料定义做适当修改。

第 7 章

活塞组横向冲击下机体 表面振动分析与验证

●●●●●●●●

7.1 引言

　　基于理论模型的研究，即发动机的振动特性不是单纯的动力学分析，还涉及比较复杂的动力学模型辨识与修改问题，特别是像增压柴油机这样工作条件苛刻、系统状态复杂的往复机械，单靠理论建模难度很大。就实用上说，还是用理论建模和试验建模相结合的方法较好。利用理论建模和试验建模的各自优点对各部分进行建模，并且对一些关键的系统物理参数（可能涉及运动、热力学、载荷、动力参量）进行测量，在此基础上利用实测和系统分析结果修正理论模型，直至确认模型有效、合理，然后可以用于对机器的振动特性做全面的考察。这一混合建模方法比较完备，但要求的辅助测试多，工作量大，建模周期较长，一般用于工程上的内燃机减振设计及重要研究。

　　在初步研究、没有实物模型或只有少量测试数据等测量受限的情况下，可采用简化的以理论为主的建模法。对复杂机理做合理的简化，模型参数较多地采用经验值和估计值，以模型行为和系统行为在某层次上或某方面的相似性进行确认模型有效，并用做发动机某些振动特性的**定性或半定量**研究。此种建模方法虽精度差，可能会遗漏主要因素，导致根本性的错误，但对硬件和测试的要求少，一般可用在理论性的研究，理论模型验证，以及发动机状态监控和故障诊断的预研阶段。

　　由于测试数据和机型数据都较少，本书基于后一种近似建模方法分析活塞组横向冲击引起的机体结构振动特性，与实测机体表面振动信号做比较，确认模型的有效、合理性。

然后用此模型考察不同工作条件下活塞横向冲击作用引起结构振动的不同，用仿真结果与实测结果相比较。在用各种分析方法考察结果的过程中，也揭示出上止点附近机体表面振动的一些规律，通过综合各项分析可以确认活塞横向作用是压缩上止点附近机体侧面振动的主振源。

7.2　理论模型

本节介绍通过理论模型求解发动机机体结构瞬态响应相关的基本假定、载荷简化和求解原理。

7.2.1　基本假定

对柴油机的结构振动分析基于如下假定。

（1）稳定工况下的系统参数和载荷服从严格周期性、确定性的，随机因素影响微弱。

（2）机体传递特性是线性的。

（3）系统阻尼较大，振动在传播中随时间很快衰减。

（4）系统阻尼简化为结构比例阻尼。

（5）系统支撑的固有频率很低。

若假设（1）成立，则可以不考虑载荷服从的概率分布特性，直接利用第3、4、5章求得的对应稳定工作点的载荷和分布力作为系统激励。

若假设（2）和假设（3）成立，则在压缩上止点附近，由于本缸的激励远大于其他缸，可认为此时邻近该缸的测点的振动响应主要反映该缸的激振；这样在只施加一个缸的工作载荷情况下，在压缩上止点附近该缸邻近测点的振动与实测对应测点的振动就具有可比性，这就简化了载荷定义过程，减小了后续工作计算量。

若假设（2）和假设（4）成立，则系统动力学方程是解耦的，可以利用振型叠加法求解系统响应，使大型模型的求解速度大大加快。

若假设（5）成立，则高频激励下支撑振动微弱，近似为固支，使系统约束得以简化。

对每个工作缸来说，燃烧冲击每个工作循环只有一次，活塞组横向冲击每个循环虽可能有数次，但以压缩上止点附近的那次最大，也最重要。由于系统阻尼较大，实际上只须研究压缩上止点前后的机体表面振动。

综上，在假设（1～5）均成立时，只须研究完全等重复的单缸工作载荷作用下机体在压缩上止点前后的表面振动响应特性即可。

7.2.2　机体结构动力学分析模型

1. 模型范围

发动机机体构件与曲柄连杆机构构件的相互作用如图 7-1 所示。

由图 7-1 可知，缸内气体力（工质力）传递到机体表面有三种途径：①通过缸盖；②通过缸套，气体直接作用于缸套或通过活塞及活塞环间接，此间接途径是油膜压力，包括活塞撞击力）和机身结构直接传递；③通过活塞-连杆-曲轴-曲轴箱-机体传递，活塞、连杆、曲轴等统称为内部传力件。

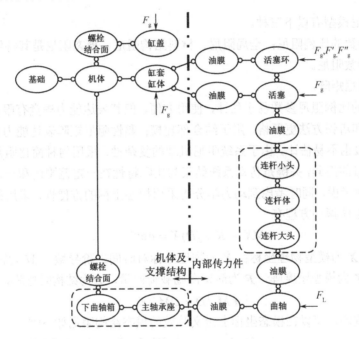

图 7-1　缸内气体力与外载荷在主动力系统和机体结构间的传递

一般认为缸盖-机身系统刚性较大、响应小[2]；而后两种传递途径环节多，且都包含运动件作用，在动特性中居主要地位，因而是建模的重点。

由于内部传力件动特性的理论计算较为困难，单从动力学和摩擦学角度讲，就包括多个润滑界面、多种润滑状态的耦合；运动副弹性变形；柔性机构；传热和热负荷；曲轴扭振等重要问题，一般是选择结合建模，由于测量受限，故采用替代法，将动力学计算所得近似的等效载荷加到主轴承座上。

活塞对缸套作用也采用替代法，采用第 5 章的方法求得的时变分布力即为作用载荷。

忽略活塞与环组的相互作用，且假定：

① 活塞承受全部横向载荷，活塞环不承受横向载荷；

② 不考虑活塞组对缸套的摩擦力。

则结构动力仿真模型包括机身、缸盖、曲轴箱、飞轮壳。在第6章对这几部分均已建模。

此外，结构动力仿真模型不包括油底壳、附属部件和附属质量。因其不在主传递路径上，皆属于被激振；且凡有附加质量处刚度都已加强，而第6章有限元模型也未计入此结构加强措施。

2. 支撑约束条件

约束拴接节点处的全部平动位移自由度。

3. 阻尼假定

常用的阻尼模型有以下三种。

① 简单参数的比例阻尼：全局阻尼、材料结构阻尼、模态阻尼是其特例。

② 离散参数阻尼。

③ 黏性阻尼矩阵。

简单参数的比例阻尼参数易于估计，使用方便，但其表达能力毕竟有限；离散参数阻尼要求的测试和辨识方法更严格，用于结合部建模；黏性阻尼矩阵表达能力最强，但取值不易给定，参数也不易估计。由于系统阻尼机理的复杂性，采用何种简化阻尼模型因研究对象和研究的目的而异，关键是仿真系统结果与实际特性在一定范围内和一定程度上可靠地相符。鉴于此考虑，同时考虑到动力学分析采用模态坐标的方便性，采用结构比例阻尼模型，即假定系统振动方程有

$$M\ddot{X} + (K + jD)X = Fe^{j\omega t} \tag{7-1}$$

式（7-1）中，X 为模型物理坐标；$\ddot{X}$ 为物理坐标对时间二阶导数，M 为物理坐标 X 下模型质量阵，K 为模型刚度阵，F 为简谐激励载荷向量，D 为结构阻尼阵，满足

$$KM^{-1}D = DM^{-1}K \tag{7-2}$$

系统是解耦的，可以在模态坐标上定义等效的模态结构阻尼如下[36]

$$-\omega^2 m_i \xi_i(\omega) + (1 + jg(\omega))k_i \xi_i(\omega) = p_i(\omega), 1 \leq i \leq q \tag{7-3}$$

式（7-3）中，i 为模态阶数，q 为模态截断的阶次，m_i、k_i、$\xi_i(\omega)$、p_i 分别称为模态质量、模态刚度、模态广义坐标、模态载荷（谱），则 $g(\omega)$ 即模态结构阻尼，它是频率的函数。本章以模态结构阻尼的方式定义模型阻尼。

4. 空间-时间变载荷

主要载荷如气体压力、活塞组对缸套压力和剪切力等，均为随空间位置、时间变化的分布载荷。

对载荷采用空间离散化的方法，假定其在空间各微小区域上为均布或满足一定形函数，则空间-时间变载荷可离散化为一组一维加载过程或载荷谱。

若假定载荷在空间微小区域上均布，则载荷在空间的分布变成不连续的，在求解瞬态响应时将可能引起噪声响应，虽不太大，却是载荷定义方式所固有的，不易消除。

活塞横向作用载荷模型：采用第 5 章的活塞缸套作用模型。

主轴承座承载力。各道主轴承座上的载荷计算是个复杂问题，由于本章的仿真是定性研究，故采用如下应用较多的最简模型假定。

① 认为本缸连杆对曲轴颈的作用力由相邻两道主轴承座承担。

② 不考虑曲轴颈和曲拐的惯性离心力，即认为曲轴各段是静态转动平衡的。

基于上述假设，采用替换法将机构动力学计算所得连杆大头对曲轴轴颈的作用施加于主轴承座时，活塞和连杆的惯性力已包含在内。

由于全膜流体润滑计算的活塞对缸套摩擦力较小（单缸只有～200N 量级），在上止点附近由于活塞运动速度低，更小于此值，且全膜流体润滑基本假定已不适用于上下止点附近的边界润滑和微凸体接触情况，所以不考虑活塞对缸套摩擦力。

5. 瞬态响应求解

采用频率响应法求解机体表面振动稳定的周期响应。基本方程见式（7-3），可写成

$$\xi_i(\omega) = \frac{p_i(\omega)}{-\omega^2 m_i + (1 + jg(\omega))k_i} \tag{7-4}$$

利用各阶模态振型向量即得到系统的各节点、单元的响应谱，有

$$X(\omega) = \sum_{i=1}^{q} \phi_i \xi_i(\omega) \tag{7-5}$$

q 为模态截断阶数。

频率响应法优点：求得响应谱较精确；求解时域响应过程没有初始条件和突加载干扰，直接得到循环稳态响应；所要求的载荷求解步数少，求解效率高。

7.3　计算模型

对技术模型主要定义载荷、载荷组，调整阻尼参数，求解。

7.3.1　载荷组划分

在 MSC.Patran 中定义载荷模型。

对沿缸壁的分布力主要采用空间离散化的方法，离散到缸体轴向不同高度的各层，假定每层内沿轴向载荷为均匀分布；而在层内周向上定义载荷为空间场分布形函数，在一个工作循环内变化过程与该层的场形函数相应的载荷量值则定义为时域循环过程或频域复数载荷（频率）谱。至于气体对缸壁压力，则不需定义空间场周向分布形函数，为层内周向均匀分布。

对主轴承座和缸盖受力则简化为集中力的节点力，按实际分布特性定义合适的节点组，见表 7-1。

表 7-1　主要作用力采用的 NASTRAN 载荷类型

作用力	NASTRAN 载荷类型	定义方式
活塞横向作用： 主推力侧， 副推力侧	PLOAD4 Pressure（Elementary variable） 沿单元变化的空间分布载荷（频率）谱	主（副）推力侧压力的周向空间分布函数* 各层的复载荷谱
工质对缸壁作用力	PLOAD4 Pressure（Elementary uniform） 沿单元均布的载荷（频率）谱	各层的复载荷谱
工质对缸盖作用力	FORCE， Nodal 节点力（频率）谱	作用于缸盖 10 个合适节点
主轴承座承载力水平分量		对称地施加在该缸前后两道主轴承座，向左和向右定义于不同节点组
主轴承座承载力竖直分量		对称地施加在该缸前后两道主轴承座

活塞横向作用正压力周向分布的形函数，采用抛物线作一阶近似：

$$P(k,\theta)=\begin{cases} P_{m,k}(1-\theta^2/\theta_2^2) & ,\theta\in(-\theta_2,\theta_2) \\ P_{a,k}(1-(\theta-\pi)^2/\theta_2^2) & ,\theta\in(-\pi,-\pi+\theta_2)\cup(\pi-\theta_2,\pi) \\ 0 & ,\text{其他} \end{cases} \quad (7\text{-}6)$$

式中，$P_{m,k}$——缸套主推力侧第 k 层油膜压力基准量值；

$P_{a,k}$——缸套副推力侧第 k 层油膜压力基准量值；

θ_2——承载区域角度之半，取值见表 5-2。

图 7-2 为副推力侧油膜压力周向分布与抛物线近似分布，图 7-3 给出离散前后作用在缸套壁上载荷的情况。总载荷分布大致是相似的，只是轴向离散化造成不同单元层之间存在压力分布的不连续性，但其影响不大。

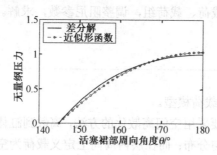

图 7-2　副推力侧油膜压力周向分布与抛物线近似分布

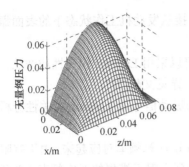
（a）有限差分法求得的油膜压力分布

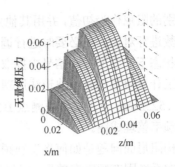
（b）按层离散化后对应层的油膜压力分布

图 7-3　主副推力侧油膜压力分布沿缸轴向的离散化

气体压力的离散化方式与此相似，不再介绍。

图 7-4 为中速 1034r/min 稳态时，施加于有限元模型的周期载荷过程。

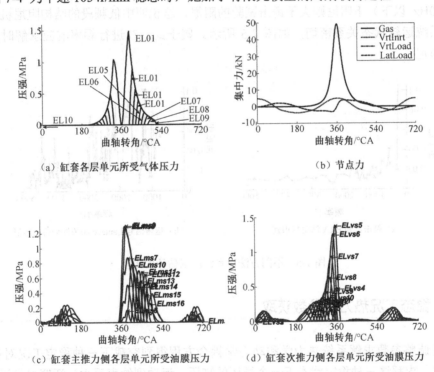

图 7-4　中速 1034r/min 稳态时施加于有限元模型的周期载荷过程[20]

7.3.2　工作情况下的阻尼估计

对动响应求解来说，确定系统阻尼是个重要问题。采用模态结构阻尼，对模态阻尼的识别有多种方法。第 7 章的时域模态参数识别方法得到的是自由振动阻尼。对于复杂机械，运转状态下阻尼与自由振动阻尼可能不同，不同工况下系统阻尼可能也不同。所以考虑用

第 6 章所识别的阻尼作为初值,并用其他方法直接从发动机工作状态下的表面振动信号中提取阻尼参数进行对比,在必要时进行调整。

从工作状态下的表面振动信号中提取阻尼可以采用 Laplace 相关性滤波法。此法识别的原理与手工计算阻尼的时域波形法原理相似,详见文献[32]。

在中速 1525r/min 下,对表面测点 B1.45 的振动信号做 Laplace 相关性分析,并将识别的阻尼按频率整理成图。

采用结构阻尼的问题是如何将识别频率与理论计算频率对应起来。由于有限元计算特征频率与真实系统固有频率有差异,阻尼要施加到有限元模型的对应频率,必须先将计算模态和真实系统模态对应起来,没有模态试验数据这种对应不可能建立。对无模态试验数据的情况下,只能按频带对阻尼作平滑,且高频区的频带划分的粒度宜粗,因为高频段有限元模型计算的特征频率精确度较差的缘故。

由相关分析识别得到系统运转状态下阻尼在 3000Hz 以上与锤击试验结果相符,中低频(3000Hz 以下)下阻尼则大于锤击试验的阻尼,这说明中低频段的结构阻尼机理更复杂,与系统运转状态关系密切,如图 7-5 所示。鉴于此,在进行频率响应求解时须调大该频段阻尼。

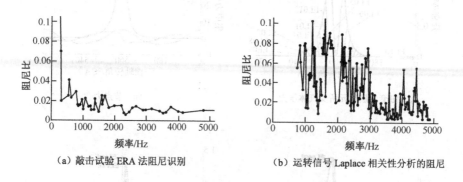

(a) 敲击试验 ERA 法阻尼识别　　　　(b) 运转信号 Laplace 相关性分析的阻尼

图 7-5　不同方法对系统阻尼估计的比较

7.3.3　稳态工况热力学参数获取

通过调整参数求解系统热力学和动力学耦合方程得到空载下三种稳定工况对应的热力学参数,求解这三种稳定状态下一个循环的缸压、运动副约束反力、活塞二阶运动后,才能施加载荷于有限元模型,求解稳态响应。

即便是空载和稳定转速下,系统振动特性随转速仍有很大变化,表现在实测信号中谱和时域波形特征都有很大的变化,所以热力学边界条件和状态的正确获取对系统动响应分析有很大影响。对增压柴油机,热力学状态计算难度更大,表 7-2 列出的值是在与振动信号特征反复比较后确定的。

表 7-2 计算稳定运转工作载荷所用的系统空载稳定运转热力学参数

参数名称	624r/min 稳态	1034r/min 稳态	1522r/min 稳态
进气压力/bar	1.03	1.04	1.05
进气温度/K	330	330	340
排气压力/bar	1.025	1.035	1.04
最高缸压/MPa	3.97	4.03	4.5
单缸循环供油量/g	0.015	0.0227	0.018287
曲轴空载附加转矩/N·m	68	110	75
缸套内壁面平均温度/K	373	373	363
燃烧品质因数 m	1.8277	1.3	1.0
燃烧持续角度 $\Delta\varphi$/° CA	63.97	105	80
燃烧起始角 φ_{VB}/° CA	-10.615	-7.12	-12

7.3.4 求解过程

总体上的求解过程见第 2 章图 2-5 的技术路线,对有限元瞬态响应分析来说,详细的求解过程如图 7-6 所示。

图 7-6 结构瞬态响应求解过程

求解之前要做一些相关设置,如频率范围、约束形式、边界条件、阻尼设置、选择输出结果内容,不过这些都与工况无关,大致是不变的,故未包含在图 7-6 中。

进一步分析就是仿真响应与实测响应的对比分析,通过确认分析结果与测试结果差异的原因,据此对有限元模型和系统模型参数做修改,再进一步求解考察,直至最终确认相符或不相符的真正原因。

7.4 仿真模型确认与验证

对仿真信号与实测信号在时域、频域、时频平面上做比较,确认信号特征的一致性。

7.4.1 与实际测试信号在频域上的比较

图 7-7 所示为压缩上止点附近实测与仿真响应短时幅值谱比较,可以看出,1500~

2500Hz 是活塞横向冲击的主频带，在此频带内仿真信号短时幅值谱与实测信号谱对应较好，都有三个主要峰值，且占有 1500Hz 以上总振动能量的绝大部分。

实测信号 1000～1500Hz 的峰值对应于气体力作用下动力机构动特性引起的结构振动[2]，是动力传递路径上各构件、润滑油膜特性的综合反映，此频带内的两种结果不相符可解释如下：由替代法加在有限元模型主轴承座上的载荷未包括动力机构动特性。此载荷由多刚体动力学求解主轴承副约束反力得到，由于中间没有设置弹性元件，则从活塞到主轴承座的传力特性位形、质量分布和阻尼函数就不可能包括动力机构动特性。而用有限元模型分析的目的是考察活塞横向冲击激励，所以将主轴承油膜作用力分布及其变化规律简化过多，各缸对主轴承座的载荷未同时施加，由于下部传递路径与活塞横向作用关系不大，所以这种简化是允许的，但可能丢失由此传递路径决定的机体结构振动特性。所以导致其不相符。

对高频 4000Hz 以上，其两种结果不尽相符的原因：实测信号在此频带的能量来自燃烧冲击的高频部分，而热力学模型基于零维燃烧模型和一维气体流动方程，没有考虑空间分布的因素，所求得的只是缸内气体压力的低频部分。所以造成有限元模型的一些激振力高频成分缺失，进而导致其不尽相符。

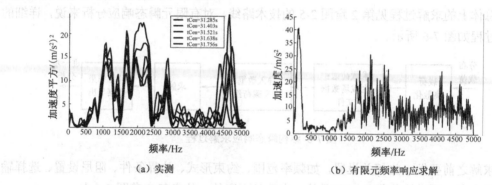

图 7-7 压缩上止点附近实测与仿真响应短时幅值谱比较

7.4.2 与实际测试信号在时域上的比较

图 7-8 为压缩上止点附近实测与仿真机身侧面中部振动响应的时域波形比较。从时域波形看，真实信号对应冲击区段的波形是包含几种成分的衰减振动，在第一个最大峰之后有若干个反向的次大峰，仿真表面振动也具有此特点。

对实测信号和仿真信号做时频分解，由图 7-8 的（b）、（d）知，仿真信号的第一、第二号基波原子分别与实测信号第二、第三号基波原子的参数和相位都有较好对应性。表 7-3 给出了实测和仿真表面振动加速度响应时频分解比较结果。

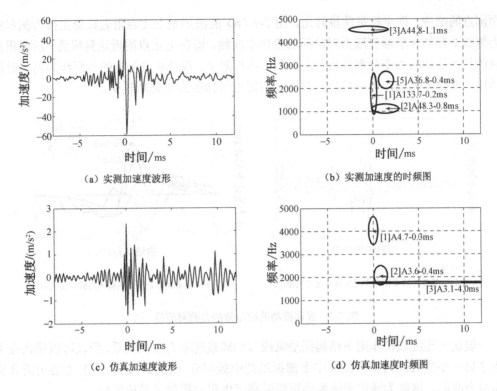

（a）实测加速度波形　　　　　　　　　（b）实测加速度的时频图

（c）仿真加速度波形　　　　　　　　　（d）仿真加速度时频图

图 7-8　压缩上止点附近实测与仿真机身侧面中部振动响应时域波形比较

表 7-3　实测和仿真表面振动加速度响应时频分解比较

项目	低频≤1500Hz		中频 1500~2500Hz		高频≥4000Hz	
	实测	仿真	实测	仿真	实测	仿真
能量排序	2	—	1,5	2	3	1
中心频率	1130	—	1771,2358	2050	4545	4000
时间常数	0.765	—	0.177,0.414	0.4	1.1	0.3
相位	中心滞后	—	紧随高频	紧随高频	领先	领先

综上，可将压缩上止点附近活塞横向冲击引起邻近的侧面测点振动的基本波形特征总结如下。

（1）都主要发生在压缩上止点之后若干度曲轴转角范围内。

（2）典型持续时间约为 2.5ms，随转速变化不大。

（3）主要包含低频（1000Hz）、中频（2000Hz）、高频（4000~4500Hz）三种成分的衰减震荡。

7.4.3　对实测波形特征点性质的确认

图 7-9（a）的波形为只施加活塞横向作用（及其反力于主轴承座）力时，邻近的机体

侧面测点的响应，横坐标是曲轴转角，图7-9（b）的波形是上止点附近缸套主推力侧和副推力侧第7和第8层油膜压力对时间的变化率曲线，皆在上止点附近达到极值。活塞裙部接触的其他层的压力变化率曲线与之类似，不再附上。图7-9（b）中的点画线为同一时段气体压力变化率曲线，可以看出，在上止点附近气体压力变化率较小。

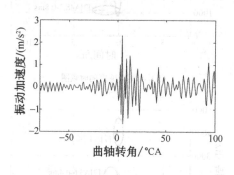
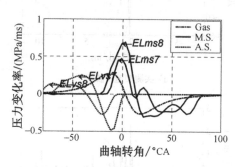

（a）只施加活塞横向作用仿真加速度波形　　　　（b）上止点附近单元油膜压力载荷变化率

图7-9　表面振动响应与激振力的对应性

一般认为连续载荷作用下结构振动响应与加卸载速率有很大关系，所以可以确认在上止点之后一小段时间内机身侧面中上部振动的中频部分（1500～2500Hz）主要由活塞横向作用力激起。这就为通过表面振动识别活塞组作用力提供了理论依据。

根据图7-9中两图的对应关系可以推断：图7-9（a）中最高点与主推测油膜压力变化率最大值点在发生时间上相关联。有待进一步验证，见7.5.2节。

7.5　不同工况与参数下活塞横向冲击引起表面瞬态响应特性研究

通过考察实测信号特性的变化规律及其仿真模型的相应行为，研究不同工况与参数下活塞横向冲击引起表面瞬态响应的特性规律。

7.5.1　冲击特性随转速的变化

空载不同转速下的活塞横向冲击特性会有比较大的差异，相应激起的表面振动响应的频率成分就有不同，各频率成分的能量大小也不同。

对于实测柴油机的一个缓慢加速过程，各工作循环对应第5缸燃烧的B1.45测点信号段做短时谱，得到此过程（第5缸燃烧和）活塞冲击响应的瀑布图如图7-10所示。图7-10中1500～2500Hz频带内的谱峰与活塞冲击有关，可见转速从550r/min增加到1000r/min过程中，此频带内1650Hz和2120Hz成分几乎是同步增大，并最终成为主频；而原先较大的对应于燃烧冲击的 1150Hz 成分,在发动机稳定在 1025r/min 时,能量却小于怠速时对应成分。对怠速 624r/min 和中速 1034r/min 稳态情况下运行仿真模型,如图 7-11 所示。仿真结果表明,1500~2500Hz 频带内的主要峰值均增大,与实测特征相符。

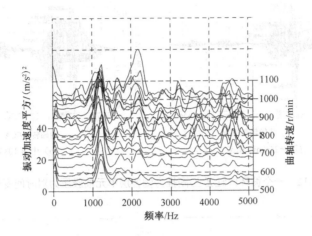

图 7-10　实测缓慢加速过程各循环对应第 5 缸压缩上止点前后 B1.45 响应的瀑布图

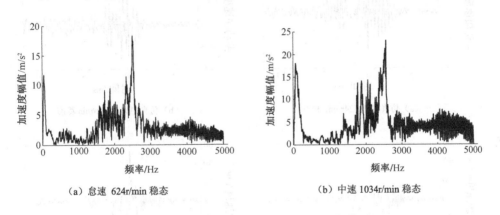

（a）怠速 624r/min 稳态　　　　　　　（b）中速 1034r/min 稳态

图 7-11　模型仿真 B2.5 加速度响应幅值谱

7.5.2　不同转速时活塞对缸套主副推力侧作用力最大增量的变化

以最大响应点为分界点,上止点附近总的机体侧面测点的振动响应波形可分成前部和后部,前后部波形特征明显不同,这是由于激振力及传递路径不同的缘故。可近似认为前部由次推力侧油膜作用引起,后部由主承载侧油膜作用引起。

由图 7-12 的比较怠速 624r/min 和中速 1034r/min 稳态下仿真活塞横向作用力变化率,可以看出:此转速范围内副承载侧油膜压力减小速率变化小,而主承载侧油膜压力增大速率峰值增大。由于压缩上止点附近副承载侧油膜压力的减小主要发生在上止点之前及上止点附近一段时间,而主承载侧油膜压力的增大则稍滞后,其直接后果就是上止点之前的振动响应波形变化不大（或稍有减小，由于持续时间短），而之后则变化较大，这同为模型仿真和实测振动信号所证实，如图 7-13 各图所示。这说明，就活塞横向作用来说，主推力侧作用是引起结构振动更重要的因素。

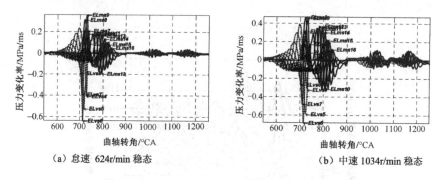

（a）怠速 624r/min 稳态　　　　　　　　（b）中速 1034r/min 稳态

图 7-12　一个循环内缸套主/副推力侧各层单元油膜压力对时间变化率

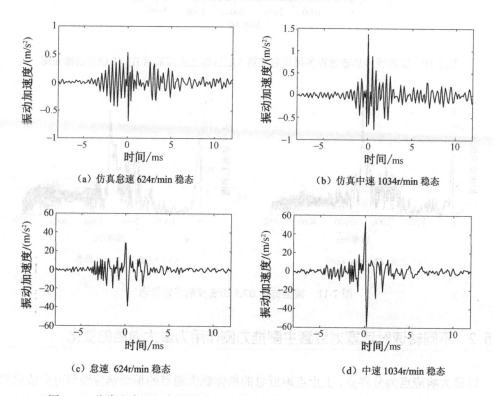

（a）仿真怠速 624r/min 稳态　　　　　　（b）仿真中速 1034r/min 稳态

（c）怠速 624r/min 稳态　　　　　　　　（d）中速 1034r/min 稳态

图 7-13　仿真和实测 5#缸压缩上止点附近机体侧面中上部邻近测点加速度响应

参考文献

[1] 刘永长，内燃机原理[M]，武汉：华中科技大学出版社，2001,1～80,205～246,277～333

[2] 谭达明，内燃机振动控制[M]，成都：西南交通大学出版社，1993，1～236

[3] 徐玉秀，赵晓清，杨文平，等.多参数多测点信息融合的行星轮故障诊断[J]，仪器仪表学报，2014.8, 35（8）：1789～1795

[4] 徐玉秀，杨文平，吕轩，等. 基于支持向量机的汽车发动机故障诊断研究[J].振动与冲击，2013 年 08 期 EI

[5] 徐玉秀，钟建军，闻邦椿. 旋转机械动态特性的分形特征及故障诊断[J].机械工程学报，2005 年 12 期 EI

[6] 赵先进，徐玉秀. 柴油机表面低频振动的状态空间重构及其应用 振动[J].测试与诊断，03 期，2008/9/15. EI

[7] 袁静，徐玉秀，乔国栋. 小波与 BP 网络在发动机配气系统故障诊断中的应用研究[J].天津工业大学学报，04 期，2009/8/25.

[8] 吕艳春，徐玉秀. 基于 Laplace 小波相关滤波法的柴油机气门间隙故障诊断[J]. 车用发动机，03 期，2008/6/25.

[9] 刘增勇，史宝杰，马洪文等. 基于缸盖振动信号分析的柴油机气门异响检测[J].移动电源与车辆，02 期，2008/6/20.

[10] 杨文平，徐玉秀. 活塞敲击的机体表面振动及其故障诊断研究. 2010 年信息技术和管理科学国际研讨会，pp 612-616，中国天津，2010/12/20

[11] Xing Gang, Xu Yuxiu, Guo Wei. Application of general fractal dimension to fault diagnosis of steam-electric generating set （ID：4-028）13th International Conference on Industrial Engineering and Engineering Management, 2006/8/12-2006/8/14, pp 1536-1539, Weihai, PEOPLES R CHINA, 2006. 会议论文, EI, ISTP

[12] Xu Yu-xiu, Hu Hai-yan, Wen Bang-chun1/3 pure sub-harmonic solution and fractal characteristic of transient process for Duffing's equation Applied Mathematics and Mechanics （English Edition ）, 27（9）, pp 1171-1176, 2006/9. 期刊论文, SCI, 0. 5580（2011）

[13] N.W.Bolander，F.Sadeghi. Deterministic modeling of honed cylinder liner friction[J]，Tribology Transactions，2007，50（2）：248～256

[14] G.Offner，M.Lechner，K.Mahmoud，etc. Surface contact analysis in axial thrust bearings based on different numerical interpolation approaches[J]，Proc. Inst. Mech. Eng. Part K J. Multi-body Dyn.，2007，221（2）：233～245

[15] 姜恩沪，夏见新，陈立志. 内燃机活塞二阶运动的模拟计算[J]，内燃机学报，1989，7（3）：265～273

[16] 桂长林，刘焜. 表面粗糙度对发动机活塞环-缸套润滑状态及摩擦功耗的影响[J]，机械工程学报，1992，28（1）：91～96

[17] 刘焜，桂长林，谢友柏. 活塞环组摩擦及润滑特性的综合分析[J]，摩擦学学报，18（1）：32～38

[18] 戴旭东，袁小阳，谢友柏. 内燃机缸套-活塞系统摩擦学与动力学行为耦合分析[J]，西安交通大学学报，2003，37（7）：683～686

[19] 叶晓明. 活塞环组三维润滑数值模拟及其应用研究，博士学位论文，华中科技大学，2004

[20] 白敏丽，丁铁新，董卫军. 活塞环-气缸套润滑摩擦研究[J]，内燃机学报，2005，23（1）：72～76

[21] 孟凡明，张优云. 运动颗粒对活塞环润滑的影响[J]，内燃机学报，22（2）：169～175

[22] 王伟，刘焜，焦明华，等. 活塞环-缸套液固二相润滑研究[J]，内燃机学报，2005，23（2）：176～181

[23] 何正嘉，訾艳阳，孟庆丰，等. 机械设备非平稳信号的故障诊断原理及应用[M]，北京：高等教育出版社，2001，78～83

[24] 魏春源，张卫正，葛蕴珊. 高等内燃机学[M]，北京：北京理工大学出版社，2001，87～120

[25] R.L.Norton，Design of Machinery An Introduction to the Synthesis and Analysis of Mechanisms and Machines（第二版影印版）[M]，北京：机械工业出版社，2003，570～683

[26] 朱访君，吴坚. 内燃机工作过程数值计算及其优化[M]，北京：国防工业出版社，1999，56～124

[27] 张建明，张卫刚，王亚伟，等. 柴油高压物理特性的研究[J]，高压物理学报，2005，19（1）：41～44

[28] http://www.avl.com/wo/webobsession.servlet.go/encoded/YXBwPWJjbXMmc GFnZT12aWV3Jm1hc2s9dmlldyZub2RlGl0bGVpcGD02NTA4OA_3D_3D.html

[29] 倪计民.车内燃机原理[M]，上海：同济大学出版社，1997，1～35，54～88，124～141，232～252，385～398

[30] O.Pinkus，B.Sternlicht. 流体动力润滑理论（谢友柏等译）[M]，北京：机械工业出版社，1982，1～300

[31] M.T.Heath. Scientific Computing An Introductory Survey[M]，New York：McGraw-Hill companies，1997，169～170

[32] 张雨，张志沛. 内燃机主运动副振动监测技术的研究[M]，北京：中国铁道出版社，1998，1～77

[33] M.Gockel，J.Muskivitch，etc. MSC.Nastran Version 68 Basic Dynamics User's Guide[M]，

Santa Ana CA：MSC.Software Corporation，2004，1～546

[34] 李柱国. 内燃机滑动轴承[M]，上海：上海交通大学出版社，2003，1～49

[35] 沈维道，郑佩芝，蒋淡安. 工程热力学[M]，北京：高等教育出版社，1983，36～202，327～349

[36] 茆诗松，周纪芗，陈颖. 试验设计[M]，北京：中国统计出版社，2004，1～341

[37] 李道本. 信号的统计检测与估计理论（第二版）[M]，北京：科学出版社，2004，1～109

[38] 刘兵山，黄聪，等. Patran 从入门到精通[M]，北京：中国水利水电出版社，2003，1～377

[39] MSC.Nastran 2005 Quick Reference Guide[M]，Santa Ana CA：MSC.Software Corporation，2004，1～2186

[40] MSC.Nastran 2001 Superelement User's Guide[M]，Santa Ana CA：MSC.Software Corporation，2004，1～239

[41] MSC.Patran 2005 PCL Reference Manual[M]，Santa Ana CA：MSC.Software Corporation，2004，1～1854

[42] 裘祖干，金孝维，张慧生，等. 内燃机活塞运动历程的计算和分析[J]，内燃机学报，1993，11（1）：63～70

[43] 汪森. 内燃机曲轴轴承流体动力润滑研究，硕士学位论文，昆明理工大学，2007

[44] 陈靠. 活塞二阶运动分析及敲击噪声预测，硕士学位论文，哈尔滨工程大学，2007

[45] 赵先进. 活塞敲击引发结构振动的仿真研究，硕士学位论文，天津工业大学，2008

中部

第 8 章

发动机结构振动及其振动传递路径分析

●●●●●●●●

8.1 引言

发动机的结构振动主要是指具有弹性的发动机结构部件，如活塞、连杆、曲轴、机体等，在燃烧气体力和惯性力作用下所激起的多种形式的弹性振动[1]。由于内燃机结构复杂，零件多，多数零件是用螺栓刚性的连接在一起的，它们受到冲击载荷激振时，都以各自的固有频率和振型或者独立或者相互影响地进行复杂的瞬态振动，再沿多种途径传递到发动机机体表面。这些传递路径有：（1）燃烧所引起的气体力，使缸盖产生振动，进而传播到气缸盖罩和进、排气歧管等零件；（2）作用在活塞上的燃烧气体力和惯性力使活塞产生垂向振动，并沿连杆、曲轴、主轴承、曲轴箱、油底壳等零件传播；（3）与此同时这些作用力又引起活塞横向敲击，激发起缸套和气缸体的振动，进而导致推杆室盖、正时齿轮室盖、机油冷却器体等零件的振动。所有这些振动的最终、最有影响的后果是，引起机体表面的高频振动。

按照激振力和传播途径的不同，内燃机的结构振动分为两大类。一类主要是由于燃烧气体力引起的，主要通过活塞、连杆、曲轴、主轴承传到机体的振动，称为燃烧（单向力）激振。另一类是指由于气体力和往复惯性力的作用，活塞侧压力变换方向时引起活塞敲击缸套，激起缸套和气缸体的振动，称为活塞敲击（交变力）激振。

8.2 直列六缸发动机表面振动分析

柴油机一般都包含有活塞、连杆、曲轴等组成的曲柄活塞机构。在工作的过程中由于磨损、腐蚀等作用，柴油机内部运动部件之间的间隙会随之增大，固定件装配配合状况发生变化，从而使其工作性能发生变化，进而影响柴油机表面振动响应，即振动幅值和振动信号的性质发生变化[2]。欲通过振动信号对柴油机工作状况做出准确的判断，关键在于建立激振源、传递路径与振动响应之间的相互关系，建立三者之间关系的基础是激励产生的条件及影响因素[3]。

8.3　直列六缸发动机振动的激振源及其特性分析

发动机振动激励源多而复杂，且各激励源相互干扰，有时也会产生耦合。图 8-1 所示为发动机的一个缸在一个工作循环过程中的冲击示意图。

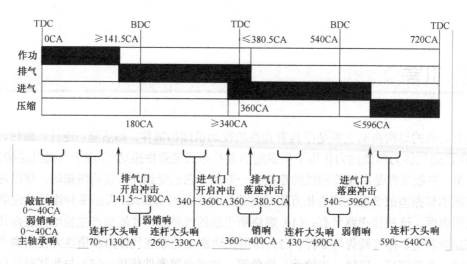

图 8-1　四冲程柴油机单缸一个工作循环冲击示意图

从图 8-1 中可以看出，柴油机工作时主要有以下几个方面的激振力：燃烧冲击、排气门开启冲击、进气门开启冲击、排气门落座冲击、进气门落座冲击及活塞换向时对缸套的冲击等。其他类型的冲击不是常见的冲击类型。

图 8-2 所示为一个工作循环中配气相位示意图，其中 α 为进气提前角，β 为进气延迟角，δ 为排气提前角，γ 为排气延迟角。对于等时间间隔采样来说，以膨胀上止点（TDC）为 0° CA（CA 代表曲轴转角：Crank Angle，BDC 为下止点），此时 $t_0 = 0$，则根据配气相位和曲轴转速即可确定各激励源振动响应的位置。

根据发动机的工作原理，燃烧激振 t_1 发生在膨胀冲程压缩上止点附近，最大值滞后于上止点；活塞换向撞击及气门漏气节流冲击也在该时刻最为显著；设曲轴转速为 n（单位：r/min），则各主要激励源相对于膨胀冲程上止点的关系如下（单位：ms）：

排气门节流冲击响应为 t_2：$t_2 = \dfrac{180 - \delta}{360} \times \dfrac{1000}{60 \times n}$；

排气门落座冲击响应为 t_3：$t_3 = \dfrac{360+\gamma}{360} \times \dfrac{1000}{60n}$；

进气门落座冲击响应为 t_4：$t_4 = \dfrac{540+\beta}{360} \times \dfrac{1000}{60n}$。

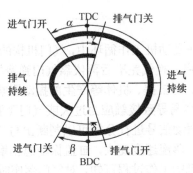

图 8-2　四冲程发动机的配气相位图

8.3.1　燃烧激振源

燃烧产生的冲击能量大部分是通过内部传力零件：活塞-连杆-曲轴传到机体外表面并引发机体外表面的振动。燃烧激振力主要包含压缩和燃烧两部分。在不发生燃烧时，气缸内气体力主要是由气体压缩形成的，这是气体力和往复惯性力的合力产生的周期性激励，在频谱上的表现为低频成分。当发生燃烧时，在上止点附近，由压缩和燃烧形成的缸内气体压力急剧升高，极大的压力升高率包含着激励的高频分量，能够激起固有频率较高的零部件振动。

在柴油机运行过程中，燃烧发生的时间很短，燃烧激励的作用范围大约在上止点附近曲轴转角的区域。爆发阶段振动信号蕴含丰富的特征信息，是缸内燃烧过程的直接反映，在发动机振动信号的分析中得到广泛的关注。

8.3.2　活塞侧向敲击激振

作用在活塞上、由气体力和往复惯性力产生的侧压力，其数值随时间变化的速率较小。这种变化速率，不足以引起机体的明显振动。但在工作中侧压力有规律地改变其作用方向，且由于活塞、缸套间存在间隙 δ_1，这就必然引起活塞由缸套一侧移向另一侧的横向运动，敲击缸套和气缸体，激发起内燃机另一种形式的结构振动。可见，活塞敲击振动的原始激振源是交变的侧压力，工作间隙的存在是形成敲缸的必要条件。

从动力学角度看，除了侧压力变换方向这个基本因素外，活塞的这种运动，还与活塞绕活塞销的转动、活塞和缸壁间的油膜状况、活塞和缸套的变形及缸套振动状况等因素有关。这种敲击在一个工作循环中发生多次，其中以压缩燃烧上止点附近的敲击最为严重。

研究表明，活塞敲击激振在一个工作循环中多次发生，其中以膨胀上止点附近的敲击最为严重，称为主撞击，因此对缸套活塞磨损故障诊断时，应选用该段振动响应信号进行分析[4]。

8.3.3 气门撞击激振

由气门工作过程可知，在发动机工作循环中，气门机构的顶杆在进、排气凸轮推动下，驱动摇臂使气门定时定量开启，换气完毕后再依靠气门弹簧的弹性恢复气门的关闭状态。

气门机构运动形式不同，对缸盖、机体等产生的振动影响也不同。气门开启或关闭过于迅速，会使加速度过大，容易导致接触应力过大或气门飞脱[5, 6, 7]，也容易引起缸盖、机体的振动，因此，对缸盖振动信号进行分析可以判断出与气门机构相关的故障。据分析可知，随着气门间隙的增大，落座速度变大，缸盖振动急剧增加，并且增加的主要是高频成分。根据配气相位及发动机的工作过程可知，对气门落座时段的振动信号分析将对进排气系统的故障诊断十分重要。

8.4 柴油机振动传递路径分析

引起柴油机振动信号的主要激振力有燃烧气体力和机械力两大类，机械力除了曲柄连杆结构惯性力外，还包括活塞敲击气缸、曲轴敲击轴承、齿轮振动相互撞击等而产生的二次激振力。此外，气门、喷油泵、喷油器等对缸盖、机体结构也产生激振作用。这些激振力大都具有冲击的性质，包含有很宽的频率成分，其作用的相位、周期也不完全相同，这就更增加了发动机结构振动研究的复杂程度。

发动机结构振动的传播途径如图 8-3 所示。

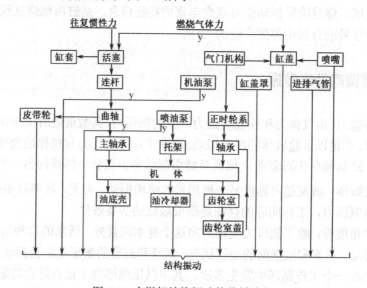

图 8-3 内燃机结构振动的传播途径

从图 8-3 中可以看出，直接作用于机体上的激振力主要有活塞的敲击激振及由往复惯性力和气体作用力共同作用传递到轴承上的轴承力；而直接作用于缸盖上的激振力主要有燃烧气体力和气门机构的作用力。同时由于缸盖和机体结构通过螺栓等刚性部件连接，因此，在传递过程中，信号的传递不受材料的阻尼和刚度影响，则在缸盖或机体上测得的振动信号包含的信息量是相同的，但是由于信号传递过程的衰减性，可能导致在缸盖或机体上测得的信号只能反映出部分激振力信息。

第 9 章

发动机表面振动信号特性分析

● ● ● ● ● ● ● ●

9.1　引言

　　利用振动信号提取表征发动机故障的特征信息，有效提取典型的振动信号是关键问题。根据第 8 章中分析的发动机的振动激励源及其传递路径，为发动机振动测点的选取奠定了理论基础。

　　本章是对车用发动机表面振动信号测点的选取及采集，在信号采集过程中对传感器、测试分析仪及采样频率的选取，发动机的振动特征参数等作简要描述。对发动机常见的故障及产生故障的原因进行分析，提出能有效地提取活塞侧向敲击、燃烧冲击及进排气门落座冲击等类型故障的振动分析方法。

9.2　柴油机表面振动信号的采集

　　建立发动机表面振动信号的试验测试系统，如图 9-1 所示。主要由柴油机、传感器、信号采集仪及计算机等组成。

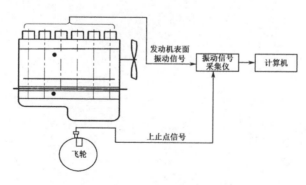

图 9-1　柴油机振动信号采集系统

9.2.1 发动机测试实例

测试对象为 WD615 型柴油发动机，该发动机的结构参数[8]见表 9-1。

表 9-1 WD615 型发动机的结构参数

柴油机型号	WD615.67
气缸数	6
工作方式	直列水冷直接喷射式
缸径×行程（mm）	126×130
排量（L）	9.762
工作顺序	1-5-3-6-2-4
配气相位	
进气门开（上止点前/°）	2
进气门关（下止点后/°）	35
排气门开（下止点前/°）	49
排气门关（下止点后/°）	5
进/排气门间隙（mm）	0.3/0.4
压缩比	16∶1

9.2.2 传感器及测试仪的选取

在信号采集过程中，采用 PCB 352C68 型单向 ICP 压电加速度传感器，获得发动机表面加速度振动信号。

用反光片和光电传感器获取上止点信号，并作为基准信号。发动机的每个工作循环其曲轴转 2 圈，对应发出 2 个脉冲信号，与加速度振动信号同步测试。这也可根据上止点位置，准确划分发动机的工作循环。

9.2.3 振动测点位置

要在发动机不解体的情况下对其进行状态检测及其故障诊断，振动测点的选取非常关键。根据柴油机振动激励源的传递路径，一般情况下，振动测点的选择必须遵循以下两个原则[9]。

（1）测点要能充分反映被测对象的工作状态信息，应具有信号稳定、信噪比高、对故障敏感等特点。

（2）测点的选择必须便于安装和测试，尽可能不影响机器的运行状态，在生产实际中切实可行。

由于柴油机的振动激励源多，传递路径复杂等特点，系统的故障既有"纵向性"又有"横向性"，在实验中，振动测点的选取不好，对其进行状态检测及其故障诊断就很难。

从第 8 章的柴油机振动激振源及其传递路径可知，燃烧激振的主要传递途径是通过活塞、连杆、曲轴、主轴承传到机体上，然而这种传播途径使响应信号大大降低，因此，测点一般不选在这条传递路径上；另外燃烧引起的气体力会直接作用于缸盖，使缸盖产生振动响应，同时进、排气门落座冲击也直接作用在缸盖系统上，因此，把测点选在接近燃烧室的缸盖上较为理想；另外气体力作用于缸套，再传于缸体，故该传递路径上也可以设置测点；而活塞敲击激振直接作用于缸套上，并传递给气缸体，达到遍及整个机体，因此发动机表面上可以布置测点。

综合考虑激振力的传递路径及传感器的安装方便等因素，在实验中，设置 6 个振动测点，其中缸盖 4 个，机身 1 个，下曲轴箱 1 个。各个测点的具体安装位置如图 9-2 所示。

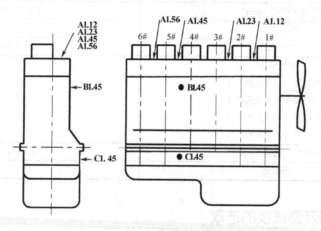

图 9-2 振动测点位置

图 9-2 中测点位置说明如下。

① A 系列测点（A1.12～A1.56）代表缸盖上振动加速度测点，振动方向为垂向。例如，A1.12 表示测点位于 1、2 缸缸盖之间。

② B1.45 测点是机身主推力面侧面上部对应 4 缸、5 缸之间的侧向振动加速度测点。

③ C1.45 测点是下曲轴箱侧面对应于 4 缸、5 缸之间的侧向振动加速度测点。

9.2.4 采样频率的确定

为保证从信号抽样后的离散信号无失真地恢复原连续信号，或信号的抽样不会导致信息的丢失，必须满足以下两个条件[10]：

（1）信号必须是频带受限的，即其频谱所含频率成分受限于某一个有限值最高频率，将频率设为 f_c，所采集的信号没有超过频率 f_c 的成分；

（2）采样频率 f_s 必须至少是信号最高频率的 2 倍，即 $f_s \geqslant 2f_c$。

根据采样定理可知，采样频率应为分析信号中最高频率的 2 倍，考虑到柴油机系统的复杂性，并且激励源较多加之输入、输出不明确，所以振动信号的最高频率无法了解，因此，采样频率 f_s 的确定也就比较困难。若 f_s 过低，有可能导致信号的混频；f_s 过高，造成数据量较大，采集数据不会很长，可能会造成所采集的信号不能体现信号的周期性，不能反映出机器的工作全貌。根据设置不同的采样频率对实际振动信号进行数据采集，分析其频率范围，最终确定的采样频率为10240Hz。

9.3　发动机几种常见故障的描述

发动机常见的故障有：不正常燃烧引起的爆震冲击，活塞缸套间的非正常磨损引起的活塞侧向敲击，进、排气阀漏气引起的落座冲击，某缸不发火，油嘴堵塞等[11]。

9.3.1　燃烧冲击

发动机的燃烧过程相当复杂，为了分析问题方便，通常情况下将一连续的燃烧过程分为四个阶段：滞燃期（点火延迟期）、燃烧期、缓燃期及后燃期（补燃期）。

燃烧爆震是燃烧初期燃烧加速度达到一定值（可称为燃烧临界加速度）时与燃烧伴生的固有的物理现象，而不是由测试或是分析系统造成的[12]。在一定的条件下，发动机产生带有爆炸性质的燃烧，其放热速度和加速度过大，使缸内压力升高的速度和加速度也过大，导致气体容积来不及正常膨胀和传递压力，从而激发成压力冲击波。它借助于缸内介质以当地声速或超声速向四周传播。这就是前进波，前进波碰到燃烧室和气缸的壁面而反射回来，称为反射波；再与原来的前进波叠加，并反复叠加，从而形成燃烧压力振荡波，柴油机的爆震就是这一压力振荡波。

柴油机的燃烧一般发生在上止点之前 5°～8° 左右，迅速发展到最大幅值，然后按指数规律衰减，持续到上止点后 15°～20° [12]。

9.3.2　活塞侧向敲击

柴油机敲缸是一种常见故障，发生的原因比较复杂，一般有如下几种[13]：

（1）由于喷油提前角过大，滞燃期燃烧室内积储过多的柴油，造成粗暴燃烧；

（2）个别缸供油量过大，以及喷油嘴滴油，雾化不良；

（3）气缸与活塞的间隙过大，活塞在运动过程中撞击气缸壁。

经分析可知，活塞敲缸大约发生在本缸压缩上止点后 0°～40°CA。发生敲缸故障时，由于燃烧压力剧增，振动持续时间将增加 2～3 倍，而且振动响应的峰值也增大。因此，可以通过振动信号的变化判断柴油机的活塞敲缸故障。

9.3.3　进、排气门间隙异常

在柴油机停机故障的多种原因中，配气机构的故障占很大的比例，而气阀机构故障又在配气机构故障中占很大的比例。气阀机构故障主要有两种：气阀漏气和气门间隙异常[4]。在柴油机工作过程中，气门在凸轮轴的作用下按照一定的时序开启，然后依照弹簧的弹性恢复力使其关闭。为保证气门能关紧，在气门杆和摇臂之间一般都预留一定的气门间隙，气门关闭时必然会对气门座产生冲击，随着间隙的增大，气门开启时刻延后，落座时刻提前，气门落座速度增大，并导致气门落座冲击增强。

9.4 发动机表面振动信号特性

研究表明，发动机表面振动信号既具有与循环有关的周期性和循环间的波动性，又具有非平稳时变特性[14]。

9.4.1 时域、频域特性

振动信号的时域特性是指各激励响应信号在作用时刻及作用强度等方面表现出来的特性。一方面可根据其作用强度直观的、简单的分析系统工作状态；另一方面可根据其作用时刻截取感兴趣的信号段进行有针对性的故障诊断分析。

响应信号的频域特性是指激振源及传递路径上各零部件的固有频率的综合反映，同一工况的正常工作状态下，理论上讲其频率特性是稳定的，但是一旦某一环节出现异常必然会引起其频率特性的变化，故在柴油机故障诊断中频率特性起一定的指导作用[15]。

9.4.2 循环波动特性

内燃机表面振动信号的循环波动特性是指在稳定运转时同一工况下不同循环间的振动信号的波动变化特性、频率波动特性和强度波动特性[16]。内燃机的工作过程是将燃料的化学能转变成热能，然后再转变为机械功的复杂的热物理过程，在各个工作循环间进气状况、气流扰动及热力状态等的波动都会导致振动响应信号的波动。这种循环波动特性给振动诊断的特征提取带来一定的难度。缸盖振动信号的循环波动特性在信号分析中是不容忽视的，它影响故障诊断中特征参数提取的精确度。

9.4.3 非平稳时变特性

由于柴油机的多振源且关系复杂，各种激励源在各自的传递路径中又有可能出现耦合的现象，柴油机的振动问题是一个高维的非线性动力学问题，其振动激励源及其响应都具有非平稳的时变特性，因此，当振动信号传递到柴油机表面时，其振动响应具有非平稳时变特性。

第 10 章

发动机振动烈度的频域估计方法

● ● ● ● ● ● ● ●

整机振动强度是发动机总体振动品质的反映，它包含有关于发动机的设计性能（动力平衡）好坏、制造水平高低、机器状况及其变化等丰富信息[1]。人们通常情况下所说的内燃机振动实际上是指整机振动。因此，从振动信号提取故障特征的研究方法上，振动烈度能够从整体上反映出柴油机的工作状况。

我国及国际标准 ISO 都采用当量振动烈度评价机械产品的总体（整机）振动强度的参数。当量振动烈度的定义：互相垂直三个方向上速度均方根值均值的向量和[10]为

$$V_s = \sqrt{(\frac{\Sigma V_{xi}}{N_x})^2 + (\frac{\Sigma V_{yj}}{N_y})^2 + (\frac{\Sigma V_{zk}}{N_z})^2} \qquad (10\text{-}1)$$

式（10-1）中，V_{xi}、V_{yj}、V_{zk} 分别表示 x、y、z（垂、纵、横）三个方向上各规定测点振动速度均方根值，单位为 mm/s；N_x、N_y、N_z 表示 x、y、z 三个方向上的测点数。

在实验中测取的是机体振动加速度，需有效地由振动加速度序列估计出速度有效值。但是由于存在传感器的非线性特性、测量噪声、A/D 转换离散化噪声、冲击干扰等实际问题，这就使直接由加速度采样序列在时域累加得到的"速度响应"有严重的漂移，给进一步求解速度均方根值带来信号处理上的麻烦。有效的估计方法应该尽量避免数字积分（离散的数值积分会引入全频带干扰噪声）、尽量避免噪声干扰混入低频带引起求解误差增大、且要求方法过程简单、有较好的精度和数值稳定性。由频域估计振动速度有效值的方法能较好地满足这些要求。

10.1　建立振动烈度频域估计表达式

由振动加速度谱在频域求取振动速度有效值。

（1）求均方根值

$$V_{\text{rms}} = \sqrt{\frac{1}{T_{\text{c}}} \int_0^{T_c} |v(t)|^2 \, dt} \tag{10-2}$$

离散形式为

$$V_{\text{rms}} = \sqrt{\frac{1}{N_{\text{c}}} \sum_{i=0}^{N_c-1} |v(i)|^2} \tag{10-3}$$

式（10-2）、式（10-3）中，T_{c} 表示计算信号段长度；N_{c} 表示计算信号段内等间隔采样点数；i 表示第 i 个采样点，对应的时刻 $t = i \cdot t_{\text{s}} = i \cdot T_{\text{c}}/N_{\text{c}} = i/f_{\text{s}}$。

（2）由巴塞瓦定理

$$\int_{-\infty}^{\infty} |v(t)|^2 \, dt = \frac{1}{2\pi} \int_{-\infty}^{\infty} |V(j\omega)|^2 \, d\omega \tag{10-4}$$

可得 DFT 的离散形式

$$\sum_{i=0}^{N_c-1} |v(i)|^2 = \frac{1}{N_{\text{c}}} \sum_{k=0}^{N_c-1} |V(k)|^2 \tag{10-5}$$

式（10-4）、式（10-5）中，$V(j\omega)$ 表示振动速度连续频谱

$$V(j\omega) = \int_{-\infty}^{\infty} v(t) \exp(-j\omega t) dt \tag{10-6}$$

$V(k)$ 表示振动速度离散频谱

$$V(k) = \text{DFT}[v(i)] = \sum_{i=0}^{N_c-1} v(i) \exp(-j\frac{2\pi ik}{N_{\text{c}}}) \tag{10-7}$$

（3）根据 Fourier 变换性质（积分公式）

$$V(j\omega) = F[\int_{-\infty}^{t} a(\tau) d\tau] = \frac{1}{j\omega} F[a(t)] = \frac{A(j\omega)}{j\omega} \tag{10-8}$$

可得 DFT 的离散形式

$$V(k) = \frac{N_{\text{c}}}{j2\pi k f_{\text{s}}} A(k), (k = 1, \cdots, \left\lfloor \frac{N_{\text{c}}}{2} \right\rfloor) \tag{10-9}$$

$$V(k) = V(N_{\text{c}} - k)^*, (k = \left\lfloor \frac{N_{\text{c}}}{2} \right\rfloor + 1, \cdots, N_{\text{c}} - 1)$$

式（10-9）中，$a(i)$ 表示振动加速度采样序列；$A(j\omega)$ 表示振动加速度的连续频谱，且有

$$A(j\omega) = \int_{-\infty}^{\infty} a(t) \exp(-j\omega t) dt \tag{10-10}$$

$A(k)$ 表示振动加速度的离散频谱，且有

$$A(k) = \text{DFT}[a(i)] = \sum_{i=0}^{N_c-1} a(i) \exp(-j\frac{2\pi ik}{N_{\text{c}}}) \tag{10-11}$$

而由式（10-2）、（10-3）、（10-5）可得如下表达式

$$V_{\text{rms}} = \frac{1}{2\pi f_{\text{s}}} \sqrt{2 \sum_{1 \leq k \leq \left\lfloor \frac{N_c}{2} \right\rfloor} \left| \frac{A(k)}{k} \right|^2} \tag{10-12}$$

一般地，如果对稳定运转状态进行估计，可忽略低于工作循环频率 f_{cycle} 的 $A(k)$ 分量。其中

$$f_{cycle} = \frac{n}{120}$$ (10-13)

式（10-13）中，n 为转速，单位为 $r/\min$；f_{cycle} 的单位为 Hz。则式（10-12）可写成

$$V_{rms} = \frac{1}{2\pi f_s} \sqrt{2 \sum_{k=k_0}^{\left\lfloor \frac{N_c}{2} \right\rfloor} \left| \frac{A(k)}{k} \right|^2}$$ (10-14)

其中 $k_0 = \max(\lfloor N_c f_{cycle}/f_s \rfloor, 1)$。式（10-14）为频域估计振动速度有效值的基本公式，具有计算速度快、估值准确的突出优点。

10.2　对振动数据的要求

在求取振动烈度时，对振动数据的要求为其必须取自发动机稳定工况下的数据。这是由于发动机过渡工况热力学状态和机体振动比较复杂，此时的基本公式（10-14）对 $A(k)$ 分量的弃项处理不一定合适。

振动信号段的选取。发动机稳态工况下，不同缸工作时的机体振动存在差异，所以计算选取的信号段最好是对整个工作循环的信号进行截断，即

mod（计算信号段内曲轴转过角度，720°）=0

且最好是多个循环。如果没有曲轴位置信号，也可选取较长信号段（如 5 个工作循环以上），使对非整工作循环信号截断的误差影响较小，即计算信号段内曲轴转过角度≥(4～5)×720°。

10.3　基本公式的数值验证

模拟随机振动速度

$$v(t) = \sum_{i=1}^{r} A_i \sin(2\pi f_i t + \varphi_{0i}) \text{，采样序列 } v_k = v(kt_s)$$

其中：r 表示成分数；A_i、f_i、φ_{0i} 分别为第 i 种成分的幅值、频率、相位，且有 $A_i \sim N(0,1)$，$f_i \sim U(f_{cycle}, f_s/2)$，$\varphi_{0i} \sim U(0, 2\pi)$；其对应的加速度为

$$a(t) = \sum_{i=1}^{r} A_i 2\pi f_i \cos(2\pi f_i t + \varphi_{0i}) \text{，采样序列 } a_k = a(kt_s) + r_{NS} \sigma_{signal} n(k),$$

取 $\sigma_{\text{signal}} = \sqrt{\dfrac{1}{N_c} \sum_{k=0}^{N_c-1} a(kt_s)}$ ， $n(k) \sim N(0,1)$

信号参数设置为

$$r = 32 ， \quad f_s = 10240\text{Hz} ， \quad N_c = 10240(T_c = 1\text{s}) ， \quad f_{\text{cycle}} = 10\text{Hz} 。$$

噪信比采用两种不同的水平

$$r_{\text{NS}} = \sigma_{\text{noise}} / \sigma_{\text{signal}} = 0 、 0.01 。$$

加速度离散频谱估计采用两种方法：式（10-5）的直接 DFT 法，以及加窗谱估计，则

$$A(k) = k_{\text{w}} \text{DFT}[a(i)h(i)] = k_{\text{w}} \sum_{i=0}^{N_c-1} a(i)h(i) \exp\left(-j\frac{2\pi ik}{N_c}\right) \tag{10-15}$$

系数 k_{w} 是保持频域能量仍等于原信号时域能量的参数，取为

$$k_{\text{w}} = \frac{\text{Std}(a(i))}{\text{Std}(a(i)h(i))} \tag{10-16}$$

式（10-16）中，Std 表示标准差， $h(i)$ 为窗函数时域序列，采用 Blackman 窗。

由式（10-3）计算速度均方根值及由式（10-14）计算的加速度采样序列的谱估计结果见表 10-1。

表 10-1　速度均方根值的估计精度

| 序号 | 速度均方根值 Vrms | 加速度采样无噪声 | | | | 加速度采样加 1%噪声 | | | |
| | | 直接谱估计 | | 加窗谱估计 | | 直接谱估计 | | 加窗谱估计 | |
		估值	相对误差	估值	相对误差	估值	相对误差	估值	相对误差
1	3.67200	3.73080	1.60%	3.65282	0.52%	3.77877	2.91%	3.72360	1.41%
2	3.27267	3.27314	0.01%	3.27392	0.04%	3.31876	1.41%	3.31698	1.35%
3	3.90001	3.90229	0.06%	3.90253	0.06%	3.97509	1.93%	3.99433	2.42%
4	4.01675	4.03937	0.56%	4.02487	0.20%	4.08040	1.58%	4.06052	1.09%
5	4.53372	4.53499	0.03%	4.52745	0.14%	4.61767	1.85%	4.61243	1.74%
6	4.06101	4.06283	0.04%	4.05656	0.11%	4.11456	1.32%	4.10932	1.19%
7	4.22391	4.24468	0.49%	4.22279	0.03%	4.26372	0.94%	4.26730	1.03%
8	4.37618	4.37734	0.03%	4.35429	0.50%	4.40834	0.73%	4.38018	0.09%
9	3.97361	3.99750	0.60%	3.97515	0.04%	4.03622	1.58%	4.00080	0.68%
10	3.10752	3.12720	0.63%	3.13396	0.85%	3.14924	1.34%	3.17127	2.05%

由表 10-1 的精度估计，可得到以下结论。

（1）基于加速度信号（即使原信号的成分复杂）在频域由式（10-14）对速度均方根值作出的估计，都是可靠的、有效的。

（2）基于加速度加窗谱估计计算结果与直接谱估计计算结果精度接近，说明式（10-14）对非整周期截取的信号对估计结果影响不大。

10.4 振动烈度算法设计

在计算振动烈度时，要解决的问题是由一组规定测点的表面振动加速度信号估计机体整体的振动烈度。

前提条件是：

（1）规定测点的表面振动加速度信号组（测点位置和方向已知，各测点同步采集，各测点采样频率、信号长度相等）；

（2）发动机在稳定工况下运转。

在按照公式（10-14）计算振动烈度时需考虑到的特殊问题：

（1）测量通道未接好造成对应有些测点的信号是虚假信号（纯噪声）；

（2）测量通道未全部使用，仅部分测点的数据传递给程序；

（3）发动机运转状态、转速未知（可能是由于上止点信号未调理好等因素）；

（4）如果用慢加速工况下测得的信号进行分析，则信号包含了若干种工况。

考虑到测点信号的特殊问题，为使振动烈度的计算有效性，进行振动烈度频域估计的处理，处理过程如图 10-1 所示。

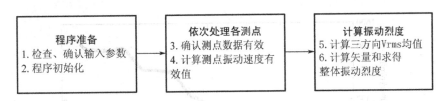

图 10-1 振动烈度频域估计处理过程

在振动烈度频域估计处理过程中，第 1、2 步属于基本工作。而问题的关键就是第 4 步，对第 4 步来说，要想按照式（10-14）计算速度有效值，要做以下工作：

（1）若工况已知，确认采样时间范围内的工况，按工况对信号分段，并计算各工况的平均工作循环频率 f_{cycle}；若工况未知，则按计算信号段长度 tc 对信号分段，并采用默认工作循环频率 f_{cycle0}；

（2）对分段得到的各子段分别计算速度有效值；

（3）返回结果。

过程的第（3）步，振动加速度信号有效性确认。导致测点信号无效的原因有：

（1）传感器安置不牢固、掉落、虚接、调理电路、采样系统和传输问题；

（2）测点振动过大，超过了传感器动、静特性的线性范围导致失真；

（3）较强的外部干扰破坏了测量信号；

（4）测量系统处于过渡状态，这部分由于测量系统设计不合理，过渡时间过长；

（5）过热导致加速度传感器特性改变。

无效信号的典型现象：

（1）信号很弱或异常强，远远超出正常范围，第 1、2 类常导致此现象；

（2）信号有阶梯形的慢变衰减成分，漂移严重，（第 2、5 类）；

（3）信号的局部冲击响应，远超出线性范围，（第 2、3 类）；

（4）信号拉直，几乎没有振动，近于光滑，但偏量很大，（第 2、5 类）。

对第 2～4 类典型的异常现象的有效辨识方法还有待进一步研究；第 1 类则是比较容易可靠地判定的。目前的算法主要根据振动加速度信号的有效值判断信号是否存在第 1 类异常。

基本准则为

$$(\text{Std}(a(i)) \geqslant [Amp_{\min}]) \bigcap (\text{Std}(a(i)) \leqslant [Amp_{\max}])$$

其中 $[Amp_{\min}]$、$[Amp_{\max}]$ 分别表示正常加速度响应下限、上限。

10.5 方法的验证

按照上面的算法编程计算，对任意一段时间的振动信号进行振动烈度求解。在柴油机正常工作状况下，所取信号段的转速如图 10-2 所示。

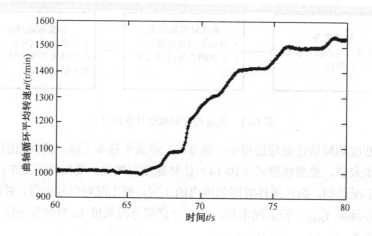

图 10-2 所取信号段的转速过程

由图 10-2 看，在此信号段内跨越了转速范围 $1000 \sim 1500 \text{r/min}$，将转速范围划分为低速：小于 1000r/min；中速：$1000 \sim 1400 \text{r/min}$；高速：大于 1400r/min。对图 10-2 中所选信号段对应的不同转速下求得的振动烈度见表 10-2。

通过计算能对过渡工况（转速发生变化时）的振动烈度进行准确计算，并且减少了由于测量问题带来的计算误差。克服了传统的不能有效地克服信号测量过程中出现问题的时域振动烈度计算方法，且计算结果稳定性好。

表 10-2　不同转速下的振动烈度

振动测点	起始时刻	终止时刻	低速	中速	高速
A1.12，A1.23	60	65	7.6102	0	0
A1.45，A1.56	65	77	7.8147	10.187	9.8467
B1.45，C1.45	60	80	7.7008	10.187	9.9196

根据计算出的振动烈度值，按照其振动标准对其进行评级，以从整体上判断柴油机的工作状态。GB5913-86 "柴油机车车内设备机械振动烈度评定方法"对机车牵引用柴油机振动等级的规定，见表 10-3。

在振动烈度评级表 10-3 中，A 表示良好工作状态；B 表示正常工作状态；C 表示容许工作状态；D 表示不容许工作状态。由表 10-2 所得的振动烈度，对比表 10-3 中的振动烈度评级，可以初步判定该柴油机处于良好的工作状态。

表 10-3　牵引用柴油机振动烈度评级

振动烈度 mm/s	分贝 dB	柴油机无 隔振装置	柴油机有 隔振装置
0.28~0.45	93	A	A
0.45~0.71	97		
0.71~1.12	101		
1.12~1.80	105		
1.80~2.80	109		
2.80~4.50	113		
4.50~7.10	117		
7.10~11.20	121	B	B
11.20~18.0	125		
18.0~28.0	129	C	
28.0~45.0	133		
45.0~71.0	137	D	D
71.0~112.0	141		

振动烈度能够从整体上反映出柴油机的工作状态，但在工作状况异常时不能具体的表现出发生故障的部位及故障的轻重程度。为详细、准确地判断柴油机工作状况，必须对柴油机表面振动信号进行冲击特征提取及对发动机的故障进行诊断。

第 11 章

基于瞬时转速的发动机故障特征提取

●●●●●●●●

11.1　发动机瞬时转速原理

在柴油机的检测与诊断中，转速测量是一项很重要的工作，通过测量和分析柴油机的转速，可以检测柴油机的工作状态，诊断柴油机部件或子系统的故障。瞬时转速的波动与缸内气体压力和往复惯性力有关。由于缸内气体压力的波动，往复惯性力的变化，柴油机的输出扭矩是波动的。在各缸的工作完全理想一致的情况下，其波动呈良好的周期性，即一个循环的几个波形完全相同。在实际的正常工况下，各缸波形虽有所差异，但总是在一个不大的范围内。在某个气缸工作不正常时，其缸对应的波形会严重变形。根据其变形的程度，就可以判定该气缸内工作的不正常状态。

通常的测量瞬时转速的方法是在发动机飞轮齿圈附近安装飞轮齿脉冲传感器获得。利用飞轮齿脉冲传感器，通过信号采集系统获得其瞬时转速信号，即飞轮每个齿的脉冲信号。设脉冲信号的两个脉冲间隔的采样点数为 c，采样频率为 f，飞轮齿数为 z，则瞬时转速为

$$n_{瞬时} = \frac{60 \cdot f}{z \cdot c}$$

(11-1)

式（11-1）中，瞬时转速 $n_{瞬时}$ 单位为 r/min。

11.2　发动机瞬时转速特征量提取

用发动机飞轮齿圈法测量发动机的瞬时转速，此种方法虽然精度可靠，但在汽车不解体情况下对发动机进行故障诊断时，安装不便，不适合大规模进行汽车发动机故障检测诊

断。因此，在实际应用中，可以通过发动机原配转速传感器接头电压间接获得瞬时转速，从瞬时转速中提取描述发动机工作状态的特征量，对发动机的故障进行诊断。

对于瞬时转速曲线，将每个缸的峰峰值 ΔV_i 作为故障诊断的特征量进行提取。其中任一个周期的瞬时转速曲线如图 11-1 所示。

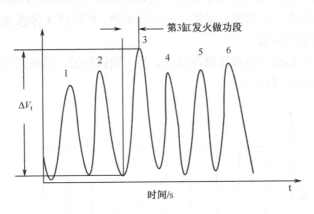

图 11-1　瞬时转速曲线图

对于采集得到的 n 个周期（$n \geqslant 5$）的瞬时转速信号，则对第 j 缸（$j=1$，2，$\cdots$，6）测得的第 i 个周期的峰峰值为 ΔV_{ij}（$i=1$，2，$\cdots$，n）；取 n 个周期作平均，得到对应于第 j 缸的均值

$$\Delta \overline{V}_{\mathrm{j}} = \frac{1}{n} \sum_{i=1}^{n} \Delta V_{\mathrm{ij}}$$

因此，可以得到 6 组均值 $\Delta \overline{V}_{\mathrm{j}}$（$j=1$，2，$\cdots$，6）。对这 6 组数据进行正规化处理，使其均值为 1。将得到 6 组新的数据

$$U_{\mathrm{j}} = 6 \Delta \overline{V}_{\mathrm{j}} / (\Delta \overline{V}_1 + \Delta \overline{V}_2 + \Delta \overline{V}_3 + \Delta \overline{V}_4 + \Delta \overline{V}_5 + \Delta \overline{V}_6) \quad j=1，2，\cdots，6 \qquad (11\text{-}2)$$

式（11-2）中，U_{j} 为各缸的动力均衡性参数，即作为各缸动力均衡性的判据。

由各缸的动力均衡性参数 U_{j}，计算样本 n 个周期的标准差，即

$$s = \left(\frac{1}{n-1} \sum_{j=1}^{6} (U_{\mathrm{j}} - 1)^2 \right)^{1/2} \qquad (11\text{-}3)$$

将标准差 s 作为发动机整体动力均衡性的评判标准。

11.3　瞬时转速信号的数据处理与实验结果分析

在实际情况中，测量获得的瞬时转速信号由于采集仪器的不同采集到的原始信号不同，因此，不能直接用于计算瞬时转速及绘制瞬时转速曲线，需要经过一些数据处理方法提取原始信号中的特征量，才能计算出精确的瞬时转速。

11.3.1 瞬时转速脉冲信号的测试分析

发动机的转速传感器接头电压的变化与发动机的曲轴转角大致对应，可以看做是时间的函数，而发动机的曲轴转角也可看做是时间的函数，所以转速传感器接头电压的变化就可以看做是曲轴转角的函数。

例如，使用黑红鱼夹一端接传感器接头，另一端接搭铁，采集其电压信号，获得如图11-2所示的瞬时转速脉冲信号。

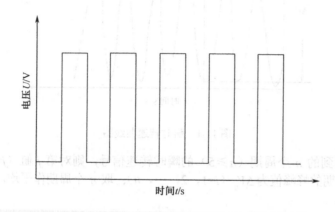

图 11-2　瞬时转速脉冲信号

对于图 11-2 的方波形式的脉冲信号计算瞬时角速度速的公式为

$$\omega_t = \frac{720/N}{n\Delta T} \tag{11-4}$$

ω_t 为每秒钟曲轴转过的角度，即瞬时角速度；N 为一个周期内测得的脉冲方波信号的波峰与波谷的总个数；720 为一个周期内曲轴转过的角度，即两圈；n 为一个波峰或者波谷内对应的采样点个数；ΔT 为采样点间的时间间隔；换算为瞬时转速为 V_t（r/min）

$$V_t = 60 \times \omega_t / 360 \tag{11-5}$$

发动机每一次完整的工作循环对应的曲轴转为 720°。对于采集的脉冲信号中，对应一个方波内的采样点数为 n，采样频率不变；但由于转速波动，则会引起转速脉冲信号中每个方波的波峰和波谷所包含的采样点数 n 对应于缸的不同工作状态而不同，即当气缸压缩做功时，相应的 n 应该减少，反映到瞬时转速上，即瞬时转速增大；一个周期内脉冲数为 N，则一个脉冲信号对应的曲轴转角为 720/N；ΔT 为由采样频率采集的采样点间隔时间，$n\Delta T$ 为每个脉冲信号发生所用的时间。

设在一个周期内采得脉冲信号的波峰波谷个数为 78 个，经过上述的计算方法，得到瞬时转速的 78 个样本点，根据这 78 个样本点可以做出瞬时转速曲线，考虑到减小误差等问题，取 5～10 个周期的样本点进行平均得到瞬时转速曲线，如图 11-3 所示。由于每个波动与相应气缸工作状况有关，波谷点与压缩上止点有对应关系，各谷点至相继峰点的幅值与相对应气缸中气体膨胀做功能力有关；气缸漏气量较多时，膨胀做功能力较小，则幅值较小。因此，根据峰峰值可判断是否气缸熄火、气缸漏气，以及各缸动力均衡性。

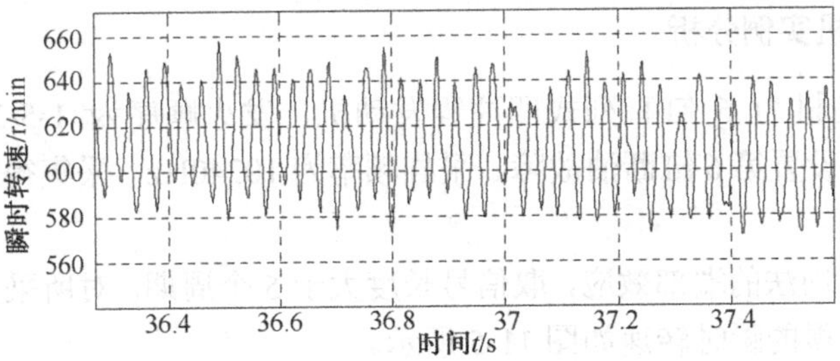

图 11-3　瞬时转速

1. 瞬时转速脉冲信号的平滑滤波处理

由测量转速传感器接头电压的变化获得瞬时转速信号，其测量精度比用飞轮测量的瞬时转速低。因此，需要对获得的转速脉冲信号进行处理，使其达到对发动机故障诊断的要求。

采用滑动平均数字滤波的方法，对转速脉冲信号进行平均。

设动态测试数据 $y(t)$ 由确定性成分 $f(t)$ 和随机性成分 $x(t)$ 组成，且前者为所需的测量结果或有效信号，后者为随机起伏的测试误差或噪声，即 $x(t) = e(t)$，经离散化采样后，可相应地将动态测试数据写成

$$y_j = f_j + e_j，（ j = 1, 2, \cdots, M ）$$

为了更精确地表示测量结果，抑制随机误差 $\{e_j\}$ 的影响，对动态测试数据 $\{y_j\}$ 作平滑和滤波处理。具体地说，就是对非平稳的数据 $\{y_j\}$，在适当的小区间上视为接近平稳的，作某种局部平均，以减小 $\{e_j\}$ 所造成的随机起伏。这样沿全长 N 个数据逐一小区间上进行局部平均，就可得出较平滑的测量结果 $\{f_j\}$，而滤掉频繁起伏的随机误差。

例如，对于 N 个非平稳数据 $\{y_j\}$，视之为每 m 个相邻数据的小区间内是接近平稳的，即其均值接近于常量。于是可取每 m 个相邻数据的平均值，表示该 m 个数据中任一个的取值，并视其为抑制了随机误差的测量结果或消除了噪声的信号。通常多用该均值表示其中点数据或端点数据的测量结果或信号。如取 m 等于 5，并用均值代替这 5 个点最中间的一个取值，就有

$$y_1' = (y_1 + y_2 + y_3 + y_4 + y_5)/5$$

同理，$y_2' = (y_2 + y_3 + y_4 + y_5 + y_6)/5$，即 $f_4 = y_4$。以此类推，可得一般表达式为

$$f_k' = y_k' = \frac{1}{m} \sum_{i=k}^{k+m-1} y_i，\quad k = 1, 2, \cdots, (M-m)$$

显然，由于平均处理所得到的 $\{f_k = y_k\}$，其随机起伏性比原来数据 $\{y_k\}$ 减小了，即更加平滑了，上述动态测试数据的平滑与滤波方法就称为滑动平均。

上述对瞬时转速脉冲信号作的滑动平均处理，为等权中心平滑法。实际上，相距平滑数据 $f_k = y_k$ 较远的数据对平滑的作用可能要小于较近者，为不等权的，因而对不同复杂变化的数据，其滑动的 m 个相邻数据宜取不同的加权平均作为平滑数据。经过多次实验，

取 $m=12$ 对脉冲信号进行等权中心平滑，可满足对数据处理的要求。

2．柴油发动机实例分析

某型柴油发动机为 6 缸直列式四冲程发动机，发火顺序为 1-5-3-6-2-4。在怠速为 450r/min 工况下，设置第 6 缸断油故障。采样频率为 10240Hz，采集得到瞬时转速脉冲信号如图 11-4 所示。

为消除滑动平均法的端部效应，取信号长度大于 5 个周期。对所采集的信号段使用滑动平均方法处理获得的瞬时转速如图 11-5 所示。

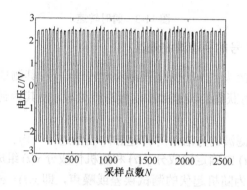

图 11-4　实测的脉冲信号

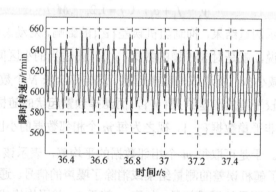

图 11-5　经滑动平均后的瞬时转速曲线

（1）单缸动力均衡性判定。

由式（11-2）中的 U_j 计算各缸的动力均衡性，参数滑动平均法的参数取值，试验数据确定断油的特征参数计算结果见表 11-1。从表 11-1 中的数据可见，对不同的 m 值，第 6 缸的 U_6 值相对其他缸的值都小，其余正常各缸的 U_j 值都在 1 附近。因此通过 U_j 值的差异，即故障缸的 U_j 值明显小于正常缸，说明它的动力性减弱，就可判断 j 缸为故障缸。

在前 12 组数据中（前 7 组数据未列出），都可以明显看出第 6 缸 U_6 值小于其他缸，且随 m 值增加，差别越明显，当取 $m=12$ 时，U_6 与其他缸的值差别最为明显，当 $m>12$ 时，U_j 值变得不稳定，因此选取 $m=12$ 作为滑动平均参数，可以判定第 6 缸出现断油故障。

表 11-1　滑动平均确定断油的参数比较

滑动平均参数 m 值	断油判据比较					
	U_1	U_2	U_3	U_4	U_5	U_6
$m=8$	0.9433	1.0337	1.0870	0.9882	1.2090	0.7388
$m=9$	0.9717	1.0471	1.0831	0.9560	1.2625	0.6795
$m=10$	0.9620	1.0720	1.1262	0.9556	1.3098	0.5744
$m=11$	1.0118	1.1052	1.1363	0.9149	1.4097	0.4221
$m=12$	1.0161	1.0801	1.1617	0.8271	1.5191	0.3959
$m=13$	0.8285	0.8228	1.0961	0.6709	1.8665	0.7152
$m=14$	0.8622	0.5426	1.0992	0.7227	1.7731	1.0002

（2）总体动力均衡性判定。

由式（11-3）计算标准差 s，作为缸的整体动力均衡性的判断参数。在柴油发动机怠速为 450r/min 的工况下，分别计算正常信号和第 6 缸断油信号的动力均衡性参数 U_j 和标准差 s，见表 11-2，并进行对比。从表 11-2 中的计算结果可见，在各缸工作良好时，U_1、U_2、U_3、U_4、U_5、U_6 的值很均匀，其标准差 s 在 0.1 附近；当第 6 缸出现断油故障时，U_6 的值明显低于其他正常缸的值，其标准差 s 也出现明显变化，数值达到 0.3 以上，由此判断标准差 s 的升高可判定缸的总动力均衡性下降，可判断第 6 缸出现故障，导致做功不良。通过上面的实例分析，用动力均衡性参数及标准差 s 可以对发动机缸动力均衡性进行有效判别。

表 11-2　各缸动力均衡性参数和标准差 s 的比较

判据 U, s	截取信号类型			
	正常信号 1	正常信号 2	6 缸断油 1	6 缸断油 2
U_1	0.9965	0.9681	1.0161	1.0818
U_2	1.0649	1.0523	1.0801	1.1038
U_3	0.9590	1.0112	1.1617	0.9456
U_4	0.8187	0.8170	0.8271	1.0591
U_5	1.0590	1.0657	1.5191	1.4398
U_6	1.1019	1.0857	0.3959	0.3699
S	0.1026	0.0990	0.3734	0.3506

11.3.2　瞬时转速谐波信号的测试分析

1. 瞬时转速谐波信号的测量方法

与瞬时转速方波信号不同，其发动机的转速信号类似于余弦函数的谐波信号，如图 11-6 所示为从发动机的原配电磁式转速传感器获得的瞬时转速谐波信号，从其信号中可以找到各波峰峰值点的序列为 $\{P_1, P_2, \cdots, P_i\}$。瞬时转速为

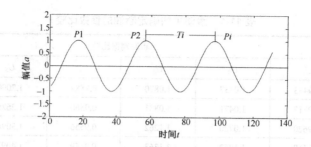

图 11-6　瞬时转速的谐波信号

$$n_i = \frac{60 \cdot f}{z \cdot (P_i - P_{i-1})} \qquad (11\text{-}6)$$

式（11-6）中，n_i 为瞬时转速 r/min；f 为采样频率；z 为飞轮齿数。

因为采样频率的关系，离散后的时间序列 $\{x_1，x_2，\cdots，x_i\}$ 不一定完全包含图 11-6 中的峰值点，因此，需要用一种数据处理对的办法找到准确的峰值点位置，这样才能计算出准确的瞬时转速，获得准确的瞬时转速波形。

2. 瞬时转速谐波信号的 Hilbert 数据处理

如图 11-6 所示的瞬时转速信号为一近似的正余弦谐波信号，载波频率变换缓慢。因此，在一个周期内，即一个波峰与下一个波峰形成一个周期，其相位角变化基本为线性关系。求出瞬时转速信号的相位函数 $\varphi(t)$，通过差值求出过相位的零点位置，就为对应的原信号峰值点位置。因为相位角变化成线性关系，因此差值精度很高，如图 11-7 所示。

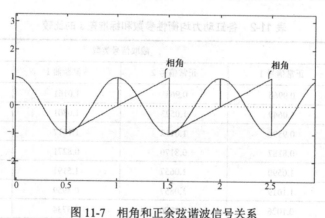

图 11-7　相角和正余弦谐波信号关系

由图 11-7 可知，当相位角为 0 时，对应原始信号的峰值点。相位函数 $\varphi(t)$，可用 Hilbert 变换进行求取。对一般信号

$$x(t) = a(t)\cos\left(\varphi_0 + \int_0^t \omega(\tau)\mathrm{d}\tau\right)$$

作 Hilbert 变换，可得到其解析信号

$$z(t) = a(t)\exp\left\{j\left(\varphi_0 + \int_0^t \omega(\tau)\mathrm{d}\tau\right)\right\}$$

对于解析信号，其幅角值对应原信号的相角值，则解析信号的幅角值为

$$\varphi(t) = \arctan \frac{\sin\left(\varphi_0 + \int_0^t \omega(\tau)\mathrm{d}\tau\right)}{\cos\left(\varphi_0 + \int_0^t \omega(\tau)\mathrm{d}\tau\right)} + (0,1)\pi$$

其中取 0 还是 1 要视原信号相位而定。这样就可以求得相位函数 $\varphi(t)$，由相位函数 $\varphi(t)$ 就可求得采样点对应的相位。

3. 发动机实例分析

以康明斯 6100—BT 型柴油 6 缸直列式四冲程发动机为例。在怠速为 800r/min 工况下，对 6100—BT 型柴油发动机设置第 6 缸断油故障。采样频率为 10240Hz，采集得到瞬时转速谐波信号如图 11-8 所示。经过 Hilbert 变换求其相位函数，如图 11-9 所示。

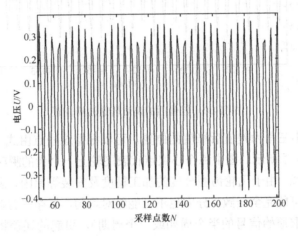

图 11-8　实际测得的瞬时转速

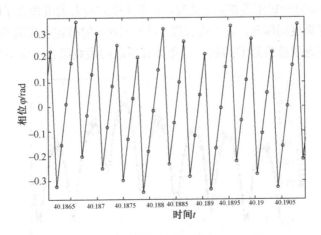

图 11-9　瞬时转速相位曲线

　　图 11-9 为原始信号的相位图，纵坐标轴表示相位，横坐标表示采样点数，圆点代表采样点的相位。从图 11-9 中可以清楚看到，各采样点的线性关系十分明显，因此，可以采用线性差值法，求得相位零点的采样点位置，该采样点位置即为原瞬时转速信号的峰值位置。

　　经过差值后求得相位零点，求得对应原瞬时转速信号的峰值位置，如图 11-10 所示。

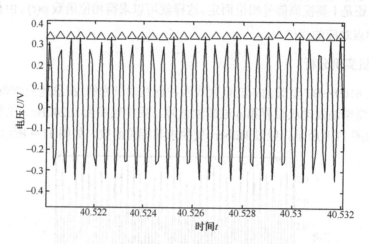

图 11-10　差值后的瞬时转速波峰位置

　　图 11-10 中的小三角为差值后峰值的位置，可以根据这些点由式（11-6）求出瞬时转速波动曲线如图 11-11 所示。图中每个小黑点代表飞轮上一个齿的瞬时转速，将这些点连成瞬时转速波动曲线。由于飞轮齿圈分度的加工精度及安装等原因，齿轮的宽度和齿根宽度在生产过程中不可能完全一致，分度也不可能绝对均匀，都存在着随机误差，在计算中若取间隔太小（如取原始信号的半个周期或一个周期），引起的误差将会很大，适当的增加间隔，可以减小随机误差的影响，相对提高瞬时转速的计算精度，这就是齿平均处理。当然，齿平均处理是有一定限度的，要适度，如果计算间隔太大就失去了瞬时转速的意义。为保证适当的计算弧度间隔角，齿平均长度（计算间隔）的确定同齿圈的齿数有关；另外，计算间隔齿数不应选取总齿数的约数，以免计算所取的齿数组合固定不变。

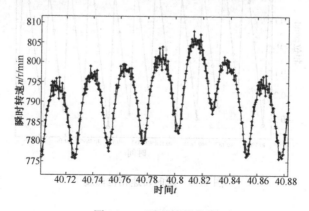

图 11-11　瞬时转速曲线

例如，发动机的飞轮齿圈分度为 173 齿/转，计算间隔为 3 个齿（6 个零值点）。可以看到直接计算每个齿的瞬时转速得到的曲线仍旧有毛刺现象，通过齿平均方法可使曲线更加平滑。经过平滑后的瞬时转速曲线如图 11-12 所示。

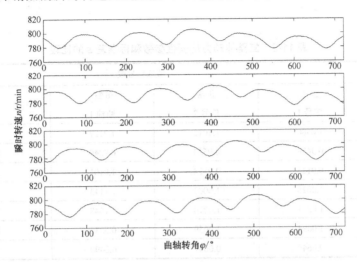

图 11-12　缸工作正常时连续 4 个周期的瞬时转速波形（0°转角对应 6 缸上止点）

对于康明斯 6BT 型柴油发动机，在求得瞬时转速波动曲线的情况下，与前面的斯太尔 WD615 型柴油发动机的分析方法一样，可获得各缸动力均衡性的判据，以及总体动力均衡性判据。

（1）单缸动力均衡性判定。

图 11-13 为第 6 缸断油时连续 4 个周期的瞬时转速波形，可以清楚看到，在第 6 缸位置处，波形出现异常，峰峰值明显小于其余各缸。由式（11-2）和式（11-3）求得判据，其结果见表 11-3。由表 11-3 可以看出，在第 6 缸断油故障情况下，U 值与 s 值均比正常情况的值差异较大。因此，可以判定该缸动力均衡性出现异常。这与实际状态一致。

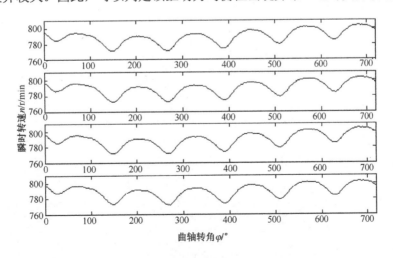

图 11-13　第 6 缸断油时连续 4 个周期的瞬时转速波形（0°转角对应 6 缸上止点）

（2）总体动力均衡性判定。

由表 11-3 的缸动力均衡性参数可知，当 $s \leq 0.1$ 时，各缸正常，缸动力均衡性评判为良好；当 $0.1 < s < 0.2$ 时，缸动力均衡性评判为中；当 $s \geq 0.2$ 时，缸动力均衡性出现问题，评判为差。

表 11-3　缸整体动力均衡性参数和标准差 s 的比较

判据 U, s	截取信号段			
	正常 信号 1	正常 信号 2	6 缸 断油 1	6 缸 断油 2
U_1	1.0980	1.1013	1.2127	1.2164
U_2	0.9488	0.9523	0.9849	0.9817
U_3	0.9123	0.9128	1.0101	1.0067
U_4	1.0025	1.0003	1.1143	1.1153
U_5	1.0291	1.0274	1.1548	1.1518
U_6	1.0094	1.0059	0.5232	0.5280
s	0.0646	0.0647	0.2490	0.2475

第 12 章

配气系统振动的时域与频域分析

· · · · · · · ·

汽车发动机在运行时必将产生振动，而振动信号包含着丰富的信息，对数据采集系统得到的振动信号的有效信号处理是故障特征提取和故障诊断的重要基础。

作为机械设备故障诊断最为有效的手段之一，振动分析方法具有诊断范围广、获取信号容易及便于在线监测等优点。但在汽车发动机等往复机械的诊断应用中还存在不少困难：一是振动激励源多，频率分布广且相互干扰；二是运动部件数量多而复杂，且包含于机体内部，在运行工况下难以提取信号。

发动机缸盖表面的振动，是缸内气体燃爆压力、进排气门落座冲击和进排气门开启气流冲击等多种激励力综合作用的结果，此外还受到机身整体振动等其他因素的影响。其表现形式非常复杂，既有与工作循环有关的周期性特性，又具有非平稳时变及某些冲击特性。这给信号分析和故障征兆获取带来很大的困难。

12.1 发动机配气系统振动信号采集

用发动机的表面振动信号研究配气系统的振动特征。配气系统主要故障表现为发动机的进、排气门间隙故障。具体说，气门间隙是指发动机气门杆尾端与摇臂之间的间隙。发动机在工作中由于配气机构各接触零件的磨损和螺钉松动等都会使气门间隙发生变化，从而引起原有配气相位等技术状况变坏而产生故障，使发动机的动力性和经济性下降。气门间隙过小，发动机在热态下可能发生漏气，导致功率下降甚至烧坏气门；气门间隙过大，则使传动零件之间及气门座之间产生冲击、响声，而加速磨损，同时也会使气门开启的持续时间减少，气缸的充气及排气情况变坏，影响燃烧过程。因此，研究发动机气门间隙变化，以及对其相应状态的识别问题有着重要的意义。

设置配气系统气门的六种故障状态。

（1）Nofault：发动机正常运行状态。

（2）Fault_A：6缸进气门间隙较大故障。

（3）Fault_B：6缸排气门间隙较大故障。

（4）Fault_C：1，5，6缸进气门间隙较大故障。

（5）Fault_D：1，5，6缸进气门间隙较大且1，5，6缸排气门间隙较大故障。

（6）Fault_E：1，5，6缸排气门间隙较大故障。

正常状况下，进气门间隙为0.25mm，排气门间隙为0.5mm；进气门及排气门间隙较大故障时，进气门间隙为0.45mm，排气门间隙为0.7mm，发动机怠速为800r/min。

图12-1为测取的一组表面振动信号和对应的上止点信号。第1缸对应压缩上止点。

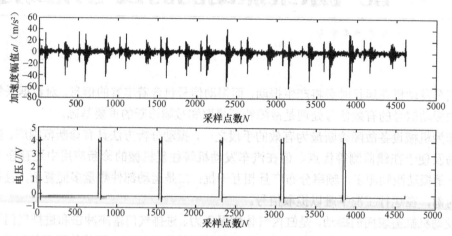

图12-1　同步采样的振动与上止点信号

12.2　发动机振动信号时域分析

振动信号时域分析反映的是振动信号随时间的变化情况。设振动信号时间序列为 $x_1, x_2, \cdots, x_n$，记为 $\{(x_n)\}$。该时间序列不同时刻表现出来的状态值，其统计数字特征能够反映机器在某一时间上的表现行为，因而也可以用来表征机器的状态信息，作为机器的故障特征。通常描述时域振动信号数字特征有平均幅值、峰值、有效幅值、方根幅值、峭度等统计量。除了以上各统计量外，为了监测诊断设备的运行状态还广泛采用各种无量纲指标，常用的无量纲参数有脉冲因数、裕度因数、峭度因数、波形因数、峰值因数等。这里提取振动信号的峰峰值作为特征量，并采用多通道信息融合的方法进行故障诊断。

12.2.1　峰峰值法的振动信号特征提取

选定发动机工况为怠速800r/min，分别测得发动机正常状态下的一组振动信号和发动机第 6 缸进气门故障状态下的一组信号，即 Nofault 与 Fault_A。由于实际采样的原始信号没有明确的起始点，不是发动机工作周期的整数倍，这样造成信号间的可比性很差，不利于下一步的故障诊断，因此，需要截取发动机一个工作周期的振动信号进行分析。正常状态下的各个冲击位置的波形基本上没有太大变化，图 12-2 为发动机在一个周期内的正常冲击类型情况。根据发动机各缸工作的相位，每个冲击都对应着不同的冲击类型，所以分析信号时，仅挑选出所研究信号的发生位置即可。

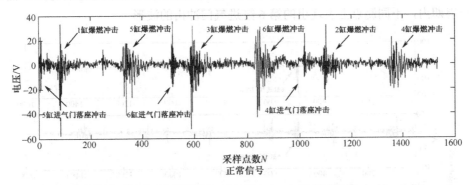

图 12-2　发动机在一个周期内的冲击类型

图 12-3 为发动机工作一个周期内，正常振动信号与第 6 缸进气门间隙故障时的振动信号在时域波形上的对比。箭头所指位置，为第 6 缸进气门落座冲击位置。可以清晰看出，在第 6 缸出现进气门间隙故障时，所在的冲击位置波形发生明显变化，振幅明显增大。因此，可以用与幅值相关的数字信号特征方法进行特征提取，用峰峰值作为时域信号的特征量。

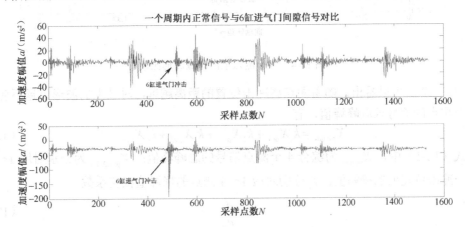

图 12-3　发动机正常信号与故障信号对比

发动机工作一个周期内曲轴转两圈，即 720°。针对第 6 缸进气门间隙故障产生的冲击振动，取第 6 缸进气门间隙冲击对应曲轴转角的 40°范围进行分析。其对应的峰峰值为

$$X_{p-v} = \max(x_i) - \min(x_i)$$

式中，X_{p-v} 为信号进气门冲击段的峰峰值；$\max(x_i)$ 为信号进气门冲击段的波峰值；$\min(x_i)$ 为信号进气门冲击段的波谷值。

12.2.2 信号多测点信息融合诊断分析

由于振动信号与传递路径有关,对发动机上的测点位置不同,获得的振动信号也不同。对于同一种振动,反映到各个不同测点的信号也不相同。一般来说,距离冲击位置近的测点的响应比距离较远的测点的响应大。在研究某类冲击特征时,选择邻近该冲击发生位置的测点为主,其他测点为辅的方法进行研究,即传感器的多测点信息融合方法。图 12-4 为同一周期内,不同测点上表现出的第 6 缸进气门冲击的波形。

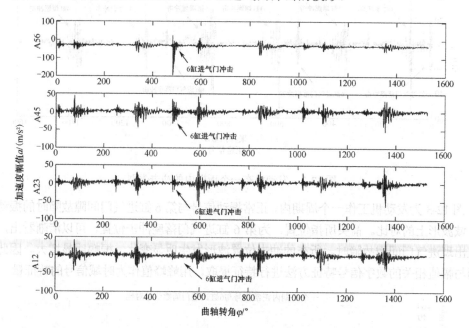

图 12-4　各个测点上的时域波形比较

由图 12-4 可以看出,随着测点离冲击位置的距离越远,时域上的波形也越不明显。用 4 个测点的信号求取峰峰值,有

$$X_{pvsum} = k_1 X_{pv1} + k_2 X_{pv2} + k_3 X_{pv3} + k_4 X_{pv4} \tag{12-1}$$

式(12-1)中,X_{pvsum} 为综合 4 个测点信号的总峰峰值;$X_{pv1,2,3,4}$ 为分别对用 1~4 测点同一冲击位置处的峰峰值;k_i 分别对应 1~4 测点的峰峰值权值系数

$$k_i = \frac{a_i}{a_{ji}} \tag{12-2}$$

式(12-2)中,a_i 为各测点的冲击幅值,$i=1~4$;a_{ji} 为 j 缸对应 i 测点的冲击幅值,$j=1~6$;对于 a_{ji} 值的确定,曲线模型为指数函数。使用最小二乘法原理,对曲线进行拟合求解

$$a_i = a_{ji} e^{b_i x_{ji}} \tag{12-3}$$

式(3-3)中,b_i 为冲击的衰减系数;x_{ji} 为 i 测点到 j 缸的距离。经过曲线拟合后,可

以求得 a_{ji}、b_i。

为减小误差，取 n 个周期得信号进行平均。n 个周期的峰峰值总和为 $X_{pvsumn} = \sum_{i=1}^{n} X_{pvsumi}$，其均值为

$$\overline{X}_{pvsum} = X_{pvsumn} / n \qquad (12\text{-}4)$$

12.2.3　实例测试分析

按故障模式 Fault_A，第 6 缸进气门间隙较大故障。测得第 6 缸进气门间隙正常和故障时测点 A56 的连续四个周期的波形，如图 12-5 和图 12-6 所示。由式（12-2）计算其对应的峰峰值权值系数 k 值，计算结果如表 12-1 所示。取图 12-5、图 12-6 中的任意 3 段进行分析，每段信号都包含多个周期。由式（12-1）、式（12-4）得各缸峰峰值，见表 12-2。

表 12-1　峰峰值权值系数 k

测点　＼　缸号	1 缸	2 缸	3 缸	4 缸	5 缸	6 缸
k_1	0.8596	0.8073	0.5795	0.4138	0.2952	0.2105
k_2	0.6197	0.8596	0.8073	0.5795	0.4138	0.2952
k_3	0.3158	0.4427	0.6197	0.8596	0.8073	0.5795
k_4	0.2253	0.3158	0.4427	0.6197	0.8596	0.8073

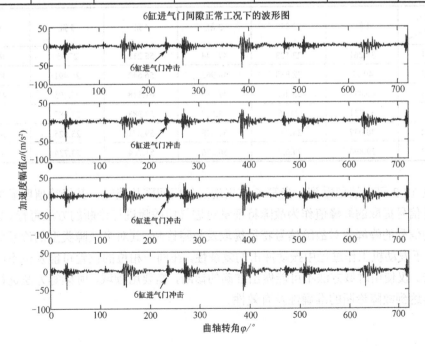

图 12-5　正常时域波形

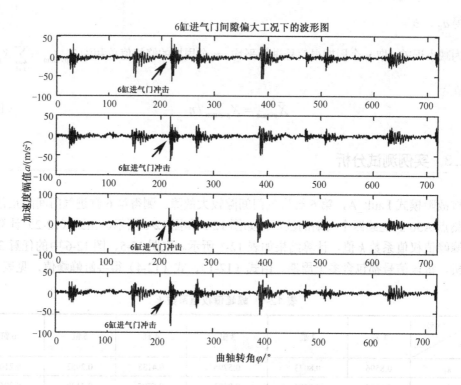

图 12-6　第 6 缸进气门间隙时域波形

表 12-2　计算各缸进气门峰峰值比较

缸号 信号段	1 缸	2 缸	3 缸	4 缸	5 缸	6 缸
正常 1	35.261	22.123	47.344	55.212	27.65	46.071
正常 2	40.12	22.838	48.962	56.642	26.491	44.271
正常 3	40.033	23.403	47.135	61.118	24.205	47.673
故障 1	30.231	24.65	43.657	57.988	23.087	114.8
故障 2	30.037	24.057	51.328	59.271	23.525	106.03
故障 3	29.896	24.629	50.036	51.704	23.734	107.6

　　由表 12-2 可以清楚看到，当第 6 缸出现进气门间隙故障时，其峰峰值明显增大。说明由振动信号提取的峰峰值作为故障特征量对进气门故障进行诊断的方法可行。但是，仅仅由振动信号的峰峰值对故障信号特征提取及故障诊断，其对多故障类型的诊断效果非常有限。由于发动机工作过程中振动冲击的复杂性，在同一相位的位置可能发生不同种类的多种冲击。仅使用时域方法不可能做出准确的诊断，需要用频域、时频等方法进行特征提取，使其达到故障诊断的准确性及有效性。

12.3　发动机振动信号频域分析

通过对上述发动机表面振动信号的分析，可知缸盖振动信号存在以下特征：

（1）怠速下缸盖振动信号主要反映邻近几缸的落座冲击和燃烧冲击，信号内容比较单纯；

（2）怠速下缸盖振动信号中各冲击发生的时间区间（从发生到大致衰减）基本互不重叠；

（3）同种冲击响应信号具有比较固定的频域能量分布，且分布随冲击能量变化不大；不同性质的冲击响应信号其频域能量分布不同；无异常冲击时，振动总能量很小，且频域能量分布近似无规律地散布在宽的频带内；

（4）落座冲击和爆燃冲击异常在各循环中都稳定地重现，从而故障信号易于捕捉和抽取。

所以，应用短时频域分析判断冲击情况是比较方便可靠的。

12.3.1　基于 STFT 的发动机振动信号特征提取

众所周知，任何信号都可表示为不同频率的正弦波的叠加，经典的傅里叶分析能够完美的描绘正弦信号。但对于不连续的信号，如语音信号，就难以正确的予以描绘。传统的谱分析提供了平均的频谱叙述，这些系数只与频率有关，而与时间无关。要求所分析的随机过程是平稳的，即过程的统计特性不随时间的推移而改变。然而，许多随机过程从本质上讲是非平稳的，如振动冲击响应信号等。当然，非平稳信号的谱密度也可以用传统的谱分析方法计算，但是得到的频率分量是对信号历程平均化的结果，并不能正确反映非平稳信号的特征。为克服傅里叶变换不能进行时频分析的不足，对于非平稳、非正弦的动态信号分析，需寻找既能反映时域特征又能反映频域特征的新方法，使其能提供故障特征的全貌，正确有效地进行故障诊断。

1．短时傅里叶变换基本原理

在实际工作中所遇到的信号往往是时变的，即信号的频率随时间变化。而传统的傅里叶变换，由于其基函数是复正弦，缺少时频定位功能，因此，傅里叶变换不适用于时变信号。信号分析和处理的一个重要任务是，一方面要了解信号所含的频谱信息，另一方面要知道不同频率所出现的时间。

给定一信号 $x(t) \in L^2(R)$，有基函数

$$g_{t,\Omega}(\tau) = g(\tau - t)e^{-j\Omega\tau} \tag{12-5}$$

其中

$$\|g(\tau)\|=1, \|g_{t,\Omega}(\tau)\|=1 \qquad (12\text{-}6)$$

则有

$$\langle x(\tau), g(\tau-t)e^{-j\Omega\tau} \rangle = \int x(\tau)g^*(\tau-t)e^{-j\Omega\tau}d\tau = STFT_x(t,\Omega) \qquad (12\text{-}7)$$

对于窗函数 $g(\tau)$ 应取对称的实函数。

STFT 的定义：在时域用窗函数 $g(\tau)$ 截取 $x(\tau)$，对截取的局部信号做傅里叶变换，即可得到在 t 时刻该段信号的傅里叶变换。不断的移动时间 t，即不断的移动窗函数 $g(\tau)$ 的中心位置，即可得到不同时刻的傅里叶变换。这些傅里叶变换的集合，即是 $STFT_x(t,\Omega)$，如图 12-7 所示，显然 $STFT_x(t,\Omega)$ 是变量 (t,Ω) 的二维函数。

由于 $g(\tau)$ 窗函数在时域应是有限支撑的，又由于 $e^{j\Omega t}$ 在频域是线谱，所以，STFT 的基函数 $g(\tau-t)e^{j\Omega t}$ 在时域和频域都是应该有限支撑的。这样，式（12-7）内积的结果就可对 $x(t)$ 实现时频定位的功能。

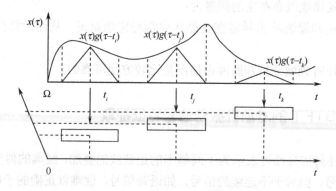

图 12-7 STFT 示意图

2. STFT 在时频分辨率分析

对（12-5）式两边做傅里叶变换，有

$$\begin{aligned}
G_{t,\Omega}(v) &= \int g(\tau-t)e^{j\Omega\tau}e^{-gv\tau}d\tau \\
&= e^{-j(v-\Omega)t}\int g(t')e^{-j(v-\Omega)t'}dt' \\
&= G(v-\Omega)e^{-j(v-\Omega)t}
\end{aligned} \qquad (12\text{-}8)$$

式（12-8）中，v 是和 Ω 等效的频率变量。

由于

$$\begin{aligned}
\langle x(t), g_{t,\Omega}(\tau) \rangle &= \frac{1}{2\pi}\langle X(v), G_{t,\Omega}(v) \rangle \\
&= \frac{1}{2\pi}\int_{-\infty}^{+\infty} X(v)G^*(v-\Omega)e^{j(v-\Omega)t}dv
\end{aligned} \qquad (12\text{-}9)$$

所以

$$STFT_x(t,\Omega) = e^{-j\Omega t}\frac{1}{2\pi}\int_{-\infty}^{+\infty}X(v)G^*(v-\Omega)e^{jvt}dv \qquad (12\text{-}10)$$

式（12-10）指出，对 $x(\tau)$ 在时域加窗 $g(\tau-t)$，就相应于对频域 $X(v)$ 加窗 $G(v-\Omega)$。由式 12-9 可知，基函数 $g_{t,\Omega}(\tau)$ 的时间中心 $\tau_0=t$（t 是位移变量），其时宽为

$$\Delta_\tau^2 = \frac{1}{E}\int(\tau-t)^2\left|g_{t,\Omega}(\tau)\right|^2d\tau = \frac{1}{E}\int\tau^2\left|g(\tau)\right|^2d\tau \qquad (12\text{-}11)$$

式（12-11）中，E 是基函数 $g_{t,\Omega}(\tau)$ 的能量。可见，$g_{t,\Omega}(\tau)$ 的时间中心由 t 决定，但时宽和 t 无关。同理，$G_{t,\Omega}(v)$ 的频率中心 $v_0=\Omega$，而带宽

$$\Delta_v^2 = \frac{1}{2\pi E}\int(v-\Omega)^2\left|G_{t,\Omega}(v)\right|^2dv = \frac{1}{2\pi E}\int_{-\infty}^{+\infty}v^2\left|G(v)\right|^2dv \qquad (12\text{-}12)$$

也和频率中心 Ω 无关。这样，STFT 的基函数 $g_{t,\Omega}(\tau)$ 在时频平面上具有如下的分频"细胞"；其中心在 (t,Ω) 处，其大小为 $\Delta_x\Delta_y$，不管 t,Ω 取何值（移到何处），该"细胞"的面积始终保持不变。该面积的大小即是 STFT 的时频分辨率。

对信号进行时间和频率的联合分析时，一般地，对快变的信号，希望有好的时间分辨率，以观察信号的快变部分（如尖脉冲），即观察的时间宽度 Δt 要小，由于受到时宽—带宽积的影响，这样对该信号的频域的分辨率自然要下降。也就是说，由于快变信号对应的是高频信号，因此对于这一类信号，在希望有好的时间分辨率的同时，还要降低其高频的频率分辨率。反之，慢变信号对应的是低频信号，降低它的时间分辨率，就可在低频处获得好的频率分辨率。

3. 离散信号的短时傅里叶变换

设给定离散信号为 $x(n)$，$n=1,2,\cdots,(L-1)$，对应式（12-9）有

$$STFT_x(m,e^{j\omega}) = \sum_n x(n)g^*(n-mN)e^{-j\omega n} = \langle x(n), g(n-mN)e^{j\omega n}\rangle \qquad (12\text{-}13)$$

式（12-13）中，N 是在时间轴上窗函数移动的步长；ω 是圆频率，$\omega=\Omega T_s$，T_s 为由 $x(t)$ 得到 $x(n)$ 的抽样间隔。对应傅里叶变换中的 DTFT，即时间是离散的，频率是连续的。为了在计算机上实现，应将频率 ω 离散化，令

$$\omega_k = \frac{2\pi}{M}k \qquad (12\text{-}14)$$

则

$$STFT_x(m,\omega_k) = \sum_n x(n)g^*(n-mN)e^{-j\frac{2\pi}{M}nk} \qquad (12\text{-}15)$$

式（12-15）将频域的一个周期 2π 分成了 M 点，显然，它是一个 M 点的 DTFT。若窗函数 $g(n)$ 的宽度正好也是 M 点，那么式（12-16）可以写成

$$STFT_x(m,k) = \sum_{n=0}^{M-1}x(n)g^*(n-mN)W_M^{nk}, \quad k=0,1,2,\cdots,(M-1) \qquad (12\text{-}16)$$

若 $g(n)$ 的宽度小于 M，那么可将其补零，使之变成 M；若 $g(n)$ 的宽度大于 M，则应增大 M 使之等于窗函数的宽度。总之，式（12-16）为一标准的 DTFT，时域、频域的长度都是 M。

12.3.2 STFT 功率谱能量的振动信号分析

由于缸盖振动信号主要有下列特征：

（1）怠速下缸盖振动信号主要反映邻近几缸的落座冲击和爆燃冲击，信号内容比较单纯；

（2）怠速下缸盖振动信号中各冲击发生的时间区间（从发生到大致衰减）基本互不重叠；

（3）同种冲击有比较固定的频域能量分布，且频域能量分布随冲击能量变化不大；

（4）不同性质的冲击其频域能量分布不同。无异常冲击时，振动总能量很小；

（5）落座冲击和爆燃冲击异常特征能在各循环中比较稳定地重现，从而故障信号易于捕捉和抽取。

所以，应用短时频域方法，采用振动信号频带分离与相位分离相结合的方法，对发动机的冲击类型进行分析。

通过图 12-7、图 12-8 可知，落座冲击衰减过程在 1 缸上止点基准下对应的曲轴转角是 235° 左右，基本和所测的信号吻合。进一步分析可见，在 225° 角度范围内没有其他较大的冲击，可认定此范围内波形主要对应于第 6 缸进气阀落座冲击。对于这一冲击类型，用一窄时宽的窗（宽度约对应 40° 曲轴转角）加于该段原信号，作谱估计并分析进气阀落座冲击的频域特征。

取式（12-16）的模平方得到 STFT 功率谱，即谱图对应于该位置的各帧

$$S_x\left(m,k\right)=\left|STFT_x(m,k)\right|^2=\left|\sum_{n=0}^{M-1}x(N_m+n)g^*(n)W_M^{kn}\right|^2,\ k=0,1,2,\cdots,(M-1) \quad (12\text{-}17)$$

式（12-17）中，M 为时窗宽度；N_m 为各计算信号段的起始位置下标，$W_M=e^{-j2\pi/M}$，$g(n)$ 为窗函数数组，考虑到冲击的单边衰减特性，选用 Tukey 窗。

1. 缸盖的 STFT 冲击特征分析

对第 6 缸进气阀间隙调大约 1mm 时 A1.56 信号的 2 个不同样本的进气阀落座冲击衰减过程求取 STFT 功率谱，如图 12-8 所示。

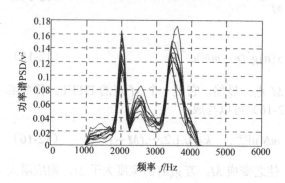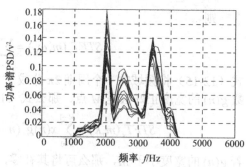

图 12-8　6#缸进气阀间隙异常时的进气阀落座冲击衰减过程的 STFT 功率谱

同样，对第 6 缸进气阀间隙正常时 A1.56 信号的 2 个不同样本对应进气阀落座冲击的各时间段求取 STFT 功率谱，如图 12-9 所示。

在图 12-8、图 12-9 中，各样本先经带通滤波 $fs_1 = 1024Hz$、$fs_2 = 4200Hz$，且各样本都包含多个工作循环，各图中的每条曲线恰好对应每一个循环的谱。

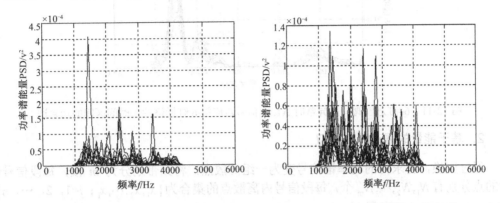

图 12-9　6#缸进气阀间隙正常时的进气阀落座冲击衰减过程的 STFT 功率谱

通过考察取自不同测试项目、不同怠速转速下的 A1.56 信号的 STFT 功率谱，发现第 6 缸的进气阀间隙异常情况的落座冲击频带在各循环都比较稳定；而第 6 缸的进气阀间隙正常情况下，与上述对应同角度区间内信号的 STFT 功率谱，其总能量非常小，且在宽频带内近似均匀分布，其冲击频带也比较稳定。所以，基于 STFT 功率谱能量可对发动机建立评估判据。

第 6 缸进气阀间隙正常及异常时 A1.56 信号对应第 6 缸燃烧冲击时间区间的功率谱分别如图 12-10 和图 12-11 所示。

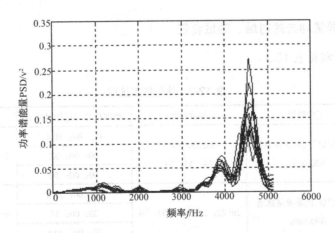

图 12-10　6#缸进气阀间隙正常时 A1.56 信号对应第 6 缸燃烧冲击时间区间的功率谱

通过分析第 6 缸进气阀间隙正常和异常时的燃烧冲击，发现其能量变化不大，且能量分布的频带与落座冲击不同。由图 12-10、图 12-11 可见，即便落座冲击和燃烧冲击（对两不同的缸而言）发生的时间重叠，亦可通过各能量特征区分各不同的冲击类型。

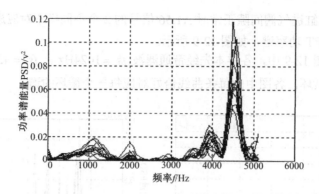

图 12-11　6#缸进气阀间隙异常时 A1.56 信号对应第 6 缸燃烧冲击时间区间的功率谱

2. 基于能量的振动特征提取

经过变换，将求得的功率谱信号变为一组离散点，将频带划分为 m 段，每段信号包含的点分别有 $N_1, N_2, \cdots, N_m$ 个，每段信号内离散点的集合为 $\{x_1, x_2, \cdots, x_i; i=1, 2, \cdots, n\}$；则求出每段信号内的能量为

$$E_i = \sum_{i=1}^{n} x_i, \quad i=1,2,\cdots,n \tag{12-18}$$

将各能量用总能量归一化，构造的特征向量为

$$[E_1/E_{sum}, E_2/E_{sum}, \cdots, E_n/E_{sum}], \quad i=1,2,\cdots,n \tag{12-19}$$

式（12-19）中，E_{sum} 为各频带的总能量。

12.3.3　实测信号分析

1. 进气门异常冲击的时域、频域特征

信号样本选取见表 12-3。

表 12-3　信号样本选取

信号段	工况说明	测试时间	抽取信号段起始时间 ts	备注
Sig 1	进、排气门间隙正常怠速 800r/min	Jul 25, 2007 09：37：39	00：00：10.4	分析时间长度均为10s
Sig 2			00：00：32	
Sig 3			00：00：50	
Sig 4	6缸进气门间隙异常怠速 800r/min	Jul 25, 2007 10：07：26	00：00：20.4	分析时间长度均为10s
Sig 5			00：00：35	
Sig 6			00：00：40.8	
Sig 7	6缸排气门间隙异常怠速 800r/min	Jul 25, 2007 10：13：02	00：00：00	分析时间长度均为10s
Sig 8			00：00：00	
Sig 9			00：00：50.1	

取进气门正常工况下的 Sig1、Sig2、Sig3 段信号，在第 6 缸进气门落座冲击位置做短

时傅里叶变换的功率谱和时频图，如图 12-12～图 12-14 所示，右图为等高线图，纵轴为频带，表示能量大小；横轴为曲轴转角。显示出一个周期内各主要振动在不同曲轴转角处产生的能量高低和频带分布。

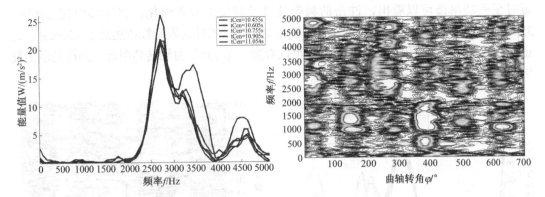

图 12-12　信号 Sig1 进气门的功率谱和时频图

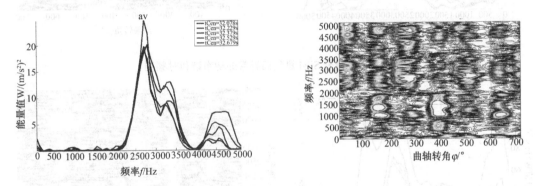

图 12-13　信号 Sig2 进气门的功率谱和时频图

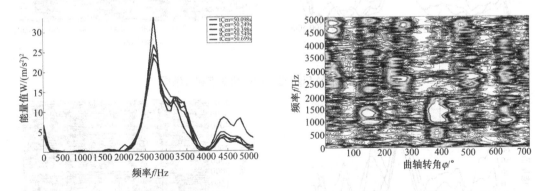

图 12-14　信号 Sig3 进气门的功率谱和时频图

由图 12-12～图 12-14 的功率谱图可以看出，在气门间隙正常工况下，发生进气门落座冲击的频带是在 2000～3500Hz，幅值大约在 30m/s² 左右。在相频图上可以看出在曲轴转角 235° 附近，频带范围 2000～3500Hz 存在冲击，冲击中心在 2500Hz 左右。在高频

4000～5000HZ 处也存在较小的冲击，表现出较小的能量。

第 6 缸进气门间隙异常工况下得 Sig4、Sig5、Sig6 三段信号，在其进气门落座冲击位置做短时傅里叶变换的功率谱图，如图 12-15～12-17 所示。从第 6 缸进气门间隙故障的短时变换功率谱可以看出，冲击的频带位置没有发生太大变化，仍旧集中在 2000～3500Hz，只是频带位置上的能量发生了较大变化。故障时的能量幅值达到了 $120m/s^2$，比正常间隙的能量差异很大。从相频图上可以看到，在 235° 曲轴转角附近，同样显示出发生了较大的冲击。

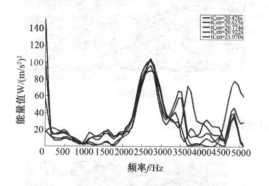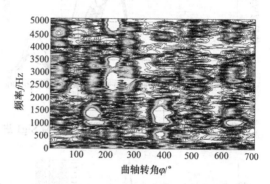

图 12-15　信号 Sig4 进气门异常的功率谱和时频图

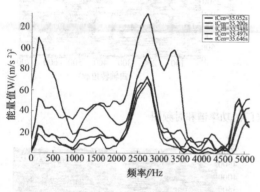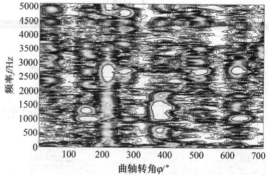

图 12-16　信号 Sig5 进气门的功率谱和时频图

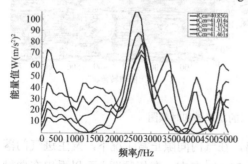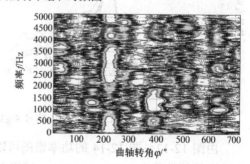

图 12-17　信号 Sig6 进气门的功率谱和时频图

2. 排气门异常冲击的时域、频域特征

根据发动机点火工作顺序：1-5-3-6-2-4，其排气门落座冲击位置发生在排气上止点后约 20°。截取信号段都是以 1 缸压缩上止点为标准缸，仍以第 6 缸排气门间隙为例，1 缸为压缩上止点，对应第 6 缸排气上止点。则排气门落座冲击在 1 缸压缩上止点后 20° 左右，如图 12-18 和图 12-19 所示。

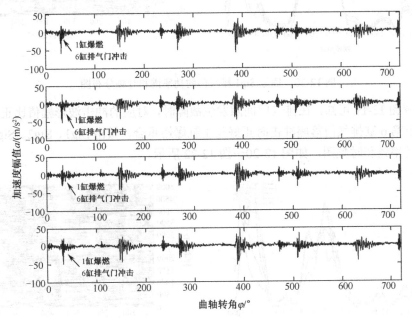

图 12-18　正常时第 6 缸排气门冲击

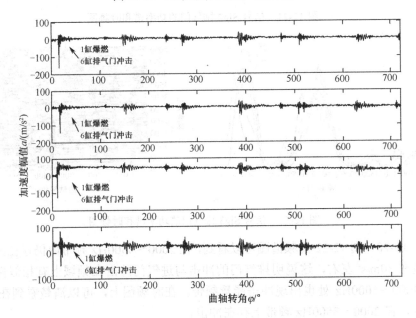

图 12-19　间隙异常时第 6 缸排气门冲击

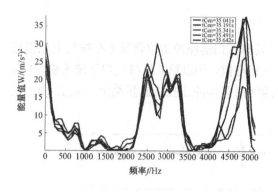
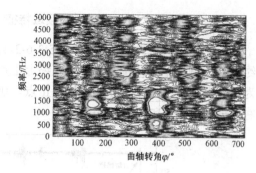

图 12-20　信号 Sig1 排气门的功率谱和时频分布图

从时域图 12-19 可知，在排气门间隙发生故障时，对应的冲击波形幅值比正常时明显增大。由于第 6 缸排气门落座冲击时正好与 1 缸爆燃重合，做出 Sig1、Sig2、Sig3 三段正常信号的功率谱和时频图，如图 12-20～图 12-22 所示。

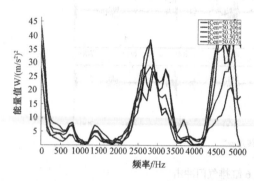
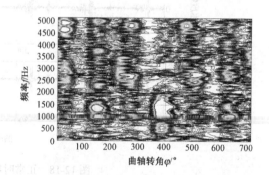

图 12-21　信号 Sig2 排气门的功率谱和时频图

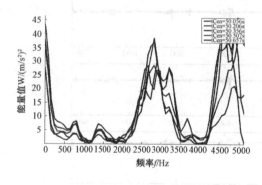
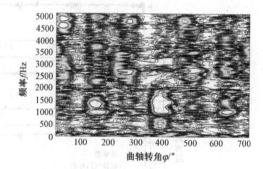

图 12-22　信号 Sig3 排气门的功率谱和时频图

由图 12-20～图 12-22 的频谱图可以看到，在 2000～3500Hz 频带内仍存在冲击，冲击能量幅值在 30m/s² 左右，这说明排气门的冲击与进气门冲击在频域上有相似性。此外，在高频 4000～5000Hz 处也出现冲击能量频带。在时频图上，可以清楚看到在曲轴转角 30°附近，在 2000～3500Hz 频带上存在冲击。

做出 Sig7、Sig8、Sig9 三段信号 6 缸排气门间隙故障信号的频谱和时频图，如图

12-23～图 12-25 所示。

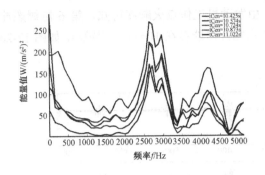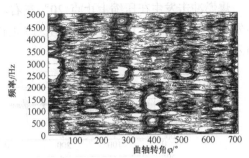

图 12-23　信号 Sig7 排气门的功率谱和时频分布图

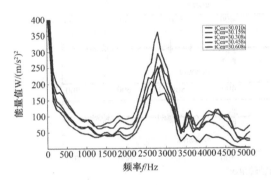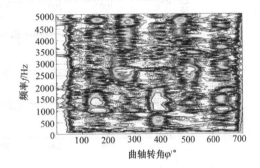

图 12-24　信号 Sig8 排气门的功率谱和时频分布图

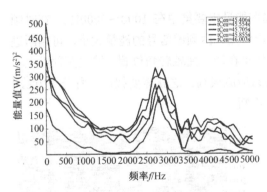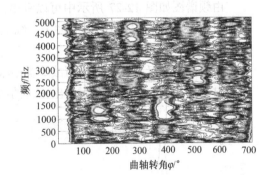

图 12-25　信号 Sig9 排气门的功率谱和时频分布图

由频谱图 12-23～图 12-25 可以看到，在发生排气门间隙故障时，相对正常情况的频带的范围没有太大变化，但是其能量幅值有较大的提高，也就是说，排气门冲击能量明显增大。在时频图上明显看出，在 30° 附近，出现明显的排气门冲击，在图 12-24、12-25 中，冲击能量在整个频带内都有所增强。

3．爆燃冲击与异常冲击的时域、频域特征

爆燃冲击发生在压缩上止点 20°左右，由发动机工作点火顺序可知，第 6 缸爆燃冲击发生在 1 缸压缩上止点后 380°左右（上止点贴片可能存在 10～15°误差），如图 12-26 所示。

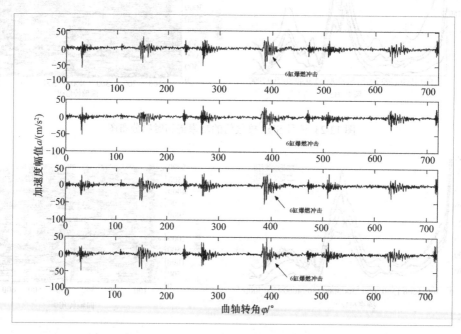

图 12-26　发动机异常时第 6 缸爆燃冲击

由频谱图如图 12-27 所示中可以看出，爆燃能量主要集中在 1000～2000Hz，在时频图上的 390°附近发生了明显的冲击。综上分析可知，由频谱信号的能量大小，可判断进气门或者排气门间隙的落座冲击故障。但是，如果在同一曲轴转角位置，发生两种以上不同类型的冲击，仅从能量上判断故障类型很容易造成误判。这就需要找出一种分类方法，分类出发生冲击的类型，进而做出正确的故障诊断。

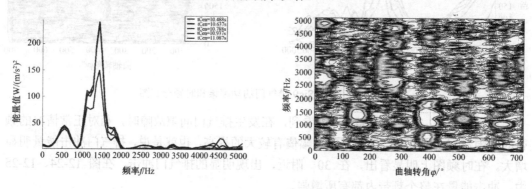

图 12-27　6 缸爆燃的频谱图和相位

4．各冲击类型的能量特征提取

由上节各图可知，除了在相位上可以大致确定可能发生的冲击外，还需要研究各冲击在频谱上的能量特征对应的冲击类型。对比正常状态下进气门和排气门的频谱可知，主要冲击都发生在 2000～3500Hz 的频带内，但对应冲击中心的频带位置有所不同。进气门冲击比较清晰的只有一个较大冲击中心，在 2500Hz 左右，排气门的在高频位置 4000～5000Hz，比较杂乱，冲击中心多。对于爆燃冲击，由频谱图 12-27 知，其冲击频带位置和排气门冲击相分离，爆燃能量主要集中在 1000～2000Hz。

在分析频带上滤除 500Hz 以下的能量，并且将频带分为 9 等分，分别为 500～1000Hz、1000～1500 Hz、1500～2000 Hz、2000～2500 Hz、2500～3000 Hz、3000～3500 Hz、3500～4000 Hz、4000～4500 Hz、4500～5000 Hz。分别求出其每个频带内的能量及全频带的能量和，按式（12-18）、式（12-19）进行归一化计算。分别求得进气门冲击，排气门冲击，爆燃冲击的一组能量特征值作为特征向量，对各冲击类型取 20 组特征向量，这里只列出前 5 组特征向量，见表 12-4～表 12-6。

表 12-4　进气门冲击特征值

频带	500～1000Hz	1000～1500Hz	1500～2000Hz	2000～2500Hz	2500～3000Hz	3000～3500Hz	3500～4000Hz	4000～4500Hz	4500～5000Hz
1	0.0087329	0.010247	0.0048722	0.095897	0.47739	0.25349	0.067915	0.050915	0.030533
2	0.0092711	0.009464	0.0028347	0.098948	0.49135	0.25254	0.047875	0.050674	0.037051
3	0.00914	0.0063692	0.0035524	0.096635	0.46984	0.25723	0.046855	0.058038	0.052339
4	0.0085345	0.006433	0.0073561	0.098826	0.51058	0.232	0.032174	0.062736	0.041365
5	0.0076576	0.0080351	0.0076226	0.10596	0.53693	0.19583	0.027751	0.075575	0.034637

表 12-5　排气门冲击特征值

频带	500～1000Hz	1000～1500Hz	1500～2000Hz	2000～2500Hz	2500～3000Hz	3000～3500Hz	3000～3500Hz	4000～4500Hz	4500～5000Hz
1	0.029348	0.032322	0.0065575	0.092656	0.20119	0.17198	0.013757	0.10282	0.34937
2	0.028467	0.027311	0.0086273	0.11216	0.22031	0.18992	0.015387	0.091547	0.30627
3	0.034706	0.028492	0.0086735	0.08984	0.19381	0.19305	0.017302	0.088483	0.34565
4	0.03398	0.028567	0.011233	0.10843	0.21486	0.18638	0.014775	0.072112	0.32967
5	0.028595	0.0306	0.0081957	0.11412	0.22004	0.19157	0.020964	0.071001	0.31492

表 12-6　爆燃冲击特征

频带	500～1000Hz	1000～1500Hz	1500～2000Hz	2000～2500Hz	2500～3000Hz	3000～3500Hz	3000～3500Hz	4000～4500Hz	4500～5000Hz
1	0.089362	0.62858	0.23751	0.0054706	0.0064229	0.0082564	0.0077916	0.0097444	0.0068623
2	0.093166	0.64202	0.22844	0.004405	0.0057257	0.010506	0.0051416	0.0061446	0.0044539
3	0.090173	0.63536	0.22739	0.0036812	0.011521	0.0085775	0.0059737	0.0080123	0.0093053
4	0.086569	0.62415	0.2305	0.0040817	0.013253	0.0068927	0.0037632	0.013563	0.017223
5	0.091709	0.62343	0.22615	0.003235	0.017115	0.0092033	0.003048	0.013194	0.012922

12.3.4　时域冲击特征识别

将发动机第 6 缸的进气阀间隙正常和异常（间隙调大约1mm）的缸盖测点 A1.56 的振动加速度信号做比较、分析。根据振动传递路径可知，6#缸进气门间隙异常时，靠近 6#缸测点的振动响应信号应该反映的较明显，因此，取测点 A1.56 的振动加速度信号进行分析。6#缸进气阀间隙正常及异常时的连续四个循环的信号分别如图 12-28、图 12-29 所示。

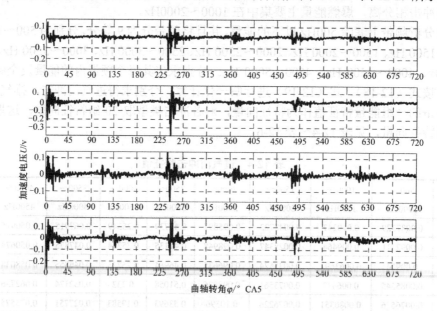

图 12-28　6#缸进气阀间隙正常时连续四个循环的信号

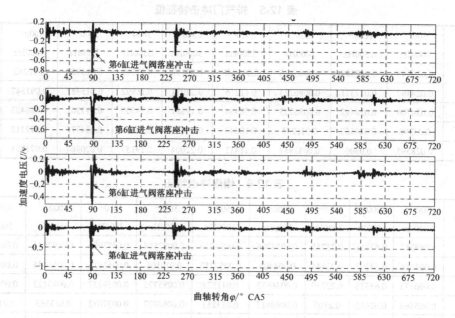

图 12-29　6#缸间隙异常时连续四个循环的信号

通过观察图 12-28、图 12-29 可知，落座冲击衰减过程在 6#缸上止点基准下对应的曲轴转角范围是 85°～115°，这与柴油机参数推算结果一致。

各缸发火顺序为 1-5-3-6-2-4，根据柴油机工作原理及发火顺序可知，第 6 缸燃烧比 5 缸滞后 240°，而进气阀落座在压缩冲程上止点之前约 145°，则 240°-145°=95°。进一步检查，在 85°～115°角度范围内没有其他靠近传感器且较大的冲击，这样，可认定此范围内波形主要对应于第 6 缸进气阀落座冲击。可以用一窄时窗（宽度约对应 35°曲轴转角）加于原信号该段，做谱估计及分析进气阀落座冲击的频域特征。可进一步区分同一相位的位置发生的不同种类的多种冲击。

12.3.5　冲击特征参数提取

将落座冲击能量分布较集中的频率区域按峰值化为若干个频带，求得每个频带下功率谱线与横轴围成的面积，将面积值作为特征向量，利用统计分类的 Fisher 判别法的有关理论获得检测落座冲击的合适判据。

例如，采用频带划分{1800～2200，2200～2960，2960～3700，3700～4150}Hz 时，计算 6#缸进气阀间隙异常时各循环落座冲击能量分布各频带的能量积分，其结果分布如图 12-30 所示；6#缸进气阀间隙正常时各循环样本的对应频带能量分布如图 12-31 所示。

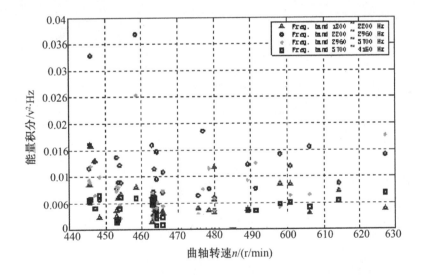

图 12-30　间隙异常情况下各循环落座冲击能量分布各频带的能量分布

由图 12-30 和图 12-31 可见，频带能量分布具有聚类性的特点，说明异常时落座冲击的频谱具有一致性特征。同时也可看到，中间两频带能量与转速有关。而正常情况下的能量小，且能量无聚类性特征，与异常情况的能量特征明显不同。

图 12-31　正常情况下若干循环样本的对应频带能量分布

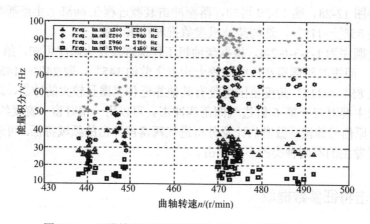

第13章

基于小波分析的发动机振动分析

....

小波分析不但在时域和频域同时具有良好的局部化性质，而且由于高频成分采用逐渐精细的时域或频域取同样步长，可以聚焦到对象的任意细节。小波分析克服了傅里叶分析的缺点，作为处理和分析信号的工具在各个领域都取得越来越深入和广泛的应用[27]。

13.1 傅里叶分析与小波分析

13.1.1 Fourier 分析

在科学研究和工程技术应用研究中，Fourier 分析是最有用的工具之一。

令 $L^2(0,2\pi)$ 表示在区间 $(0,2\pi)$ 上定义的所有可测且具有 $\int_0^{2\pi} |f(x)|^2 \mathrm{d}x < +\infty$ 的函数集合。

$L^2(0,2\pi)$ 中的任何一个信号 $f(x)$ 都具有一个 Fourier 级数表达式

$$f(x) = \sum_{n=-\infty}^{+\infty} c_n \mathrm{e}^{jnx} \tag{13-1}$$

式（13-1）中，常数 c_n 定义为

$$c_n = \frac{1}{2\pi} \int_0^{2\pi} f(x) \mathrm{e}^{-jnx} \mathrm{d}x$$

被称之为 $f(x)$ 的 Fourier 系数。级数的收敛在 $L^2(0,2\pi)$ 中可表示为

$$\lim_{N,M\to\infty} \int_0^{2\pi} \left| f(x) - \sum_{n=-N}^{M} c_n \mathrm{e}^{jnx} \right|^2 \mathrm{d}x = 0$$

在 Fourie 级数表达式（13-1）中，有两个独特的性质。首先，$f(x)$ 可分解为无限多个互相正交量 $g_n(x) = \mathrm{e}^{jnx}$ 的线性组合，其中正交是指

$$\langle g_\mathrm{m}, g_\mathrm{n} \rangle \geqslant \delta(m-n) \tag{13-2}$$

符号函数 $\delta(m)$ 的定义是

$$\delta(m) = \begin{cases} 0, & m \neq 0 \\ 1, & m = 1 \end{cases}$$

称为 Kronecher 函数，内积 $\langle \bullet, \bullet \rangle$ 定义为

$$\langle g_\mathrm{m}, g_\mathrm{n} \rangle = \frac{1}{2\pi} \int_0^{2\pi} g_\mathrm{m}(x) \overline{g}(x) \mathrm{d}x \tag{13-3}$$

从而说明 $\{g_\mathrm{n}(x) = \mathrm{e}^{jnx}; n \in Z\}$ 是 $L^2(0, 2\pi)$ 的一组标准正交基。Fourier 级数表达式（13-1）的第二个独特性质是，正交基 $\{g_\mathrm{n}(x) = \mathrm{e}^{jnx}; n \in Z\}$ 可用单个函数 $g(x) = \mathrm{e}^{jx}$ 的"整数膨胀"生成。

由 $\{g_\mathrm{n}(x) = \mathrm{e}^{jnx}; n \in Z\}$ 的正交性质，傅里叶级数式（4-1）满足著名的 Parseval 恒等式：

$$\frac{1}{2\pi} \int_0^{2\pi} |f(x)|^2 \, \mathrm{d}x = \sum_{n=-\infty}^{+\infty} |c_\mathrm{n}|^2 \tag{13-4}$$

因此，傅里叶技术方法为周期信号提供了一种简明的工具，即频点分析和谱线分析。

函数空间 $L^2(R)$ 上 $f(x)$ 的傅里叶变换定义为

$$F(\omega) = \int_{-\infty}^{+\infty} f(x) \mathrm{e}^{j\omega x} \mathrm{d}x \tag{13-5}$$

由于函数空间 $L^2(R)$ 和 $L^2(0, 2\pi)$ 是完全不同的，而且 $L^2(R)$ 中每个函数的局部平均值在 $\pm\infty$ 必须"衰减"到零，所以 e^{jnx} 不在信号空间 $L^2(R)$ 中，所以 e^{jnx} 无法在 $L^2(R)$ 生成 $L^2(0, 2\pi)$ 的 $\{\mathrm{e}^{jnx}; n \in Z\}$ 这样的基。因此傅里叶级数和傅里叶变换，基本上是不相关的两部分。

13.1.2 小波分析原理简介

小波函数的确切定义为：设 $\psi(x)$ 为一平方可积函数，即 $\psi(x) \in L^2(R)$，若其傅里叶变换 $\psi(\omega)$ 满足条件

$$\int \frac{|\psi(\omega)|}{\omega} \mathrm{d}\omega < \infty \tag{13-6}$$

$R^* = R - \{0\}$ 表示非零实数全体。则称 $\psi(x)$ 为一个基本小波函数或小波母函数，称式（13-6）为小波函数的可容许性条件。

将小波母函数 $\psi(x)$ 进行伸缩和平移，设其伸缩因子（又称尺度因子）为 a，平移因子为 b，令其平移伸缩后的函数为 $\psi_{a,b}(x)$，则有

$$\psi_{a,b} = a^{-\frac{1}{2}} \psi\left(\frac{t-b}{a}\right) \tag{13-7}$$

称 $\psi_{a,b}(x)$ 为依赖于参数 a，b 的小波基函数。由于尺度因子 a，平移因子 b 是取连续变化的值，因此称 $\psi_{a,b}(x)$ 为连续小波基函数。

由于小波母函数满足可容性条件式（4-6），则必有 $\psi(\omega)\big|_{\omega=0}=0$，即 $\int \dfrac{|\psi(\omega)|}{\omega}\mathrm{d}\omega<\infty$。

说明小波函数 $\psi(x)$ 具有"波动"的特点，并且只有在原点附近小波函数 $\psi(x)$ 的波动才会明显偏离水平轴，在远离原点的地方函数值将迅速"衰减"为零，整个波动趋于平静。这是称小波函数 $\psi(x)$ 为"小波"的基本原因。

对于任意函数或者信号 $f(x)$，其小波变换定义为

$$W_f(a,b)=\int_R f(x)\overline{\psi}_{a,b}(x)\mathrm{d}x=\frac{1}{\sqrt{|a|}}\int_R f(x)\overline{\psi}(\frac{x-b}{a})\mathrm{d}x \tag{13-8}$$

小波变换反演公式为

$$f(x)=\frac{1}{C_\psi}\iint_{R\times R^*}W_f(a,b)\psi_{a,b}(x)\frac{\mathrm{d}a\mathrm{d}b}{a^2} \tag{13-9}$$

13.1.3　二进小波和二进小波变换

如果小波函数 $\psi(x)$ 满足稳定性条件

$$A\leqslant\sum_{j=-\infty}^{+\infty}|\psi(\omega)|^2\leqslant B，\quad a,e,\omega\in R$$

则称 $\psi(x)$ 为二进小波。对于任意的整数 k，记

$$\psi_{(2^{-k},b)}(x)=2^{\frac{k}{2}}\psi(2^k(x-b))$$

它是连续小波 $\psi_{a,b}(x)$ 的尺度参数 a 取二进离散数值 $a_k=2^{-k}$，函数 $f(x)$ 的二进离散小波变换记为 $W_f^k(b)$，定义如下

$$W_f^k(b)=W_f(2^{-k},b)=\int_R f(x)\overline{\psi}_{(2^{-k},b)}(x)\mathrm{d}x$$

则相当于尺度参数 a 取二进离散数值 $a_k=2^{-k}$ 时连续小波变换 $W_f^k(b)$ 的取值。这时，二进小波变换的反演公式是

$$f(x)=\sum_{k=-\infty}^{+\infty}2^k\int_R W_f^k(b)\times t_{(2^{-k},b)}(x)\mathrm{d}x$$

函数 $t(x)$ 满足

$$\sum_{k=-\infty}^{+\infty}\psi(2^k\omega)T(2^k\omega)=1，\quad a,e,\omega\in R$$

称为二进小波 $\psi(x)$ 的重构小波。

由上述分析可知，二进小波是连续小波的尺度参数 a 取二进离散数值 $a_k=2^{-k}$ 的离散化，函数或信号的二进小波变换就是连续小波变换在尺度参数 a 取二进离散数值 $a_k=2^{-k}$ 时的取值。

13.2　小波多分辨率分析

13.2.1　正交小波

设小波为 $\psi(x)$，如果函数族

$$\{W_{k,j}(x) = 2^{\frac{k}{2}}\psi(2^k x - j); (k,j) \in Z \times Z\}$$

构成空间 $L^2(R)$ 的标准正交基，即满足下述条件的基

$$\langle \psi_{k,j}, \psi_{l,n} \rangle = \int_R \psi_{k,j}(x)\overline{\psi}_{l,n}(x)\mathrm{d}x = \delta(k-l)\delta(l-n)$$

则称 $\psi(x)$ 是正交小波。这时，对任何函数或信号 $f(x)$，有如下的小波基数展开

$$f(x) = \sum_{k=-\infty}^{+\infty}\sum_{j=-\infty}^{+\infty} A_{k,j}\psi_{k,j}(x) \tag{13-10}$$

其中的系数

$$A_{k,j} = f(x) = \int_R f(x)\overline{\psi}_{k,j}(x)\mathrm{d}x \tag{13-11}$$

称为小波系数。容易看出，小波系数 $A_{k,j}$ 正好是信号 $f(x)$ 的连续小波变换 $W_f(a,b)$ 在尺度参数 a 的二进离散点 $a_k = 2^{-k}$ 和时间中心参数 b 的二进整倍数的离散点 $b_j = 2^{-k}j$ 所构成的点 $(2^{-k}, 2^{-k}j)$ 上的取值。

13.2.2　正交多分辨分析

多分辨率分析是在 $L^2(R)$ 函数空间内，将函数 $f(x)$ 描述为一系列近似函数的极限。这些近似都是在不同尺度上得到的。

多分辨分析的思想具体可以表示为

（1）设 $\{V_k; k \in Z\}$ 是 $L^2(R)$ 上的一列闭子空间，有

$$V_k \subset V_{k+1}, \quad \forall k \in Z$$

（2）逼近性

$$\bigcap_{k \in Z} V_k = \{0\}, \quad \bigcup_{k \in Z} V_k = L^2(R)$$

（3）伸缩性

$$f(x) \in V_k \Leftrightarrow f(2x) \in V_{k+1}, \quad \forall k \in Z$$

（4）如果 $\phi(x)$ 是 $L^2(R)$ 中的一个函数，则

$$\{2^{\frac{k}{2}}\phi(2^{\frac{k}{2}}x-j); j \in Z\}$$

构成空间 V_k 的标准正交基。

运用上述多分辨分析的思想，下面给出了构造 $L^2(R)$ 的一个正交小波的一般算法。对 $\forall l \in Z$，定义子空间 W_l

$$W_l \perp V_l, \quad V_{l+1} = W_l \oplus V_l$$

显然，子空间序列 $\{W_l; l \in Z\}$ 具有下述性质：

（1）$\forall m \neq l, W_m \perp W_t$

（2）$L^2(R) = \bigoplus_{i \in Z} W_i$

（3）$\forall l \in Z, g(x) \in W_l \Leftrightarrow g(2x) \in W_{l+1}$

因此，根据性质 2 可知，为了得到空间 $L^2(R)$ 的标准正交集，只需要构造每一个子空间 W_l 的标准正交集；由性质 3 得知，只需要构造 W_0 的标准正交集就可以得到每一个子空间 W_l 的标准正交集。

由于 $\phi(x) \in V_0 \subseteq V_1$，而且 V_1 有标准正交集 $\{\sqrt{2}\phi(2x-n); n \in Z\}$，所以必存在唯一的系数序列 $\{h_n; n \in Z\} \in L^2(Z)$，使得尺度方程

$$\phi(x) = \sqrt{2}\sum_{n \in Z} h\phi(2x-n) \tag{13-12}$$

系数序列 $\{h_n; n \in Z\} \in L^2(Z)$ 可以得到

$$h_n = \sqrt{2}\int_R \phi(x)\bar{\phi}(2x-n)dx \tag{13-13}$$

另一方面，待构造的小波函数 $\psi(x) \in W_0 \subseteq V_1$，存在序列 $\{g_n; n \in Z\} \in L^2(Z)$ 使得小波函数

$$\psi(x) = \sqrt{2}\sum_{n \in Z} g_n\phi(2x-n) \tag{13-14}$$

经证明可以得到

$$g_n = (-1)^n \bar{h}_{1-n}, \quad n \in Z$$

从而得到小波函数

$$\psi(x) = \sqrt{2}\sum_{n \in Z} (-1)^n \bar{h}_{1-n}\phi(2x-n) \tag{13-15}$$

13.2.3　Doubechies 紧支小波

由多尺度构造小波算法中，式（13-14）、式（13-15）的求和一般是无限多项的，在实际计算中必须截断，这就产生误差，而紧支集小波很好地解决了这个问题。

如果 $\{h_n\}$ 只有有限项非零，就可以有下面的方法构造小波函数。

首先，由双尺度方程

$$\varphi(x) = \sqrt{2}\sum_{n=0}^{2K+1} h_n\varphi(2t-n) \tag{13-16}$$

解出紧尺度函数 $\varphi(x)$，其次，由构造方程

$$\psi(x) = \sqrt{2} \sum_{n=0}^{2K+1} (-1)^n \overline{h}_n \varphi(2x+n-1) \qquad (13\text{-}17)$$

得出紧支撑的小波函数 $\psi(x)$。关键问题是把 $\{h_n\}$ 求解出来。

13.3 正交小波包分析

13.3.1 小波变换与时–频分析

设小波函数 $\psi(x)$ 及其傅里叶变换 $\Psi(\omega)$ 都满足窗口函数的要求。它们的中心和窗宽分别记为 $E(\psi)$ 和 $\Delta(\psi)$ 与 $E(\Psi)$ 和 $\Delta(\Psi)$。则对任意的参数 (a, b)，可以移动和拉伸为连续小波 $\psi_{(a,b)}(x)$，可求得它及其傅里叶变换的中心和窗宽分别为

$$\begin{cases} E(\psi_{(a,b)}) = b + aE(\psi) \\ \Delta(\psi_{(a,b)}) = |a|\Delta(\psi) \end{cases}$$

$$\begin{cases} E(\psi_{(a,b)}) = \dfrac{E(\psi)}{a} \\ \Delta(\psi_{(a,b)}) = \dfrac{\Delta(\psi)}{|a|} \end{cases}$$

于是可以得到连续小波 $\psi_{(a,b)}(t)$ 的时窗是

$$\left[b + aE(\psi) - \frac{1}{2}|a|\Delta(\psi), b + aE(\psi) + \frac{1}{2}|a|\Delta(\psi)\right]$$

频窗是

$$\left[\frac{E(\Psi)}{a} - \frac{1}{2}\frac{\Delta(\Psi)}{|a|}, \frac{E(\Psi)}{a} + \frac{1}{2}\frac{\Delta(\Psi)}{|a|}\right]$$

因此，连续小波 $\psi_{(a,b)}(t)$ 的时–频窗是时–频平面上一个可变的矩形

$$\left[b + aE(\psi) - \frac{1}{2}|a|\Delta(\psi), b + aE(\psi) + \frac{1}{2}|a|\Delta(\psi)\right] \times$$

$$\left[\frac{E(\Psi)}{a} - \frac{1}{2}\frac{\Delta(\Psi)}{|a|}, \frac{E(\Psi)}{a} + \frac{1}{2}\frac{\Delta(\Psi)}{|a|}\right]$$

时–频窗的面积

$$\Delta(\psi_{(a,b)})\Delta(\Psi_{(a,b)}) = |a|\Delta(\psi)\frac{\Delta(\Psi)}{|a|} = \Delta(\psi)\Delta(\Psi)$$

小波变换体现的是在时间点 b 附近和频率点 $E(\Psi)/a$ 附近在时–频窗中的那部分时–频信息。从频率域的角度来看，小波变换已经没有像傅里叶变换那样的"频率点"的概念，

取而代之的是本质意义上的"频带"的概念。从时间域来看，小波变换所反映的也不再是某个准确"时间点"处的变化，而是体现原信号在某个"时间段"内的变化情况。这体现的正是小波变换所特有的能够实现时间局部化，同时频率局部化的时-频局部化能力。

13.3.2 正交小波包

短时傅里叶变换对信号的频带划分是线性等间隔的，多分辨分析可以对信号进行有效地时频分解。其尺度按二进制变化，即对信号的频带进行指数等间隔划分。而小波包分析能够为信号提供一种更加精细的分析方法。它将频带进行多层次划分，对多分辨分析没有细分的高频部分进一步分解。并能够根据被分析信号的特征，自适应地选择相应频带，使之与信号频谱匹配，从而提高时-频分辨率。

引入符号

$$\mu_0(x) = \varphi(x)$$
$$\mu_1(x) = \psi(x)$$

和

$$H_0 = \frac{1}{\sqrt{2}}\sum_{n\in Z}h_n e^{-in\omega}$$

$$H_1 = \frac{1}{\sqrt{2}}\sum_{n\in Z}g_n e^{-in\omega}$$

于是，尺度方程和小波方程的频域形式可写成

$$N_0(\omega) = H_0(\frac{\omega}{2})N_0(\frac{\omega}{2}) \tag{13-18}$$

$$N_1(\omega) = H_1(\frac{\omega}{2})N_0(\frac{\omega}{2}) \tag{13-19}$$

$N_0(\omega)$ 和 $N_1(\omega)$ 分别是 $\mu_0(x)$ 和 $\mu_1(x)$ 的傅里叶变换。这样，由尺度函数 $\psi(x)$ 所确定的小波包定义为函数列 $\{\mu_m(x); m=1,2,3,\cdots\}$

$$\begin{cases} \mu_{2m}(x) = \sqrt{2}\sum_{n\in Z}h_n\mu_m(2x-n) \\ \mu_{2m+1}(x) = \sqrt{2}\sum_{n\in Z}g_n\mu_m(2x-n) \end{cases} \tag{13-20}$$

由式（13-20）构造的序列 $\{\mu_m(x); m=1,2,3,\cdots\}$ 又可以成为关于序列 $\{h_n\}$ 的正交小波包。

13.3.3 小波包算法

设序列 $\{\mu_m(x); m=1,2,3,\cdots\}$ 是关于序列 $\{h_n\}$ 的正交小波包族，考虑用下列方式生成子空间族。现在令 $m=0$，1，2，$\cdots$；$j=1$，2，$\cdots$，用 V_j 和 W_j 分别表示空间 V_{j+1} 的低频部分和高频部分，令 $U_j^0 = V_j, U_j^1 = W_j$，则

$$U_{j+1}^0 = U_j^0 \oplus U_j^1$$

$$W_j = U_j^1$$

$$W_j = U_{j-1}^2 \oplus U_{j-1}^3$$

$$W_j = U_{j-2}^4 \oplus U_{j-2}^5 \oplus U_{j-2}^6 \oplus U_{j-2}^7$$

$$\cdots$$

$$W_j = U_{j-k}^{2^k} \oplus U_{j-k}^{2^k+1} \oplus \cdots \oplus U_{j-k}^{2^k-2} \oplus U_{j-k}^{2^k-1}$$

$$\cdots$$

$$W_j = U_0^{2^l} \oplus U_0^{2^l+1} \oplus \cdots \oplus U_0^{2^{l+1}-2} \oplus U_0^{2^{l+1}-1}$$

W_j 空间分解的子空间序列可写作 $U_{j-1}^{2^l+m}$, $m=0,1,2,\cdots,(2^l-1); l=0,1,2,\cdots,j; j=1,2,\cdots$。子空间序列 $U_{j-1}^{2^l+m}$ 的标准正交基为 $\{2^{(j-2)/2}\mu_{2^l+m}(2^j x-k); k \in Z\}$。当 $m=0; l=0$ 时，子空间序列 $U_{j-1}^{2^l+m}$ 简化为 $U_j^1 = W_j$，相应的正交基简化为

$$\{2^{\frac{j}{2}}\mu_1(2^j x-k) = 2^{j/2}\psi(2^j x-k); k \in Z\}$$

它恰好是标准正交小波族 $\{\psi_{j,k}(x)\}$。

若 n 是一个倍频细化的参数，即 $n-2^l+m$，则有小波包的简略记号 $\psi_{j,k,n}(x) = 2^{j/2}\psi_n(2^j x-k)$，把 $\psi_{j,k,n}(x)$ 称为具有尺度指标 j，位置指标 k 和频率指标 n 的小波包。将它与前面的小波 $\psi_{j,k}(x)$ 比较可知，小波包除了尺度指标 j，位置指标 k 两个参数外，还增加了一个频率参数 n。正是这个频率新参数的作用，使小波包克服了小波时间分辨率高时频率分辨率低的缺陷。

设 $g_j^n = U_j^n$，则 $g_j^n(x)$ 可表示为

$$g_j^n(x) = \sum_l d_l^{j,n} \mu_n(2^j t-l)$$

则小波包分解算法为由 $\{d_l^{j+1,n}\}$ 求 $\{d_l^{j,2n}\}$ 与 $\{d_l^{j,2n+1}\}$

$$\left. \begin{aligned} d_l^{j,2n} &= \sum_k a_{k-2l} d_l^{j+1,n} \\ d_l^{j,2n+1} &= \sum_k b_{k-2l} d_k^{j+1,n} \end{aligned} \right\} \tag{13-21}$$

反之可以由 $\{d_l^{j,2n}\}$ 与 $\{d_l^{j,2n+1}\}$ 重构 $\{d_l^{j+1,n}\}$

$$d_j^{j+1,n} = \sum_k [h_{l-2k} d_k^{j,2n} + g_{l-2k} d_k^{j,2n+l}] \tag{13-22}$$

13.3.4 利用小波包进行信号的消噪处理

运用小波分析进行信号消噪处理是小波分析的重要应用之一。在实际工程应用中，所分析的信号可能包含许多尖峰或突变部分，并且噪声也不是平稳的白噪声。对这种信号的

消噪，用传统的傅里叶变换分析，显得无能为力。因为傅里叶分析是将信号完全在频率域中进行分析，它不能给出信号在某个时间点上的变化情况，使得信号在时间轴上的任何一个突变，都会影响信号的整个谱图。而小波分析由于能同时在时频域中对信号进行分析，并且在频率域内分辨率高时，时间域内分辨率则低，在频率域内分辨率低时，时间域内分辨率则高，且具有自动变焦的功能，所以它能有效地区分信号中的突变部分和噪声，从而实现信号的消噪。

一个含噪声的一维信号的模型可以表示为

$$s(i) = f(i) + \sigma e(i), \quad i = 0, 1, \cdots, n-1$$

其中，$f(i)$ 为真实信号，$e(i)$ 为噪声，$s(i)$ 为含噪声的信号。对信号 $s(i)$ 消噪的目的就是要抑制信号中的噪声，从而在 $s(i)$ 中恢复出真实信号 $f(i)$。一般来说一个一维信号的消噪过程可分为以下三个步骤。

（1）信号的小波分解。选择一个小波并确定一个小波分解的层次 N，然后对信号 $s(i)$ 进行 N 层小波分解。

（2）对第 1 到第 N 层的每一层高频系数选择一个阈值进行阈值量化处理。

（3）小波的重构。根据小波分解的第 N 层的低频系数和经过量化处理后的第 1 层到第 N 层的高频系数进行小波重构。

在信号消噪处理中，小波包分析提供了一种更为复杂，同时更为灵活的分析手段，因为小波包分析对上一层的低频部分和高频部分同时进行细分，具有更为精确的局部分析能力。通常，信号小波包消噪可以分为以下四步。

（1）信号的小波包分解。选择一个小波并确定一个小波分解的层次 N，然后对信号 $s(i)$ 进行 N 层小波分解。

（2）通过比较选择一个最佳的小波包分解树。

（3）对每一个小波包分解系数选择一个适当的阈值并对系数进行阈值量化。

（4）小波包重构。根据第 N 层小波包分解系数和经过量化处理后的系数进行小波重构。

依据上面介绍的小波包消噪方法，最后选择消噪的是 Daubechies 小波系中的 Db6 小波，信号最后用小波包分解到第 6 层进行了去噪处理。由 12.1 节所设工况下测得的一组振动信号消噪后的效果分别如图 13-1～图 13-6 所示。

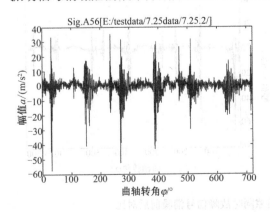
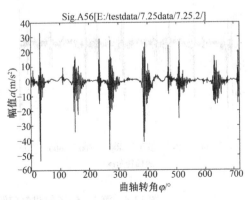

图 13-1　正常信号消噪前后对比

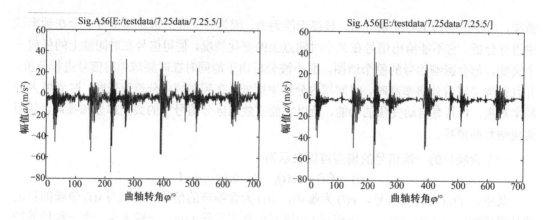

图 13-2　第 6 缸进气门故障信号消噪前后对比

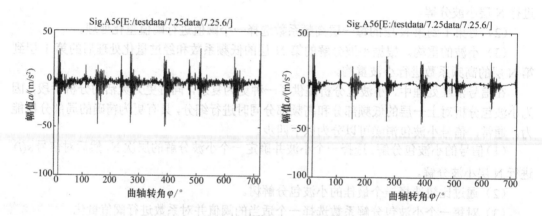

图 13-3　第 6 缸排气门故障信号信号消噪前后对比

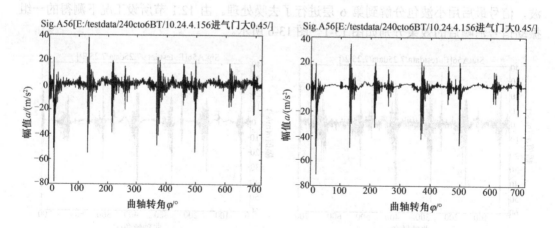

图 13-4　第 1、5、6 缸进气门间隙同时故障信号消噪前后对比

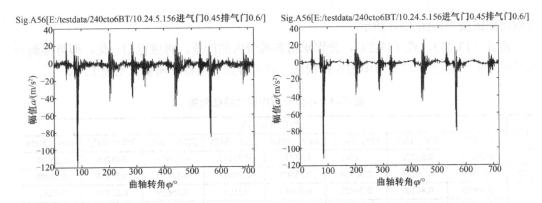

图 13-5　第 1、5、6 缸进气门、排气门同时故障信号消噪前后对比

13.3.5　利用小波包分析进行信号特征提取

当用一个含有丰富频率成分的信号作为输入对系统进行激励时，由于系统故障对各频率成分的抑制或增强作用，其输出与正常系统输出相比，相同频带内信号的能量会有较大的差别。所以，在各频率成分信号的能量中，包含着丰富的故障信息。利用小波包分解能够对信号进行精确的细分，提取信号的特征向量。下面介绍利用小波包变换提取信号特征向量的方法。

（1）对所要分析的信号进行 N 层分解。

（2）对小波在各频带内重构，提取第 N 层从低频到高频 $2N$ 个频率成分的信号。各频率带内的信号分别用 $S_1, S_2, \cdots, S_i, \cdots, S_{2^N}$ 表示。

（3）求各频带信号的能量

$$E_i = \int |S_i|^2 \, \mathrm{d}t = \sum_{k=1}^{m} |x_{ik}|^2 \qquad (13\text{-}23)$$

式（13-23）中，$x_{ik}, (i = 1, 2, \cdots, 2^N; k = 0, 1, \cdots, m)$，表示重构信号 S_i 的离散点的幅值。

构造特征向量。由于系统出现故障时，对各频带内信号的能量有较大的影响，因此，可以能量为元素构造一个特征向量 T，即

$$T = [E_1, E_2, \cdots, E_{2^N}]$$

当能量较大时，$E_i, (i = 1, 2, \cdots, 2^N)$，通常是一个较大的数值，在数据分析上会带来一些不方便。因此，需要对特征向量 T 进行改造，即对向量进行归一化处理，令

$$E = \left(\sum_{i=1}^{2^N} |E_i|^2 \right)^{\frac{1}{2}}$$

$$T^* = \left[E_1 / E, E_2 / E, \cdots, E_{2^N} / E \right] \qquad (13\text{-}24)$$

向量 T^* 即为归一化后的向量。

综合分析所有采集得到的振动信号，其故障情况主要集中在第 5 缸、第 6 缸，因此取测点 A56 的信号进行研究。选择 Daubechies 小波对其信号进行 8 个频带上的 3 层分解，

分解得到的波形如图 13-6 所示。

由式（13-23）、式（13-24），分别求出各频带内的能量，再进行归一化，即可得到一组特征向量。对应于 12.1 节中的 6 种状态，即可得到 6 组特征向量，见表 13-1。

表 13-1　小波分解得到的特征向量

状态	特征频带（Hz）							
	0～625	626～1250	1251～1875	1876～2500	2501～3125	3126～3800	3801～4425	4426～5000
1	0.29268	0.55222	0.37361	0.35377	0.25171	0.21927	0.41266	0.25085
2	0.27905	0.39714	0.51338	0.53802	0.24873	0.13939	0.27184	0.23705
3	0.30605	0.40106	0.26827	0.50944	0.21082	0.16619	0.53926	0.2261
4	0.59822	0.38772	0.34302	0.34363	0.2591	0.21016	0.24063	0.29471
5	0.88671	0.28036	0.069323	0.18662	0.11788	0.11973	0.23346	0.11302
6	0.98838	0.11594	0.019909	0.025633	0.018131	0.018454	0.086313	0.022056

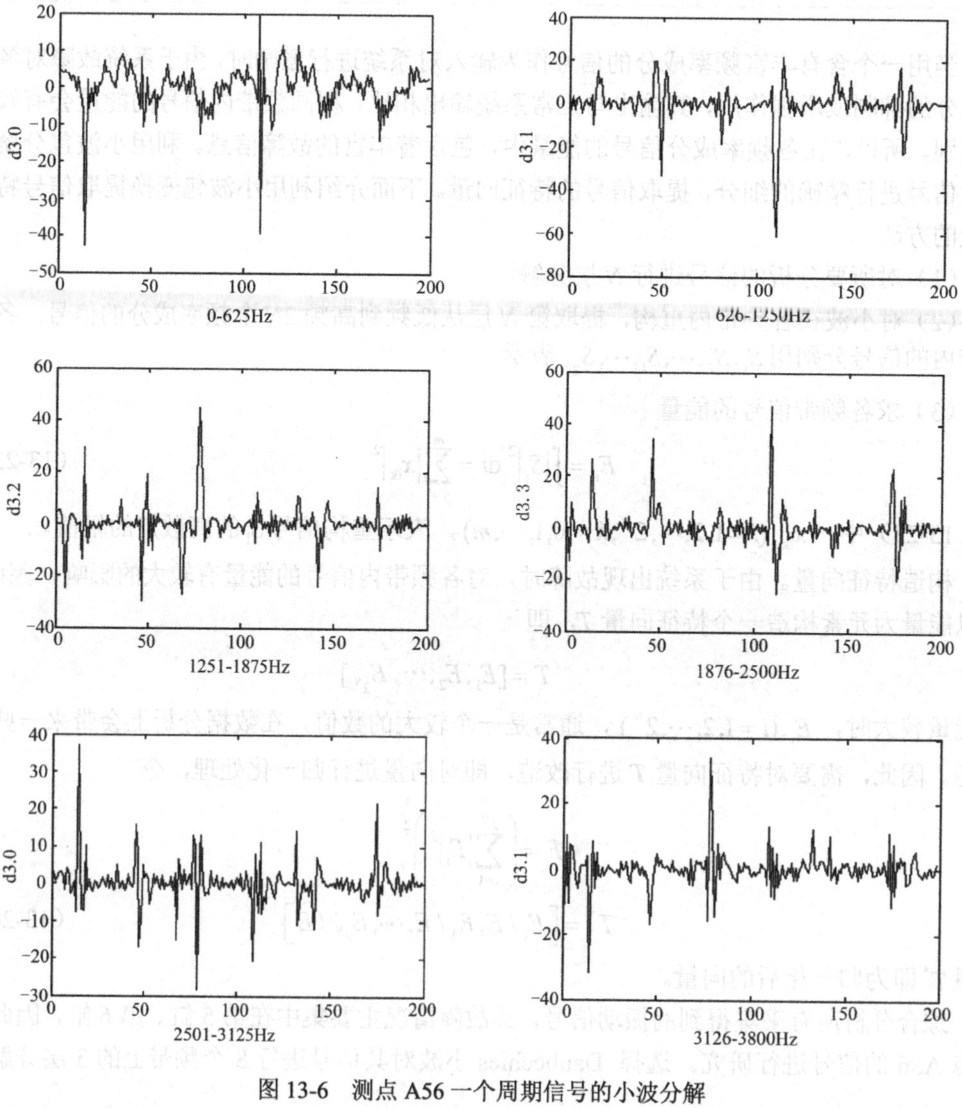

图 13-6　测点 A56 一个周期信号的小波分解

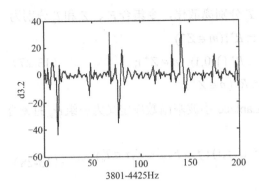 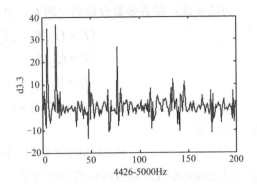

图 13-6　测点 A56 一个周期信号的小波分解（续）

13.4　Laplace 基波相关性的特征参数提取

13.4.1　Laplace 小波及其特性

1. Laplace 小波定义

Laplace 小波是一种单边衰减的复指数小波，其解析表达式为[27]

$$\psi(\omega,\zeta,\tau,t)=\psi_\gamma(t)=\begin{cases} Ae^{\frac{\zeta}{\sqrt{1-\zeta^2}}\omega(t-\tau)}e^{-j\omega(t-\tau)}, & (t\in[\tau,\tau+W_s]) \\ 0, & (其他) \end{cases} \tag{13-25}$$

若采用频率 f 代替 ω，表达式写为

$$\psi(f,\zeta,\tau,t)=\psi_\gamma(t)=\begin{cases} Ae^{\frac{\zeta}{\sqrt{1-\zeta^2}}2\pi f(t-\tau)}e^{-j\,2\pi f(t-\tau)}, & (t\in[\tau,\tau+W_s]) \\ 0, & (其他) \end{cases} \tag{13-26}$$

式（13-26）中，参数向量 $\gamma=\{f,\zeta,\tau\}$ 决定小波的特性（形状和位置），其成员变量 f,ζ,τ 为模态动力学参数。$f\in F\subset R^+$ 为 Laplace 小波的振荡频率，单位为 Hz。$\zeta\in Z=[0,1)$，表示粘滞阻尼比，决定了 Laplace 小波的衰减速度，较大的阻尼比 ζ 能使 Laplace 小波迅速衰减。$\tau\in T_c$ 为时间参数，在信号有定义的时间范围内取值，表示小波平移位置，（F,Z,T_c 在下文有说明）。W_s 为小波支撑区间的宽度，支撑宽度的选择应保证各小波原子充分衰减。A 为归一化因子。

2. 相关滤波法

相关滤波法原理：将原信号中选定信号段与离散化的参数空间规定的 Laplace 小波基函数集合中的各小波原子作内积，对应得到最大相关系数的小波原子的参数即是原信号段中对应冲击的特征参数的估计值。

方法实现：将各参数分量的空间 F，Z，T_c 分别离散化，令集合 F、Z 和 T_c 分别为

$$\begin{cases} F = \{f_1, f_2, \cdots, f_m\} \subset R^+; (m \in Z^+) \\ Z = \{\zeta_1, \zeta_2, \cdots, \zeta_n\} \subset R^+ \bigcap [0,1)\ (n \in Z^+); \\ T_c = \{\tau_1, \tau_2, \cdots, \tau_p\} \subset R\ (p \in Z^+) \end{cases} \tag{13-27}$$

则整个参数空间离散化为 $\Gamma = F \times Z \times T_c$，Laplace 小波基函数库定义为一组 ψ_γ 的集合 ψ，它满足

$$\psi = \{\psi_\gamma(t): \gamma \in \Gamma\} = \{\psi(f, \zeta, \tau, t): f \in F, \zeta \in Z, \tau \in T_c\} \tag{13-28}$$

ψ_γ 为 Laplace 小波基函数库 ψ 的小波原子。

相关系数 k_γ 定义为

$$\kappa_\gamma = \sqrt{2} \frac{|\langle \psi_\gamma(t), x(t) \rangle|}{\|\psi_\gamma(t)\|_2 \|x(t)\|_2} \tag{13-29}$$

由于 $\gamma \in \Gamma$，k_γ 实际上是一多维矩阵，它的维数由空间 $\Gamma = F \times Z \times T_c$ 决定。

Laplace 小波滤波的过程是冲击信号与小波函数库中的每一个基元函数进行相关度计算并求取每一个起始的最大值过程。

对于一组平移时间点 $T_{set} = \{\tau_i \in T \mid 1 \le i \le p, p \in N\}$ 中的每一个 τ_i，相关性分析是在参数空间 Γ 中固定 τ_i 并搜索以最优化 κ 的过程，即寻找在每个时刻 τ_i 与信号 $x(t)$ 相关性最强的小波原子 ψ_γ，也就是需要在 τ_i 时刻的矩阵 k_γ 中寻找其最大值 $k_\gamma(\tau_i)$

$$\kappa_\gamma(\tau_i) = \max_{f \in F, \zeta \in Z} \kappa_\gamma^{\tau} = k_{\{\overline{f}, \overline{\zeta}, \tau_i\}} \tag{13-30}$$

式（13-30）中，k_γ^{τ} 表示 τ 时刻 k_γ 的子集，$\overline{f}$、$\overline{\zeta}$ 分别为 k_γ^{τ} 的最大值 $k(\tau)$ 对应的 Laplace 小波原子 ψ_γ 的频率和阻尼参数。k_τ 的确定过程实际上是在 τ 时刻的空间曲面

$$P_\tau = \{k_\gamma^{\tau}(f, \zeta): f \in F, \zeta \in Z\} \tag{13-31}$$

中找出峰值点。由于是对离散采样信号进行分析，以上各式均取其离散形式。

13.4.2 基于 Laplace 小波提取进、排气门落座冲击响应特征参数

1. 对测试信号进行时域波形分析

（1）正常情况振动波形测试。

缸盖上 5、6 缸之间靠近第 6 缸的加速度传感器 A1.56 的振动信号如图 13-7 所示。

从图 13-7 中可以看出，当柴油机正常工作时，除正常的燃烧冲击外，不存在其他类型的冲击。

（2）故障情况振动波形测试。

在第 6 缸进气门间隙调大情况下同一测点的振动信号如图 13-8 所示；6#缸排气门间隙调大情况下同一测点的振动信号如图 13-9 所示。

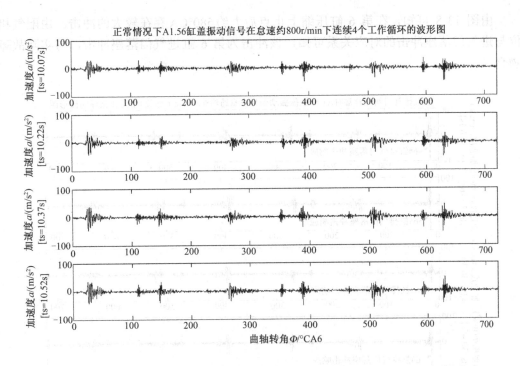

图 13-7　正常情况下缸盖加速度信号

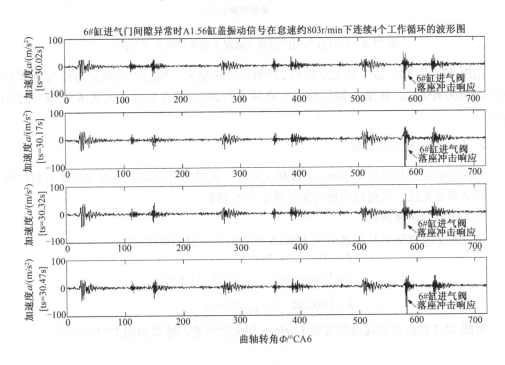

图 13-8　第 6 缸进气门间隙调大情况下缸盖加速度信号波形

由图 13-8 可知，在第 6 缸压缩上止点后大约 580°CA 存在较大的冲击。由配气相位与进气门落座冲击的对应关系可知，该冲击为第 6 缸进气门落座冲击，与实际故障吻合。

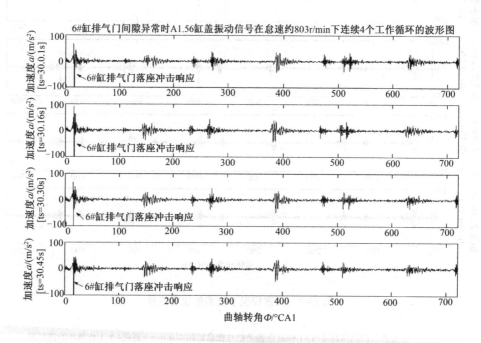

图 13-9　6#缸排气门间隙调大情况下缸盖加速度信号波形

由图 13-9 可知，第 1 缸上止点后 22°附近冲击很大，根据配气相位与排气门落座冲击的对应关系可知，在第 1 缸压缩上止点后大约 20°所存在的冲击为第 6 缸排气门落座冲击。

2. Laplace 相关性分析

对冲击响应信号进行 Laplace 小波相关滤波，搜寻信号中单边衰减波形发生的时刻、振动频率和阻尼比，实现对被测对象的模态参数识别。

（1）进气门正常情况。

小波原子参数空间 Γ 的选取用 Matlab 语言描述，分别被指定为

$$F = \{1000:100:2000\};$$
$$Z = \{\{0.005:0.005:0.2\}\ \{0.3:0.1:0.9\}\};$$
$$T = \left\{10.0362 : \frac{1}{10240} : 10.1873\right\}$$

对图 13-7 的缸盖加速度信号做 Laplace 相关性滤波，结果如图 13-10 所示。

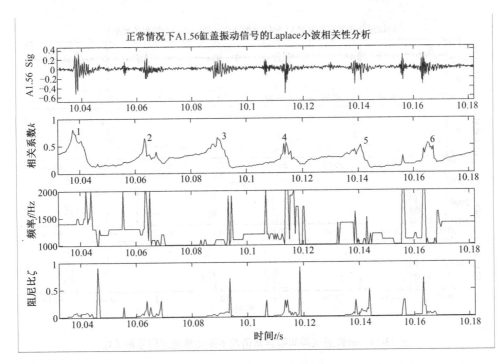

图 13-10　正常情况下缸盖振动加速度信号相关性分析

正常情况下一个工作循环内的相关系数峰值对应的 Laplace 小波原子参数见表 13-2。

表 13-2　正常情况下一循环内的相关系数峰值对应的 Laplace 小波原子参数

序号	冲击开始时间 τ/s	$\kappa(\tau)$	f/Hz	ζ	意义
1	10.040	0.808	1400	0.090	6 缸燃烧冲击
2	10.063	0.773	1300	0.070	2 缸燃烧冲击
3	10.090	0.801	1100	0.060	4 缸燃烧冲击
4	10.113	0.742	1200	0.090	1 缸燃烧冲击
5	10.141	0.753	1100	0.060	5 缸燃烧冲击
6	10.163	0.660	1100	0.080	3 缸燃烧冲击

由表 13-2 可见，对正常工况下的信号段做 Laplace 相关性分析，各相关系数峰值及其峰值所对应的频率（f）和阻尼比（ζ）相差不多，在同一水平。这些冲击主要为发动机正常工作情况下的燃烧冲击，没有其他异常的冲击。

（2）进气门异常故障情况。

进气门异常与其正常情况相比，频率范围不同，故选取小波原子参数空间 Γ 为

$$F = \{1000 : 100 : 3100\};$$
$$Z = \{\{0.005 : 0.005 : 0.2\}\ \{0.3 : 0.1 : 0.9\}\};$$
$$T = \{30.0192 : \frac{1}{10240} : 30.1783\}$$

对图 13-8 的加速度信号做 Laplace 相关性滤波，结果如图 13-11 所示。

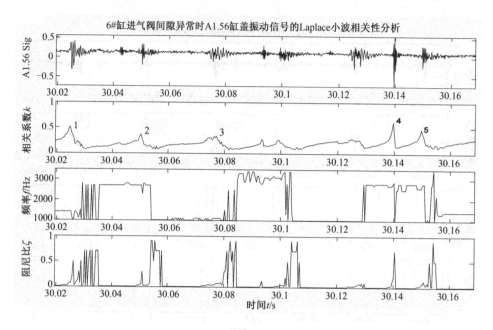

图 13-11　6#缸进气阀间隙异常情况下振动加速度信号相关性

该工况下一循环内的相关系数峰值对应的 Laplace 小波原子参数见表 13-3。

表 13-3　6#缸进气门间隙调大情况下一循环内的相关系数峰值对应的 Laplace 小波原子参数

序号	冲击开始时间 τ/s	$\kappa(\tau)$	f/Hz	ζ	意义
1	30.024	0.489	1400	0.035	6 缸燃烧冲击
2	30.050	0.370	1700	0.030	2 缸燃烧冲击
3	30.077	0.338	1100	0.040	4 缸燃烧冲击
4	30.139	0.617	2800	0.130	6 缸进气门落座冲击
5	30.152	0.202	1400	0.060	3 缸燃烧冲击

由表 13-3 可以看出，最大相关系数（$k = 0.617$）时对应的小波原子参数为 $f = 2800\text{Hz}$，$\zeta = 0.130$。这说明此时缸盖振动信号中存在频率为 2800Hz 明显冲击响应，此频率在气门落座冲击频率范围内，根据发动机的工作原理可知，冲击时刻 $\tau = 30.139s$ 恰好是 6#缸进气阀关闭的时刻。由此可以推断，该缸进气阀存在异常，分析结果与实际进气门故障准确对应。

（3）排气门故障情况。

通过分别对 6#缸排气门间隙调大时的时域信号做 STFT 分析可知，由排气阀间隙调大时产生的进、排气门落座冲击频率在同一范围。对排气门间隙调大进行分析时，选取小波原子参数空间 Γ 为

$$F = \{1000:100:3100\};$$
$$Z = \{\{0.005:0.005:0.2\}\ \{0.3:0.1:0.9\}\};$$
$$T = \left\{30.0081: \frac{1}{10240}:30.1783\right\}$$

对图 13-9 的振动加速度信号做 Laplace 相关性滤波，结果如图 13-12 所示。

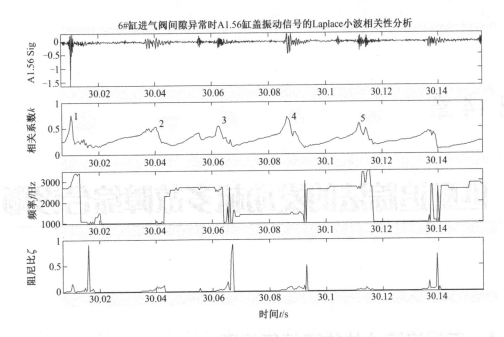

图 13-12　6#缸排气阀间隙异常情况下缸盖振动加速度信号相关性

该工况下一循环内的相关系数峰值对应的 Laplace 小波原子参数见表 13-4。

表 13-4　6#缸排气门间隙调大情况下一循环内的相关系数峰值对应的 Laplace 小波原子参数

序号	冲击开始时间 τ / s	$\kappa(\tau)$	f/Hz	ζ	意义
1	30.010	0.755	3000	0.170	6 缸排气门落座冲击
2	30.040	0.525	1100	0.110	5 缸燃烧冲击
3	30.063	0.537	1600	0.040	3 缸燃烧冲击
4	30.086	0.708	1400	0.070	6 缸燃烧冲击
5	30.112	0.579	1000	0.030	2 缸燃烧冲击

从表 13-4 中，最大相关系数（ $\kappa = 0.755$ ）对应的小波原子参数为 $f = 3000\text{Hz}$ ，$\zeta = 0.170$ 。频率范围落在落座冲击的频率范围内。由发动机的工作过程可知，冲击时刻 $\tau = 30.010\text{s}$ 恰好是 6#缸排气门关闭的时刻，该冲击为由排气门间隙调大所引起的排气门落座冲击，分析结果与实际排气门故障相吻合。

通过对正常情况、进、排气门间隙异常的情况下的信号做 Laplace 相关性分析，进行故障特征提取的方法，能够有效地识别由于气门间隙异常所产生的气门落座冲击故障。其优点在于能准确识别冲击开始时刻及其他特征参数。若参数空间 Γ 选择合适，这种方法可用于多种冲击激励和多故障源下的综合诊断。

研究中发现，在进行 Laplace 基波相关性滤波时，所关注的仅为某一窄频带的信息，忽略了其他频带上所反映的信息。匹配追踪信号分解法，就可将全频带上冲击所包含的频率信息表示出来。

第 14 章

匹配追踪法的发动机多故障综合诊断

14.1 匹配追踪法的故障特征提取

从混有噪声干扰的动态信号中提取故障特征是诊断过程的基础，也是诊断技术的关键。其核心在于将采集的动态数据提取并转化为易于揭示故障本质的形式，为诊断决策的制订提供依据。信号分解是特征提取的主要手段之一。最常用的信号分解技术是应用具有特定性质的基元（Elementary）函数，并根据一定的数学规则将信号展开。例如，用 Fourier 基和小波基将信号展开，实现了以 Fourier 小波函数为特征的信号分解。20 世纪 90 年代初，小波研究领域的著名专家 Mallat 和 Qian 等分别各自独立地基于投影追踪（Projection Pursuit）算法。提出了一种逐步递推自适应方法，称为匹配追踪算法。它能够自适应地将信号按基元函数一步一步地分解，从而达到对信号的展开。分解算法对基元函数没有特定要求，几乎任何函数都可作为基元函数，因而为应用提供了极大的灵活性[4][16]。

14.1.1 信号的展开与内积

任意给定一个信号 $x \in \Psi$，Ψ 可以是有限维或无限维，x 可以表示为 Ψ 域上基元函数集合 $\{\psi_n\}_{n \in Z}$ 的线性组合，即

$$x = \sum_{n \in Z} a_n \psi_n \tag{14-1}$$

如果 $\{\psi_n\}_{n \in Z}$ 也在域 Ψ 的对偶域 Φ 内，则式（14-1）中的展开系数 a_n 描述了信号在域 Φ 内的特性。如果 $\{\psi_n\}_{n \in Z}$ 是完备的，对任意信号 $x \in \Psi$，存在一个对偶集合 $\{\Phi_n\}_{n \in Z}$，信号 x 可展开为式（14-1）的形式，展开系数 a_n 可由规则内积计算，即

$$a_n \equiv \langle x, \phi_n \rangle = \int_{-\infty}^{+\infty} x(t) \phi^*(t) \mathrm{d}t \qquad (14\text{-}2)$$

式（14-1）称为信号变换，对偶函数 $\phi_n(t)$ 也称为分析函数。相应地，称式（5-11）为逆变换，基元函数 $\psi_n(t)$ 为综合函数。式（14-2）亦为信号 $x(t)$ 与对偶函数 $\phi_n(t)$ 的内积运算。内积 $\langle x, \phi_n \rangle$ 有十分明确的物理解释，它反映了信号 $x(t)$ 与对偶函数 $\phi_n(t)$ 之间的相似性。也就是说，内积 $\langle x, \phi_n \rangle$ 越大，$x(t)$ 与对偶函数 $\phi_n(t)$ 越接近。

如果基元函数集合 $\{\psi_n\}_{n \in Z}$ 构成一个正交基，则展开系数 a_n 是信号在基元函数上 $\psi_n(t)$ 的精确投影，如图 14-1 所示。否则，如双正交的情况，对偶函数和基元函数不是相同的，即 $\psi_n \neq \phi_n$。由于展开系数 a_n 是信号 $x(t)$ 与对偶函数 $\phi_n(t)$ 的内积，反映的是信号与对偶函数 $\phi_n(t)$ 之间的相似性，而不是信号与基元函数 $\psi_n(t)$ 之间的相似性，展开系数 a_n 明显不同于信号在基元函数 $\psi_n(t)$ 上的投影，如图 14-1 所示。因此，如果基元函数与对偶函数显不同时（大多是这种情况），则展开系数 a_n 不能反映信号与选择的基元函数相关的特性。

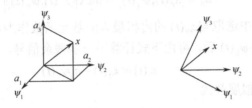

图 14-1　正交展开与非正交展开

由以上讨论可知，基元函数的选取是非常重要的，但是，需要指出的是，尽管正交基元函数有许多优点，但有时我们更重视基元函数的物理特性，以满足不同的应用需要。因此，在相当多的情况下，我们常常放弃正交性而选取具有优良物理特性的正交基元函数。例如，选择非正交的 Gabor 基元函数进行信号的时频分析，因为在联合时频域上有最优良的时频局部化特性。

14.1.2　匹配追踪信号展开

信号展开的目的是将信号表示为一系列基元函数的线性组合，为方便起见重写式（14-1）如下

$$x(t) = \sum_{n=0}^{\infty} a_n \psi_n(t) \qquad (14\text{-}3)$$

对于某些应用，常常更重视信号与选取的基元函数之间的相似性。为此可通过计算信号基元函数的内积获得展开系数，从而完成对信号的展开。这样，式（14-3）中的展开系数 a_n 反映了信号与基元函数之间的相似性。这里所说的信号自适应展开的方法，是通过计算残余信号在选取的基元函数上的投影而逐次将信号分解来完成的。分解过程称为匹配追踪，因为在每一步分解过程中都要在基元函数集合中选取与信号有最好匹配的基元函数，也就是说，选取与信号最相似的基元函数。匹配追踪信号分解过程如图 14-2 所示。

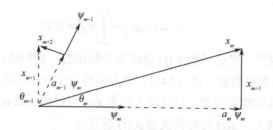

图 14-2　信号 x 的匹配追踪分解过程

设选取的基元函数集合 $\{\psi_n\}_{n\in Z}$ 是完备的，且每个基元函数具有单位能量，即范数

$$\|\psi_n(t)\| = 1 \tag{14-4}$$

定义原始信号 $x(t)$ 的残余信号为 $x_n(t)$，$n=1$，2，$\cdots$。首先，当 $n=0$ 时，令第 0 次残余信号 $x_0(t) = x(t)$，然后在基元函数集合中选取 $\psi_0(t)$，使其与 $x_0(t)$ 最相似，展开系数为

$$a_0 = \langle x_0(t), \psi_0(t) \rangle = \max_{\psi_n} |\langle x_0(t), \psi_n(t) \rangle| \tag{14-5}$$

也就是在基元函数集合中选取与 $x_0(t)$ 的内积最大的基元函数作为 $\psi_0(t)$，并将该内积作为展开系数 a_0。确定 a_0 和 $\psi_0(t)$ 后，可由下式计算下一步残余信号，即第 1 次残余信号 $x_1(t)$

$$x_1(t) = x_0(t) - a_0\psi_0(t) \tag{14-6}$$

及信号 $x(t)$ 的第一次近似展开式

$$x(t) = a_0\psi_0(t) + x_1(t) \tag{14-7}$$

类似地，可以继续对 $x_1(t)$ 进行分解，求得 a_1 和 $\psi_1(t)$，以及第 2 次残余信号 $x_2(t)$。一般地，对于第 m 次残余信号 $x_m(t)$，可以得到展开系数

$$a_m = \langle x_m(t), \psi_m(t) \rangle = \max_{\psi_n} |\langle x_m(t), \psi_n(t) \rangle| \tag{14-8}$$

和第 $m+1$ 次残余信号 $x_{m+1}(t)$

$$x_{m+1}(t) = x_m(t) - a_m\psi_m(t) \tag{14-9}$$

由于 $x_{m+1}(t)$ 是 $x_m(t)$ 在 $\psi_m(t)$ 上投影后的残余信号，故 $x_{m+1}(t)$ 与 $\psi_m(t)$ 正交，考虑到式（14-2），可得残余信号能量为

$$\|x_{m+1}(t)\|^2 = \|x_m(t)\|^2 - |a_m|^2 \tag{14-10}$$

由式（14-5）和式（14-7），可得信号 $x(t)$ 的第 m 次近似展开式

$$x(t) = \sum_{n=0}^{m} a_n\psi_n(t) + x_{m+1}(t) \tag{14-11}$$

匹配追踪信号展开的关键在于找出一系列基元函数 ψ_n，这些基元函数 ψ_n 通过逐次分解得到。在每一步分解过程中，都寻找与残余信号最为相似的基元函数。表 14-1 列出了将信号分解到第 m 步的运算过程。应该指出的是，随着上述分解过程的进行，即 m 的不断增大，残余信号 $x_m(t)$ 逐渐减小，直至消失。令 θ_m 为 $x_{m+1}(t)$ 与 $\psi_m(t)$ 之间的向量夹角，于是有

$$\cos\theta_m = \frac{a_m}{\|x_m(t)\|} \tag{14-12}$$

表 14-1　信号分解到第 m 步的运算过程

残余信号	投影（展开系数）	残余信号的能量
$x_0(t) = x(t)$	$a_0 = \langle x_0(t), \psi_0(t) \rangle$	$\|x_0(t)\|^2$
$x_1(t) = x_0(t) - a_0\psi_0(t)$	$a_1 = \langle x_1(t), \psi_1(t) \rangle$	$\|x_1(t)\|^2 = \|x_0(t)\|^2 - |a_0|^2$
...	...	...
$x_m(t) = x_{m-1}(t) - a_{m-1}\psi_{m-1}(t)$	$a_m = \langle x_m(t), \psi_m(t) \rangle$	$\|x_{m+1}(t)\|^2 = \|x_m(t)\|^2 - |a_m|^2$
...	...	...

将式（14-12）代入式（14-10）得

$$\|x_{m+1}(t)\|^2 = \|x_m(t)\|^2 (\sin\theta_m)^2 \tag{14-13}$$

式（14-13）为一递推公式，不断递推下去，有

$$\|x_{m+1}(t)\|^2 = \|x_0(t)\|^2 \prod_{i=0}^{m} (\sin\theta_i)^2 \leqslant \|x_0(t)\| (\sin\theta_{max})^{2m} \tag{14-14}$$

式中（14-14）

$$|\sin\theta_{max}| = \max_{\theta_m} |\sin\theta_m| \tag{14-15}$$

不妨假设对于每一步分解总能找到最优的 $\psi_m(t)$，它与 $x_m(t)$ 不是垂直的，即对于任意的 m 总有

$$|\sin\theta_m| < 1 \tag{14-16}$$

于是

$$|\sin\theta_{max}| < 1 \tag{14-17}$$

因此，当 m 趋于无穷大时，式（14-11）的右边项 $x_{m+1}(t)$ 将趋于 0。也就是说，残余信号的能量按指数衰减，且收敛于 0。

14.1.3　匹配追踪时频表示与分布

匹配追踪信号展开的一个重要用途是进行信号的时频分析。为了能更好地刻画信号的非平稳时变特性，正确地选取基元函数，使之同时在时域和频域都具很好的局部特性是非常重要的。高斯型函数在时域和频域都是局部化的，因而在时域和频域能够同时保持优良的局部特性，所以选取高斯型函数作为自适应展开的基元函数对于信号的时频表示是十分理想的。

高斯型基元函数由下式给出

$$\psi_n(t) = (\alpha_n/\pi)^{1/4} \mathrm{e}^{-\alpha_n(t-\tau_n)^2/2} \mathrm{e}^{j\omega_n t} \tag{14-18}$$

式（14-18）中，(τ_n, ω_n) 是基元函数的时频中心，a_n^{-1} 为高斯函数的方差。在自适应分解过程中，参数 τ_n, ω_n, a_n 自适应的调节以使得基元函数与信号相匹配。调节参数 τ_n 和 ω_n，将改变基元函数的时频中心；调节 a_n 可增强或减弱基元函数的时频局部化的程度。因此，调节这些参数能更好地使基元函数与信号的波形特征相匹配，从而能更完美的刻画信号的局部时频特征。

将式（14-18）代入式（14-1），得到

$$x(t) = \sum_{x=0}^{\infty} a_n \psi_n(t) = \sum_{n=0}^{\infty} a_n (\alpha_n / \pi)^{1/4} e^{-a_n(t-\tau_n)^2/2} e^{j\omega_n t} \qquad (14\text{-}19)$$

式（14-19）称为基于 Gabor 字典的匹配追踪时频展开或自适应 Gabor 表示，它实质上是将信号 $x(t)$ 表示为具有时频域局部化特征的基元函数的线性组合，每一项都是时频平面上的一个结构十分简单的微小元素。这些微小元素各自有简单的时频分布，对高斯型基元函数式（14-19）计算 Winger-Ville 分布，有

$$WVD_{\psi_n}(t, \omega) = 2e^{-\{a_n(t-\tau_n)^2 + (\omega - \omega_n)^2/a_n\}} \qquad (14\text{-}20)$$

将各个基元函数的 Wigner-Ville 分布组合起来，可以得到一个新的时频分布

$$E_x = \sum_{n=0}^{\infty} |a_n|^2 WVD_{\psi_n}(t, \omega) = 2\sum_{n=0}^{\infty} |a_n|^2 e^{-\{a_n(t-\tau_n)^2 + (\omega - \omega_n)^2/a_n\}} \qquad (14\text{-}21)$$

由式（14-21）表示的时频分布是在时频平面上由众多微小的具有优良时频局部化的元素的 Winger-Ville 分布组合而成，显然没有交叉干扰项，同时又基本保持了 Winger-Ville 分布的有用特性。

14.1.4　匹配追踪法的故障实例分析

14.1.2 节介绍的信号自适应展开是一种通用的自适应算法，对基元函数的要求非常宽，通常几乎任意函数都可以作为基元函数。可以灵活的选取具有一定物理意义的基元函数将信号展开，由于展开项描述了基元函数与信号的相似性，这一过程实质上是将信号中与选取的基元函数有相似特征的信息提取出来。因此，针对发动机振动信号，选取了14.1.3 节中式（14-18）高斯型函数为基元函数，由实验结果可知，其对信号的特征提取能获得相当满意的效果。应用 14.1.2 节的自适应算法求解式（14-19）即可将信号中包含的冲击响应成分一步一步提取出来。对于每步分解所得的 $x_m(t)$，都有一组特征参数与其相对应，这些参数由高斯基元函数确定，即由式（14-18）确定。

仍以第 6 缸进气门落座冲击为例，图 14-3 所示为进气门正常时一个周期的时域图。

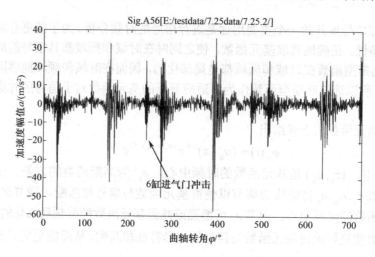

图 14-3　进气门正常时域波形

按照上面介绍的匹配追踪算法，对图 14-3 中 6 缸进气门冲击位置的信号进行分解，分解前 5 步所得到的参数见表 14-2。其中 f，τ_n 和 a_n 分别由式（14-18）求得。

表 14-2　进气门正常状态下提取的特征参数

序号	冲击起始时 t/s	冲击发生时刻曲轴转角/度	冲击频率 f/Hz	冲击持续时间 τ_n/MS	冲击程度 a_n/ m/s^2
1	11.6541	235.8	2803.4	0.358	66.083
2	11.6560	244.7	4677.5	5.851	33.644
3	11.6558	243.8	2777.6	5.872	30.118
4	11.6561	245.2	4229.8	6.665	27.510
5	11.6563	246.1	2682.6	8.333	29.817

由式（14-21）得到分解所得的信号的时频分布如图 14-4 所示。

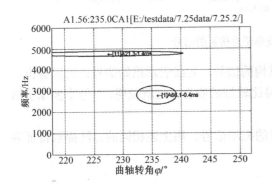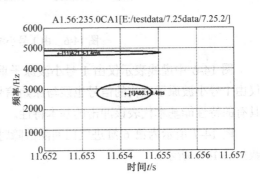

图 14-4　正常情况下分解所得的信号的时频分布

在图 14-4 中只表示出冲击持续时间小于 1.5ms 且冲击强度大于 20 m/s^2 的信号的时频分布。由图 14-4 及表 14-1 中可以看到，图 14-4 中 1 号冲击的强度最大，冲击转角发生位置，以及冲击频带范围都符合进气门落座冲击的特征，与短时傅里叶变换吻合，即进气门落座冲击的发生频带在 2000～3000Hz，曲轴转角是以第 1 缸压缩上止点后的 230° 附近。

由分解后得到的各个小波原子重构信号如图 14-5 所示。

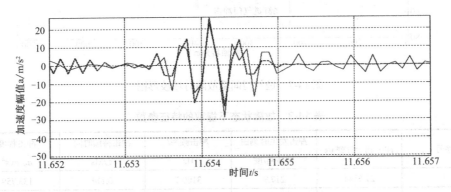

图 14-5　由全部小波原子重构后的信号

图 14-5 中虚线表示为重构后的信号，实线表示的为原始信号，可以看到，重构信号与原始信号基本吻合，分解后的小波原子，可以很好的重构信号。

图 14-6 所示为仅使用 1 号小波原子进行重构的信号。

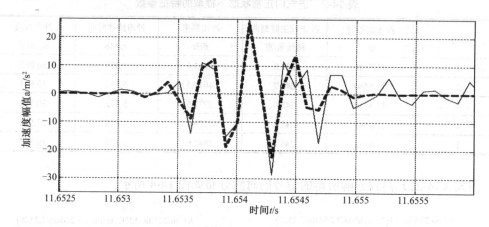

图 14-6 由 1 号小波原子重构后的信号

图 14-6 中虚线表示仅由 1 号小波原子重构的信号，实线表示原始信号，可以看出，仅由 1 号小波原子重构的信号也能与原始信号比较好的吻合，这就说明，1 号小波原子所具有的特性能基本代表该冲击的基本特性。

图 14-7 所示为第 6 缸进气门间隙故障时的振动信号。用上述相同的方法提取特征参数如表 14-3 所示。

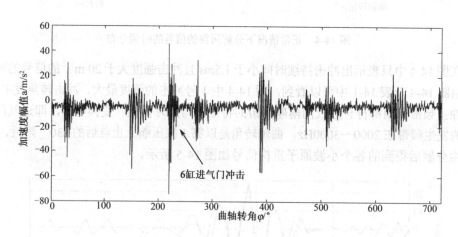

图 14-7 进气门间隙故障时域波形图

表 14-3 故障状态下提取的特征参数

序号	冲击起始时刻 t/s	冲击发生时刻曲轴转角/度	冲击频率/Hz	冲击持续时间 τ_n/Ms	冲击程度 a_n/ m/s²
1	21.5144	217.9	3109.7	0.114	133.759
2	21.5150	221.3	3026.7	0.279	88.492

续表

序号	冲击起始时刻 t/s	冲击发生时刻曲轴转角/度	冲击频率/Hz	冲击持续时间 τ_n/Ms	冲击程度 a_n/ m/s²
3	21.5146	218.9	4805.7	1.388	58.229
4	21.5120	206.3	1036.2	8.333	38.164
5	21.5147	219.9	3457.1	2.298	39.205
...	...	...	...	...	...

分解所得到的信号的时频分布如图 14-8 所示。

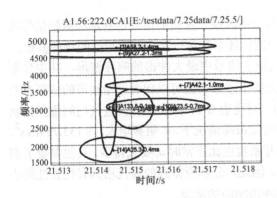 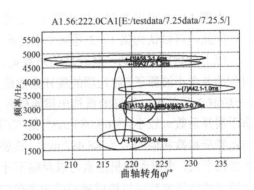

图 14-8　进气门间隙故障情况下分解所得的信号的时频分布

由图 14-8 所示，当发生进气门落座冲击故障时，其冲击振动比正常进气门冲击振动复杂得多，在低频与高频处都出现了一定程度的冲击。利用这些小波原子进行重构信号，如图 14-9 所示。可以看出，重构信号可以很好地与原始信号相吻合。由表 14-3 可以看到，进气门间隙故障时的信号分解得到第 1 号，第 2 号小波原子的频率，冲击响应时间和曲轴转角范围和正常时的第 1 号小波原子接近，由第 1、2 号小波原子重构的信号如图 14-10 所示。

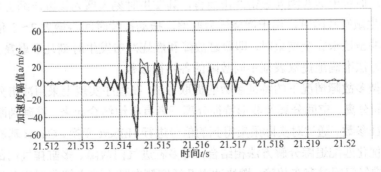

图 14-9　故障情况由各小波原子重构后的信号

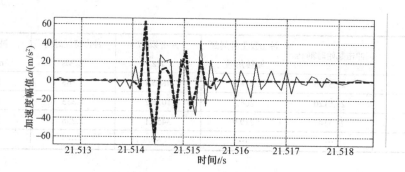

图 14-10　故障情况由 1、2 号小波原子重构后的信号

由图 14-10 可以看到，仅由第 1、2 号两个小波原子重构的信号也基本和原始信号吻合，因此，可以认为第 1、2 号两个小波原子的特征参数可以代表此次冲击的特征参数。

综上分析可以得到，展开后的系数 a_n 表征了信号中最大冲击的响应波形，其中分解得到的各个小波原子，前几项的展开系数最大的小波原子就可以代表原始波形的特征参数（一般前 3 号就可以很好的重构出原始信号）。对比表 3-11 和表 3-12，进气门间隙正常状态下展开系数 a_1 较小，为 $66.083\ m/s^2$；进气门间隙故障情况下，a_1 明显增大，为 $133.759 m/s^2$；与 a_1 特征参数相似的 a_2 为 $88.492\ m/s^2$，其展开系数也比正常时 a_1 要大得多。其他参数 f_1 和 τ_1 变化不大，考虑到随机因素可以忽略不计。因此，分解所得到的前几项具有代表性的小波原子的特征参数可以敏感地反映出进气门冲击响应的故障。

14.2　匹配追踪法的多故障综合诊断

由于柴油机工作状况的复杂性，多种故障同时发生在所难免，而目前对多故障的诊断问题还未得到很好的解决。如当排气门发生落座冲击时，正好与其对位缸的燃烧冲击发生时刻相重叠；而对于活塞侧向敲击冲击而言，其发生时刻大概为该缸压缩上止点后约 $0\sim40°CA$。发生敲缸故障时，由于燃烧压力剧增，振动持续时间将增大 $2\sim3$ 倍，且发生时刻是在燃烧冲击还未完全结束时，即敲缸故障和燃烧冲击发生时刻几乎重叠。因此，需要采取有效的方法准确地提取表征不同故障的各特征参数。

采用典型多故障情况下的特征参数的提取方法，在程序实现上采用冲击分析的统一算法，即将时间分离、空间分离及波形特征分离三者有机地结合起来，准确判断故障发生部位并提取特征参数。通过对实际采集得到的信号进行 Hilbert 变换、Gauss 基波相关滤波法及信号的最优化匹配追踪分解方法相结合，对多缸进气门故障、多缸排气门故障、多缸进气门，以及排气门同时存在故障、燃烧冲击及活塞侧向敲击冲击等典型的多故障进行诊断研究。

14.2.1　多故障综合诊断的统一算法

采用冲击分析的统一算法。准确地说，是稳定的分缸冲击的统一分析方法。 基本思想是将空间分离、时间分离（相位分离）、波形特征分离的三者信息特征相结合。

（1）根据冲击相位判断冲击性质属于传统方法。根据发动机工作原理，进气门发生落座冲击时刻大约发生在本缸压缩上止点之前 140°左右，并且该冲击发生时刻不伴随有其他类型的冲击，因此可以通过冲击相位判断进气门故障。

（2）空间分离是通过分析由合理布置的传感器组的信号阵列，分辨冲击发生位置和所在缸号，且假定相应大小与传递路径远近具有简单的关系，假定存在一定范围内的响应模式。整理多个传感器的结果就可以构成特征响应模式向量，根据实测信号与模式向量顺次匹配程度实现判定冲击故障发生位置或缸号。

（3）波形特征分离是用中心频率和时间常数（衰减快慢），基于高斯基波相关滤波的分离。需要权衡的是采用优化匹配还是固定基波匹配，优化匹配比较慢，且效果不一定明显。所以，采用判断的快速算法，即固定基波匹配方法，通过信号的最优化匹配追踪分解方法提取有效的特征参数。

14.2.2　信号最优化匹配追踪分解算法

信号分解是特征提取的主要手段之一。最常用的信号分解技术是应用具有特定性质的基元（Elementary）函数并根据一定的数学规则将信号展开。例如，用 Fourier 基和小波基将信号展开，实现以 Fourier 和小波函数为特征的信号分解。20 世纪 90 年代初，小波研究领域的著名专家 Mallat 和 Qian 等分别各自独立地基于投影追踪（Projection Pursuit）算法提出了一种逐步递推自适应方法，称为匹配追踪算法，它能够自适应地将信号按基元函数一步一步地分解，从而达到对信号的展开。分解算法对信号没有特殊的要求，几乎任何函数都可以作为基元函数，因而为其应用提供了极大的灵活性。

匹配追踪分解必须在连续的参数空间进行，与优化方法相结合，才能充分地发挥其效力。优化方法有助于得到简洁较优的分解，表达系统的特征更简明、清晰。

综合以上的匹配追踪原理算法，由统一程序评估多种故障的程序流程如图 14-11 所示。

通过统一的程序来实现对不同故障的诊断，在实际的算法中，各输出评估参数的意义如下。

（1）aMnVar：由输入信号求得时域内若干个循环的落座冲击区段信号有效值的均值。

（2）aStdVar：由输入信号求得时域内若干个循环的落座冲击区段信号有效值的标准差。

（3）aLCyImpactRatio：邻近测点冲击信号与最大相应测点的对应值的比值。

（4）aDecompKa：邻近测点落座区段时域信号与单位特征基波原子的内积对个循环取平均值。

（5）aCompAnOrg：冲击中心曲轴转角，从假定的第 1 缸真实压缩上止点算起。

（6）aLCyKaRatio：缸落座冲击指标与各通道与单位特征基波原子的内积最大值的比值。

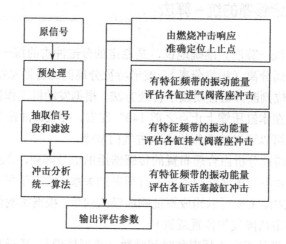

图 14-11　统一评估程序原理图

14.3　多故障实例分析

在利用基波相关滤波法评估结构振动冲击时，通过对信号的时频分析及匹配追踪分解算法对不同故障采取相同的评估算法提取特征参数。

从实测信号看，可根据冲击在时间轴上是否均匀重复（每个工作循环皆发生），以及冲击源空间位置是否稳定来对冲击进行分类。最简单的就是各循环都在特定区域稳定地发生的冲击，这就已经包括了常见的重要冲击，如燃烧冲击、气门落座冲击及活塞侧向敲击等。

对于这种最简情形，利用分频和分相（区分曲轴角度）相结合的方法可有效地判定故障类型。通过滤波和基波相关滤波实现分频，通过参照 TDC 划分工作循环检查特定曲轴转角区域实现分相，以及通过综合缸盖各测点响应实现对冲击源的空间定位。

14.3.1　多缸进气门间隙故障

某型柴油机正常运行工况下的进气门间隙为 0.3mm，在实验过程中将 1#缸、2#缸、6#缸的进气门间隙分别调到 0.4mm。该工况下选取的分析信号段的曲轴平均转速如图 14-12 所示。

对所选信号段进行 Hilbert 变换之后的波形，如图 14-13 所示。

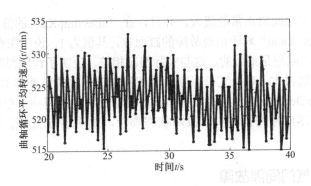

图 14-12　曲轴循环平均转速图

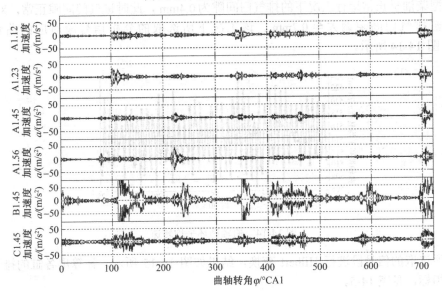

图 14-13　将原始信号进行 Hilbert 变换的波形

通过提取 1#、2#、6#缸同时存在落座冲击时的各个特征参数，计算结果见表 14-4。

表 14-4　1#缸、2#缸、6#缸进气阀间隙异常时的特征参数

IVI 评估参数	缸号					
	1	2	3	4	5	6
aMnVar	2.4441	2.2613	1.1521	1.1254	1.1992	2.3009
aStdVar	1.0725	0.9326	0.4531	0.4309	0.5635	0.6185
aLCyImpactRatio	1	0.3207	0.4868	0.1838	0.3043	0.6221
aDecompKa	16.4251	18.6631	3.0209	5.2135	4.0174	17.2181
aCompAnOrg	575.02	344.33	90.55	451.38	700.85	221.56
aLCyKaRatio	1	1	0.6357	0.3530	0.3828	1

在表 14-4 中，"aDecompKa"为主要评估参数，可简称为进气门落座冲击指标。在同一工况下，对于进气门间隙正常和异常的缸，该值会显现出很大的差别。间隙调大时，其

落座冲击指标值明显比间隙正常的值大。并且，在"aDecompKa"的值较之正常值大的情况下，参数"aLCyKaRatio"对于出现故障的缸而言，其值为1，说明在实际测得的信号中，与其相邻测点的冲击响应是最大的，这与实际情况相符，证明了程序判断识别的准确性。

通过大量的实验样本，对进气门间隙正常和间隙调大时的多个样本进行分析计算，得出落座冲击指标"aDecompKa"的上限值，该故障情况下的落座冲击指标值均超出许用上限，证明确实存在落座冲击，与实际故障状态吻合，说明该方法对于诊断进气门间隙异常具有实用性。

14.3.2 多缸排气门间隙故障

某型柴油机正常运行工况下的排气门间隙为0.4mm，此时进气门间隙正常，对 1#、2#、6#缸排气门间隙调大至0.7mm。该工况下所选取的分析信号段对应的曲轴平均转速如图 14-14 所示。

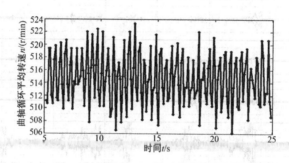

图 14-14　曲轴循环平均转速

对所选取的信号段进行 Hilbert 变换，结果如图 14-15 所示。计算出各缸的排气门落座冲击指标，见表 14-5。

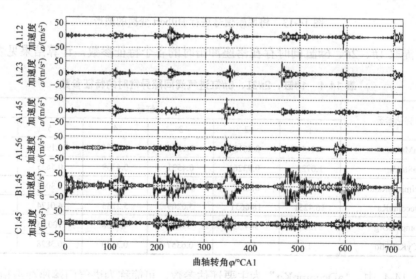

图 14-15　原信号进行 Hilbert 变换之后的波形图

表 14-5　1#缸、2#缸、6#缸排气门间隙异常时的评估参数

OVI 评估参数	缸号					
	1	2	3	4	5	6
aMnVar	5.5034	5.1678	2.1122	1.4867	1.2006	3.5604
aStdVar	0.2967	0.6644	0.4254	0.4019	0.2781	1.0663
aLCyImpactRatio	1	1	0.9158	0.1937	0.2391	0.9885
aDecompKa	42.7571	38.3723	13.8672	10.3224	9.2962	45.1351
aCompAnOrg	373.92	134.39	624.37	259.07	510.73	16.94
aLCyKaRatio	1	1	0.8863	0.5226	0.6531	1

从表 14-5 中的指标分析可以看出，对排气门落座冲击指标"aDecompKa"的值，在排气门间隙正常时（如 3#、4#、5#缸）的评估参数"aDecompKa"在 10 左右；当排气门间隙增大时（如 1#、2#、6#缸），其评估参数指标"aDecompKa"明显增大，是间隙正常时的几倍。且对于存在间隙异常故障的缸，参数"aLCyKaRatio"的值均为 1，这与实际状态相符。另一方面，对冲击相位而言，排气门间隙异常时落座冲击对应的曲轴转角也与实际的相吻合。通过诊断评估实验证明，该方法对多故障的诊断准确、实用性很强，也显示出对于识别多排气门落座冲击故障的有效性。

14.3.3　多缸进气门、排气门间隙故障的诊断

考察故障诊断方法的稳定性与可靠性，以及对多故障综合诊断的正确性。设置进、排气门间隙同时调大。对 1#缸、2#缸、6#缸 d 的进气门间隙调至 0.5mm；1#缸、2#缸、6#缸排气门间隙调至 0.6mm。该工况下所选分析信号段对应的曲轴平均转速如图 14-16 所示；该信号段进行 Hilbert 变换，计算结果如图 14-17 所示。

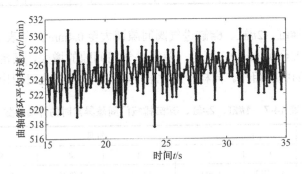

图 14-16　曲轴循环平均转速

通过计算得到进气门及排气门落座冲击特征参数分别见表 14-6 及表 14-7。由表 14-6 及表 14-7 中可以看出，对于多缸进气门和排气门故障同时存在的情况下，该诊断方法仍能有效地提取表征不同故障的特征参数。

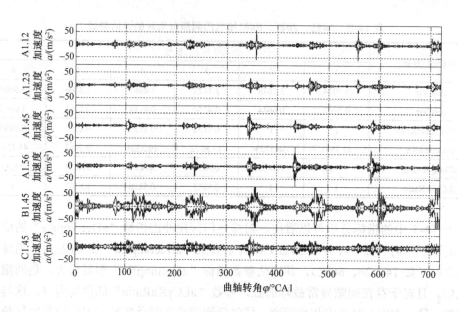

图 14-17 信号对应的 Hilbert 变换

表 14-6 1#缸、2#缸、6#缸进气门间隙异常时的评估参数

IVI 评估参数	缸号					
	1	2	3	4	5	6
aMnVar	1.6102	3.8837	1.9927	0.6058	1.0409	5.3993
aStdVar	0.1867	0.2988	0.9546	0.1983	0.5395	0.7587
aLCyImpactRatio	1	1	0.8760	0.4404	1	1
aDecompKa	32.0271	36.3993	4.1425	2.4722	2.9049	40.2915
aCompAnOrg	574.55	337.06	100.93	452.25	695.49	214.46
aLCyKaRatio	1	1	0.6766	0.6874	0.3090	1

比较表 14-4（1#缸、2#缸、6#缸进气阀间隙调大至 0.4mm）与表 14-7（1#缸、2#缸、6#缸进气阀间隙调大至 0.5mm），可见，随着进气门间隙的增大，其落座冲击指标值也随之增大，这与实际的状态相符。同样，对比表 14-5 及表 14-7 也可得出相同结论。

表 14-7 1#缸、2#缸、6#缸排气门间隙异常时的评估参数

OVI 评估参数	缸号					
	1	2	3	4	5	6
aMnVar	4.33717	4.0902	1.8121	1.8813	1.4941	3.5875
aStdVar	0.3231	0.5330	0.2492	0.6339	0.3797	0.7201
aLCyImpactRatiooo	1	1	0.8352	0.2026	0.4381	1
aDecompKa	36.118	30.9294	11.9523	9.3301	10.3193	39.7046
aCompAnOrg	377.35	136.89	623.06	257.52	510.11	17.91
aLCyKaRatio	1	1	0.8045	0.5783	0.7713	1

14.3.4　燃烧冲击及活塞敲缸冲击故障诊断

由柴油机工作原理可知,若存在活塞敲缸冲击,则其冲击响应与燃烧冲击混叠在一起。该工况下所选信号段对应的曲轴平均转速如图 14-18 所示。将所选信号段进行 Hilbert 变换的波形如图 14-19 所示。通过统一程序提取表征此两种故障的特征参数分别见表 14-8 和表 14-9。

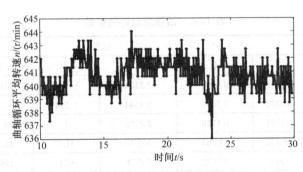

图 14-18　曲轴循环平均转速

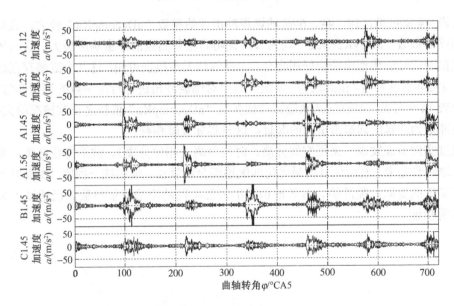

图 14-19　信号的 Hilbert 变换图

表 14-8　燃烧冲击特征参数

CI 评估参数	缸号					
	1	2	3	4	5	6
aMnVar	10.5541	3.5495	7.2642	13.3422	9.7415	12.7892
aStdVar	0.5508	0.2107	0.4841	0.4473	0.5617	0.8734
aLCyImpactRatio	1	0.329	0.9666	1	1	1

续表

CI 评估参数	缸号					
	1	2	3	4	5	6
aDecompKa	114.353	32.112	70.355	118.656	60.2794	147.4603
aCompAnOrg	8.91	488.4	248.44	607.75	128.94	369.67
aLCyKaRatio	1	0.563	0.8762	1	0.7395	1

表 14-9　活塞敲缸评估参数

敲缸评估参数	缸号					
	1	2	3	4	5	6
aMnVar	4.8365	4.4996	7.3124	13.327	5.0073	3.6549
aStdVar	0.6242	0.5889	0.4544	1.294	2.3239	0.8147
aLCyImpactRatio	0.2181	0.1728	0.2108	1	0.6704	0.4720
aDecompKa	41.808	33.264	362.65	131.07	46.853	43.7320
aCompAnOrg	10.60	499.87	265.26	623	128.34	372.06
aLCyKaRatio	0.7888	0.9412	0.8803	1	1	1

由表 14-8 可见，1#、4#、6#缸的燃烧冲击评估参数"aDecompKa"较大，且对应这几缸的评估参数"aLCyKaRatio"均为 1，说明其相邻测点的冲击响应最大，这与燃烧冲击响应振动信号的传递路径恰好相吻合。由评估结果参数表可知，这几个缸都存在燃烧冲击，这与实际情况相符。由此表明，该统一程序对燃烧冲击进行特征参数的识别非常有效。

由表 14-9 可见，4#缸的活塞敲缸评估参数"aDecompKa"值较之正常情况的大很多，说明该冲击为活塞侧向敲击引起的敲缸，这与实际故障相符。

通过实例验证发现，采用空间分离、时间分离（相位分离）、波形特征分离，并将三者有机地结合起来，利用信号的最优化匹配追踪分解算法，编制统一程序，实现对不同故障特征参数的提取。能准确、有效地识别出表征不同故障的特征参数。已通过大量的实验样本所验证。

第 15 章

发动机多故障综合诊断方法

第 14 章讨论了一些单一冲击，即单一故障特征量提取出的信号处理方法，并做了比较。由于发动机运动的复杂性，很多时候，出现的不仅是一个故障，而是多种、不同类型的故障现象，这就需要有效的故障特性提取方法，实现对发动机的多故障的诊断识别及其故障冲击类型的分类。

15.1 马氏距离方法对冲击类型的识别

15.1.1 马氏距离的定义

设 X_i, X_j 是 p 维向量，是总体样本 $X_{p\times1}$ 中抽取的样本，其协差阵 $\sum > []$，且总体样本的均值为 $E(X) = \mu$，则称

$$MD(X_i, X_j) = [(X_i - X_j)' \sum{}^{-1} (X_i - X_j)]^{1/2}$$

为 p 维样本空间上点 X_i 与 X_j 之间的广义距离，又称为马氏距离。

样本点 X_i 与总体样本 X 的马氏距离定义为 X_i 与总体 X 的均值 $E(X)$ 的马氏距离，即

$$MD(X_i, X) = [(X_i - \mu)' \sum{}^{-1} (X_i - \mu)]^{1/2}$$

15.1.2 多类马氏距离判别

假设将研究对象划分为 K 类正态总体

$$G_1, G_2, \cdots, G_k$$

其均值和协方差阵分别记为

$$\mu_{(i)} \in R^p, \quad \sum_{(i)} > [], \quad i = 1, 2, \cdots, K$$

今给出一新样品 X^0，欲判断其属于哪一类，分为如下两类情况。

（1）$\mu_{(i)}$、$\sum_{(i)}$ 均已知，X^0 到总体 G_i 的马氏距离为

$$MD^2(X^0, G_i) = (X^0 - \mu_{(i)})' \sum_{(i)}^{-1} (X^0 - \mu_{(i)}), \quad i = 1, 2, \cdots, K$$

按照距离判别中的"最邻近准则"（与哪一类最近就判别归哪一类），只需计算并比较各距离，从中找出最小者。

若设

$$MD^2(X^0, G_j) = \min_{1 \le i \le K} MD^2(X^0, G_i)$$

则判 X^0。

特别地，若 $\sum_1 = \sum_2 = \cdots = \sum_k = \sum$ 则

$$MD^2(X^0, G_i) = (X^0 - \mu_{(i)})' \sum^{-1} (X^0 - \mu_{(i)})$$

（2）$\mu_{(i)}$、$\sum_{(i)}$ 均未知，首先应在各类中抽取若干历史（训练）样本

$$X_1^{(i)}, X_2^{(i)}, \cdots, X_{n_i}^{(i)}, \quad i = 1, 2, \cdots, K$$

然后分别计算样本均值向量

$$\overline{X}^{(i)} = \frac{1}{n} \sum_{j=1}^{n_i} X_j^{(i)} \tag{15-1}$$

样本离差阵

$$L_{(i)} = \sum_{j=1}^{n_i} (X_j^{(i)} - \overline{X}^{(i)})(X_j^{(i)} - \overline{X}^{(i)})' \tag{15-2}$$

以及样本协方差阵

$$S_{(i)} = \frac{1}{n_i - 1} L_{(i)}, \quad i = 1, 2, \cdots, K \tag{15-3}$$

分别作为 $\overline{X}^{(i)}, S_{(i)}$ 分别替换 $\mu_{(i)}, \sum_{(i)}$，再计算 X^0 到各总体的马氏距离（估计值）

$$MD^2(X^0, G_i) = (X^0 - \overline{X}^{(i)})' S_{(i)}^{-1} (X^0 - \overline{X}^{(i)}) \tag{15-4}$$

15.1.3 实例分析

将 12.3.3 节中表 12-4、表 12-5、表 12-6 中的数据（周期 $n=20$）作为三个总体数据进行训练。取 $K=3$，即三种冲击类型；则 $i=1$，2，3；这三种冲击类型分别为进气门落座冲击，排气门落座冲击和爆燃冲击。由 STFT 获取的能量特征向量为 9 维向量，即 $p=9$，其特征向量数据见表 15-1。

由表 12-4 和式（15-1）、式（15-2）、式（15-3）分别得进气门冲击的样本均值向量 $\overline{X}^{(1)}$：

$\overline{X}^{(1)}$ =[0.035052, 0.026369, 0.033447, 0.12823, 0.4014, 0.19574, 0.052946, 0.063142, 0.063677]进气门冲击的样本协方差阵 $S_{(1)}^{-1}$：

$S_{(1)}^{-1} =$

$$
\begin{bmatrix}
7.8947e+008 & 7.8969e+008 & 7.893e+008 & 7.8956e+008 & 7.8947e+008 & 7.8951e+008 & 7.895e+008 & 7.8947e+008 & 7.8951e+008 \\
7.8969e+008 & 7.8992e+008 & 7.8953e+008 & 7.8978e+008 & 7.897e+008 & 7.8974e+008 & 7.8973e+008 & 7.897e+008 & 7.8973e+008 \\
7.893e+008 & 7.8953e+008 & 7.8914e+008 & 7.8939e+008 & 7.8931e+008 & 7.8935e+008 & 7.8934e+008 & 7.8931e+008 & 7.8934e+008 \\
7.8956e+008 & 7.8978e+008 & 7.8939e+008 & 7.8965e+008 & 7.8956e+008 & 7.896e+008 & 7.8959e+008 & 7.8956e+008 & 7.896e+008 \\
7.8947e+008 & 7.897e+008 & 7.8931e+008 & 7.8956e+008 & 7.8948e+008 & 7.8952e+008 & 7.8951e+008 & 7.8948e+008 & 7.8951e+008 \\
7.8951e+008 & 7.8974e+008 & 7.8935e+008 & 7.896e+008 & 7.8952e+008 & 7.8956e+008 & 7.8955e+008 & 7.8952e+008 & 7.8955e+008 \\
7.895e+008 & 7.8973e+008 & 7.8934e+008 & 7.8959e+008 & 7.8951e+008 & 7.8955e+008 & 7.8954e+008 & 7.8951e+008 & 7.8954e+008 \\
7.8947e+008 & 7.897e+008 & 7.8931e+008 & 7.8956e+008 & 7.8948e+008 & 7.8952e+008 & 7.8951e+008 & 7.8948e+008 & 7.8951e+008 \\
7.8951e+008 & 7.8973e+008 & 7.8934e+008 & 7.896e+008 & 7.8951e+008 & 7.8955e+008 & 7.8954e+008 & 7.8951e+008 & 7.8955e+008
\end{bmatrix}
$$

排气门冲击的样本均值向量 $\overline{X}^{(2)}$：

$\overline{X}^{(2)} =[0.0667, 0.04963, 0.037378, 0.10097, 0.27644, 0.16533, 0.047453, 0.088521, 0.16758]$

排气门冲击的样本协方差阵 $S_{(2)}^{-1}$：

$S_{(2)}^{-1} =$

$$
\begin{bmatrix}
7.9249e+008 & 7.9211e+008 & 7.9224e+008 & 7.9234e+008 & 7.9232e+008 & 7.9232e+008 & 7.9227e+008 & 7.9226e+008 & 7.923e+008 \\
7.9211e+008 & 7.9172e+008 & 7.9186e+008 & 7.9195e+008 & 7.9193e+008 & 7.9194e+008 & 7.9189e+008 & 7.9187e+008 & 7.9191e+008 \\
7.9224e+008 & 7.9186e+008 & 7.92e+008 & 7.9209e+008 & 7.9207e+008 & 7.9207e+008 & 7.9202e+008 & 7.9201e+008 & 7.9205e+008 \\
7.9234e+008 & 7.9195e+008 & 7.9209e+008 & 7.9218e+008 & 7.9216e+008 & 7.9217e+008 & 7.9212e+008 & 7.921e+008 & 7.9214e+008 \\
7.9232e+008 & 7.9193e+008 & 7.9207e+008 & 7.9216e+008 & 7.9214e+008 & 7.9215e+008 & 7.921e+008 & 7.9208e+008 & 7.9212e+008 \\
7.9232e+008 & 7.9194e+008 & 7.9207e+008 & 7.9217e+008 & 7.9215e+008 & 7.9215e+008 & 7.921e+008 & 7.9209e+008 & 7.9213e+008 \\
7.9227e+008 & 7.9189e+008 & 7.9202e+008 & 7.9212e+008 & 7.921e+008 & 7.921e+008 & 7.9206e+008 & 7.9204e+008 & 7.9208e+008 \\
7.9226e+008 & 7.9187e+008 & 7.9201e+008 & 7.921e+008 & 7.9208e+008 & 7.9209e+008 & 7.9204e+008 & 7.9202e+008 & 7.9206e+008 \\
7.923e+008 & 7.9191e+008 & 7.9205e+008 & 7.9214e+008 & 7.9212e+008 & 7.9213e+008 & 7.9208e+008 & 7.9206e+008 & 7.9211e+008
\end{bmatrix}
$$

爆燃冲击的样本均值向量 $\overline{X}^{(3)}$：

$\overline{X}^{(3)} =[0.090345, 0.62248, 0.23316, 0.0044559, 0.0087633, 0.010113, 0.0071636, 0.011417,$ $0.012105]$

爆燃冲击的样本协方差阵 $S_{(3)}^{-1}$：

$S_{(3)}^{-1} =$

$$
\begin{bmatrix}
2.1393e+009 & 2.1397e+009 & 2.1398e+009 & 2.1381e+009 & 2.1395e+009 & 2.1409e+009 & 2.1392e+009 & 2.139e+009 & 2.1396e+009 \\
2.1397e+009 & 2.14e+009 & 2.1402e+009 & 2.1385e+009 & 2.1399e+009 & 2.1412e+009 & 2.1395e+009 & 2.1394e+009 & 2.1399e+009 \\
2.1398e+009 & 2.1402e+009 & 2.1403e+009 & 2.1386e+009 & 2.14e+009 & 2.1414e+009 & 2.1397e+009 & 2.1396e+009 & 2.1401e+009 \\
2.1381e+009 & 2.1385e+009 & 2.1386e+009 & 2.137e+009 & 2.1383e+009 & 2.1397e+009 & 2.138e+009 & 2.1379e+009 & 2.1384e+009 \\
2.1395e+009 & 2.1399e+009 & 2.14e+009 & 2.1383e+009 & 2.1398e+009 & 2.1411e+009 & 2.1394e+009 & 2.1393e+009 & 2.1398e+009 \\
2.1409e+009 & 2.1412e+009 & 2.1414e+009 & 2.1397e+009 & 2.1411e+009 & 2.1424e+009 & 2.1407e+009 & 2.1406e+009 & 2.1411e+009 \\
2.1392e+009 & 2.1395e+009 & 2.1397e+009 & 2.138e+009 & 2.1394e+009 & 2.1407e+009 & 2.139e+009 & 2.1389e+009 & 2.1394e+009 \\
2.139e+009 & 2.1394e+009 & 2.1396e+009 & 2.1379e+009 & 2.1393e+009 & 2.1406e+009 & 2.1389e+009 & 2.1388e+009 & 2.1393e+009 \\
2.1396e+009 & 2.1399e+009 & 2.1401e+009 & 2.1384e+009 & 2.1398e+009 & 2.1411e+009 & 2.1394e+009 & 2.1393e+009 & 2.1399e+009
\end{bmatrix}
$$

对三种冲击类型的测试数据，任一给出的样本 X^0，根据式（6-4）计算 X^0 到各总体样本的马氏距离，根据到总体样本距离的最近者，可以判断其属于的冲击类型，见表 15-1。

表 15-1　STFT 变换提取的功率谱特征向量

冲击类型	特征向量数	功率谱特征向量值								
进气门	1	0.090722	0.039345	0.047627	0.15146	0.33584	0.15212	0.05963	0.067709	0.055549
	2	0.036909	0.051395	0.052792	0.11871	0.28448	0.14876	0.095316	0.12639	0.085242
	3	0.045437	0.047624	0.04984	0.13359	0.28856	0.15382	0.094583	0.11373	0.072805
排气门	4	0.14594	0.085166	0.071833	0.11299	0.26212	0.12958	0.065248	0.081115	0.045998
	5	0.15048	0.10187	0.085246	0.10687	0.24826	0.12068	0.072883	0.080092	0.033614
	6	0.12023	0.080055	0.075623	0.10519	0.27206	0.13313	0.076628	0.091855	0.045238
爆燃	7	0.08812	0.64156	0.22137	0.0043558	0.0081646	0.011226	0.0058786	0.005454	0.013869
	8	0.085327	0.6352	0.24389	0.0031706	0.0054855	0.0084389	0.0067177	0.0048252	0.0069431
	9	0.090889	0.63036	0.23161	0.0030169	0.0087164	0.0076361	0.0060011	0.012621	0.0091412

通过计算得到马氏距离的分类结果，见表 15-2。

表 15-2　马氏距离分类结果

测试样本序列	冲击类型		
	进气门冲击	排气门冲击	爆燃冲击
1	0.35038	1.0756	1797
2	0.22631	0.87124	1122.7
3	0.23443	0.67715	1308.9
4	4.0163	0.18815	1104.5
5	4.7171	0.3096	999.32
6	2.8187	0.17231	1025.8
7	219.44	290.5	0.43635
8	193.15	283.35	0.51067
9	198.64	278.64	0.30113

由表 15-2 的分类数据可知，当任一给出的样本 X^0 属于某一类冲击时，X^0 距离该类总体的距离最近。用马氏距离分类法，对冲击类型分成三类，这与实际冲击类型相一致。值得注意的是，由于爆燃冲击与进、排气门冲击的性质不同，分类出的距离差别比较明显；但进、排气门都属于气门落座冲击，冲击性质相似，使这两类样本与总体的马氏距离相接近，在大量样本测试分析中发现，也会有样本出现进气门与排气门冲击故障类型误判的情况。

15.2　BP 神经网络在发动机配气系统故障诊断中的应用

目前，在人工神经网络的实际应用中，绝大部分的神经网络模型采用的是 BP

（Back-propagation Network）网络和它的变化形式，它是向前网络的核心部分，并体现了人工神经网络精华的部分。BP 网络的学习训练过程由两部分组成，即网络输入信号正向传播和误差信号反向传播，按有导师学习方式进行训练。在正向传播中，输入信息从输入层经隐含层逐层计算传向输出层，在输出层的各神经元输出对应输入模式的网络响应，如果输出层得不到期望输出，则误差转入反向传播，按减小期望输出与实际输出的误差原则，从输出层经过中间各层，最后回到输入层，层层修正各个连接权值。随着这种误差逆传播训练不断进行，网络对输入模式响应的正确率也不断提高，如此循环直到误差信号达到允许的范围之内或训练次数达到预先设计的次数为止。

BP 网络主要应用于如下四个方面。

（1）函数逼近：用输入矢量和相应的输出矢量训练一个网络逼近一个函数。

（2）数据压缩：减少输出矢量的维数以便于存储或传输。

（3）模式识别：用一个特定的输出矢量将它与输入矢量联系起来。

（4）分类：把输入矢量以所定义的合适方式进行分类。

15.2.1　神经元模型

神经网络的基本单元称为神经元，它是对生物神经元的简化与模拟。神经元的特征在某种程度上决定了神经网络的总体特性。简单神经元的相互连接即构成了神经网络。

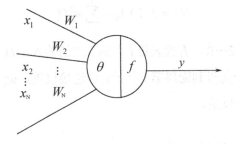

图 15-1　神经元模型

一个典型的具有 N 维输入的神经元模型可以用图 15-1 描述。图 15-1 中，$x_1, x_2, \cdots, x_N$ 代表神经元的输入；$w_1, w_2, \cdots w_N$ 代表网络的权值，表示输入与神经元间的连接强度；f 代表神经元的传递函数或激发函数，它用于对单元计算结果求和的函数计算；θ 代表神经元的阀值；y 代表神经元的输出。神经元模型可以表示为

$$y = f\left(\sum_{i=1}^{N} w_i x_i - \theta\right)$$

15.2.2　三层神经网络的基本结构

神经网络是由大量简单神经元相互连接构成的复杂网络。一个典型的具有 N 维输入、

S 个隐含层单元、R 维输出的三层神经如图 15-2 所示。

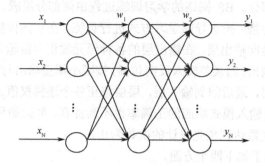

图 15-2　神经网络结构

图 15-2 中，输入层 $X = [x_1, x_2, \cdots, x_N]^T$，输出层 $Y = [y_1, y_2, \cdots, y_N]^T$。

$$
权值 W_1 = \begin{pmatrix} w_{11}^1 & \cdots & w_{1S}^1 \\ \vdots & \vdots & \vdots \\ w_{N1}^1 & \cdots & w_{NS}^1 \end{pmatrix} \qquad W_2 = \begin{pmatrix} w_{11}^2 & \cdots & w_{1S}^2 \\ \vdots & \vdots & \vdots \\ w_{S1}^2 & \cdots & w_{SR}^2 \end{pmatrix}
$$

由图 15-2 可以建立下面的数学模型

$$
I_i = \sum_{j=1}^{N} w_{ji}^1 x_j
$$

$$
O_i = f(I_i) \quad Y_k = \sum_{i=1}^{S} w_{ik}^2 O_i
$$

式中，$i=1，2 \cdots S$，$k=1，2 \cdots R$，I_i 代表第 i 个隐节点的输入，O_i 代表第 i 个隐节点的输出，w_{ji}^1 表示输入层第 j 个元素到隐层第 i 个元素的连接权重，w_{ik}^2 表示隐层第 i 个元素到输出层第 k 个元素的连接权重。

15.2.3　故障诊断的神经网络设计

进行 BP 网络的设计，一般从网络的层数、每层中的神经元个数、初始值及学习速率等方面进行考虑。

1. 网络层数

神经网络一般是由输入层、隐含层和输出层组成的。理论上早已证明：具有偏差和至少一个 S 型隐含层加上一个线性输出层的网络，能够逼近任何有理数。增加层数主要可以更进一步地降低误差，提高精度，但同时也使网络复杂化，从而增加网络权值的训练时间。而误差精度的提高实际上也可以通过增加隐含层中的神经元个数实现，其训练效果比增加层数更容易观察和调整，所以一般情况下，优先考虑增加隐含层中的神经元数。

2．隐含层和输出层的神经元个数的确定

在实际应用中，还没有一套成熟的理论方法确定网络的隐节点，隐节点的确定基本上依赖经验，主要是采用递增或递减的试探方法确定网络的隐节点。对于具体的问题，网络的输入层、输出层的神经元数是确定的，隐含层神经元数为 n。也可以采用下列两种方法：

$$N_2 = \sqrt{N_1 \cdot N_3} + \alpha$$

式中 N_1, N_2 分别为输入和输出层节点数，$\alpha = 1 \sim 10$；$N_2 = \log_2 N_1$。

一般来说，输入层神经元的个数就等于特征向量的维数，输出层神经元的个数和机器的故障状态数是相等的。如果网络遇到新的故障信号的特征向量时，就增加一个输出层神经元以来满足识别故障的需要，那么随着新故障的增多，网络的结构就越来越复杂，隐含层与输出层之间的连接权也不断地增多，既网络结构是一个动态的，这给网络的训练带来很大的困难。针对这一缺点，输出层采用一个神经元，故障代码采用整数，而不用二进制代码，从而克服诊断网络随着故障状态增多而变得复杂的缺点。如果确定了隐含层神经元和输入层神经元的个数，那么网络的结构也会随之确定。

3．初始权值的选取

由于系统是非线性的，初始值对于学习是否达到局部最小，是否能够收敛及训练时间的长短关系很大。如果初始值太大，使得加权后的输入落在激活函数的饱和区，从而导致其导数 $f'(x)$ 非常小，而在计算权值修正公式中，因为 δ 正比与 $f'(x)$，当 $f'(x) \to 0$ 时，则有 $\delta \to 0$，使得 $\Delta \omega \to 0$，从而使得调节过程几乎停顿下来。所以，一般总是希望经过初始加权后的每一个神经元的输出值都接近零，这样就可以保证每个神经元的权值都能够在它们的 S 型激活函数变化最大之处进行调节。所以，初始权值取（-1，1）之间的随机数。

4．学习速率

学习速率决定每一次循环训练中所产生的权值变化量。大的学习速率可能导致系统的不稳定，但小的学习速率将会导致训练时间过长，收敛速度慢，不过能保证网络收敛趋于全局最小误差。所以在一般情况下，倾向于选取较小的学习速率以保证系统的稳定性。学习速率的选取范围在 0.01～0.8。

5．期望误差的选取

在设计网络过程中，期望误差值也应当通过对比训练后确定一个合适的值，这个所谓的"合适"，是相对所需要的隐含层的单元个数进行确定的，因为较小的期望误差值是靠增加隐含层的节点，以及训练时间获得的。一般情况下，作为对比，可以同时对两个不同期望误差值的网络进行训练，最后通过综合因素的考虑确定采用其中的一个网络。

15.2.4 神经网络分类识别

1. STFT 方法提取输入的特征向量

用 12.3.1 节的 STFT 方法提取特征向量后，作为神经网络的输入端，即取表 12-4、表 12-5、表 12-6 中的特征向量数据，作为神经网络的输入，构造一个三层的神经网络。该网络应具有 9 个输入和 3 个输出，3 个输出分别对应着进气门落座冲击，排气门落座冲击及爆燃冲击。用该网络将这三种冲击类型进行分类。其中隐层节点数根据经验公式

$$N_2 = \sqrt{N_1 \cdot N_3} + \alpha$$

确定，其中 N_1, N_2 分别为输入和输出层节点数，$\alpha = 1 \sim 10$，经计算取隐层节点数为 8。

用于网络训练的样本见表 15-3，共取 6 组数据，前 4 组用于网络训练，后 2 组用于网络测试，状态 A 为进气门落座冲击特征向量，状态 B 为排气门落座冲击特征向量，状态 C 为爆燃冲击特征向量。

振动冲击分类期望输出见表 15-4。前 4 组数据为样本训练数据；第 5 组和第 6 组为测试数据。每组数据中，A 行表示进气门冲击，B 行表示排气门冲击，C 行表示爆燃冲击。

表 15-3 由 STFT 变换提取的功率谱特征向量

数据	冲击类型	量特征向量值								
第 1 组	A	0.021664	0.025475	0.03147	0.12356	0.44866	0.20624	0.10974	0.0092235	0.023979
	B	0.026926	0.02149	0.02391	0.2106	0.41559	0.093986	0.043267	0.078662	0.085572
	C	0.14743	0.5556	0.05026	0.078898	0.063973	0.025531	0.039954	0.029989	0.0083669
第 2 组	A	0.020546	0.028131	0.03328	0.12721	0.44949	0.20541	0.10598	0.0093805	0.020572
	B	0.026165	0.030655	0.035545	0.19396	0.43795	0.092712	0.029525	0.081435	0.072053
	C	0.13486	0.59242	0.046454	0.072569	0.061578	0.024057	0.03228	0.02869	0.007091
第 3 组	A	0.026101	0.023211	0.032721	0.13827	0.45209	0.19096	0.10259	0.008348	0.025711
	B	0.041368	0.022218	0.017773	0.19682	0.46496	0.072542	0.025228	0.069962	0.089128
	C	0.14034	0.57613	0.052107	0.073236	0.064025	0.025869	0.033667	0.025423	0.0092082
第 4 组	A	0.010692	0.0061154	0.010281	0.12126	0.62601	0.14328	0.033376	0.0046826	0.044292
	B	0.029037	0.042282	0.033989	0.19483	0.45008	0.061468	0.021937	0.072465	0.093916
	C	0.14546	0.58739	0.050895	0.066348	0.058594	0.024673	0.031473	0.025733	0.0094394
第 5 组	A	0.01109	0.0058439	0.017185	0.13121	0.61755	0.1222	0.039192	0.0084785	0.047255
	B	0.059739	0.032269	0.049625	0.19961	0.41565	0.073307	0.039505	0.071796	0.058498
	C	0.14616	0.58247	0.045547	0.066478	0.057744	0.028314	0.038387	0.024696	0.010196
第 6 组	A	0.038658	0.024728	0.027197	0.14799	0.44997	0.18155	0.095241	0.0097071	0.024966
	B	0.10898	0.023042	0.023136	0.063612	0.3638	0.078256	0.010621	0.11996	0.20859
	C	0.13691	0.58453	0.054869	0.069424	0.06065	0.024485	0.033531	0.02537	0.010229

表 15-4 冲击类型期望输出分类表

冲击类型	冲击类型期望输出		
进气门冲击	1	0	0
排气门冲击	0	1	0
爆燃冲击	0	0	1

设置训练精度为 0.05，学习率为 0.01，动量因子为 0.95，最大训练次数为 500，训练结果如图 15-3 所示。经过 119 次训练，达到了所设置的训练精度。

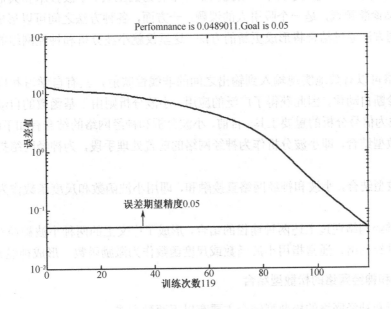

图 15-3 数据训练过程

训练结果见表 15-5。经过训练后的网络输出与期望输出接近，前 4 组训练数据自身检测的正确率为 100%。对于第 5 组和第 6 组的测试数据，通过构建的神经网络对测试数据进行分类，由相应的计算结果可以判断所测试的数据类型为进气门冲击，排气门冲击和爆燃冲击类型，没有出现误判现象。从表 15-5 中数据可以看出，各类冲击数据的区分比较明显，对进气门、排气门冲击类型数据的区分明确。可见这种方法比马氏距离分类方法更精确。

表 15-5 神经网络训练结果

第 1 组训练数据			第 2 组训练数据			第 3 组训练数据		
0.980780	0.065273	0.014696	0.97532	0.01402	0.0108	0.97305	0.05732	0.01017
0.018832	0.96084	0.01466	0.02379	0.98097	0.017697	0.029275	0.93469	0.018334
0.023948	0.004605	0.97862	0.021705	0.006719	0.97871	0.01664	0.008655	0.9793

第4组训练数据			第5组测试数据			第6组测试数据		
0.93555	0.024806	0.94604	0.94186	0.010192	0.012915	0.96243	0.01532	0.008542
0.055911	0.96455	0.018623	0.065531	0.9625	0.015239	0.036218	0.95185	0.020535
0.017456	0.006184	0.98035	0.010998	0.011552	0.97998	0.0179	0.018543	0.97939

2．小波神经网络

小波分析技术的出现，为故障诊断提供了一个有力的工具。小波技术和其他方法的结合应用于故障诊断领域，是一个吸引人的课题。一方面，各种方法之间可以形成互补，另一方面，不同方法通过结合将形成更新的方法。这里仅就小波分析和神经网络的结合进行研究。

神经网络可以有效地实现输入到输出之间的非线性映射，具有自学习和模式识别能力，适合于诊断自动化，因此获得了广泛的应用。小波分析则由于基函数的自动伸缩和平移特性，而成为信号分析的重要工具。目前，小波分析和神经网络的结合有如下两种途径。

（1）松散型结合，即小波分析作为神经网络的前置处理手段，为神经网络提供输入特征向量。

（2）紧致型结合，小波和神经网络直接融和，即用小波函数和尺度函数作为激励函数形成神经元。

小波和神经网络通过上述两种途径的结合，形成了广义上的两种小波神经网络。而狭义上的小波神经网络，通常指用小波函数或尺度函数作为激励函数，形成神经元。

3．小波和神经网络的松散型结合

小波分析和神经网络的松散型结合主要有以下两种方式。

（1）小波包分析和神经网络的结合。

应用神经网络实现模式识别的前提是必须找到一个适用于作为神经网络输入样本的特征向量。利用小波包分析，把信号分解在互相独立的频带之内，各频带之间的能量形成了一个向量，该向量对应一类故障，因此可以作为神经网络的输入特征向量进行故障诊断。该方法和已获得成功运用的故障信号的 Fourier 频谱能量方法相比，该方法统计的能量理论更为完善，并且适合于各类非平稳信号的处理。只要做好大量的数据统计等工作，小波包分析完全可以成为神经网络提供有效特征向量的工具。

神经网络有一个局限性。神经网络的输入具有特殊要求，各种工作状态下振动信号的特征向量必须具有相同的维数，即相同的输入节点数；并且每个节点必须对应不同工作状态的特征向量中的相同位置上的特征元素。为了实现神经网络对信号的识别，要求每一个信号的小波包分解结果具有相同的表达方式。为了满足这个条件，一个方法是用大量的振动信号数据的小波包最佳分解结果做统计，选择一个共同点最多的小波包基，这种方法当然不能满足对每个信号都做最佳基分解；另一个方法是直接应用小波包的全分解形式，这样做的一个不足之处是特征向量的个数要比最佳基分解多一些。

小波包最佳基分解结果是原信号信息损失最小的分解，它是根据原信号的时频特性，将其分解到各个不同的频带上，因而各频带宽度并不一定完全一样。对于不同故障情况，小波包分解结果的最佳基表示完全相同。这说明用小波包方法来处理发动机的振动信号确实能够达到区别不同工作状态的目的。

小波包分解方法将信号分解在独立的频带内，这些频带内的信号能量对于实现机械状态监测和故障诊断来说，是十分有用的信息。

（2）多分辨率分析和神经网络的结合。

发动机振动信号的功率谱经过多分辨率分析处理后，采用三层感知器神经网络作为分类器。神经网络的输出层节点数根据故障状态数确定。一般来说，有几种故障就有几个输出节点。实际上，在神经网络的应用过程中，网络的输出层节点数并非一定要固定。当掌握了一种新的故障状态的振动信号样本的特征向量时，可以给神经网络增加一个输出单元，然后把新的样本加入到总样本中继续训练网络，从而使神经网络具有识别这种新故障的能力。

4．小波神经网络的建立与实例分析

由 12.1 节，对于 6 种工况下得到的特征向量，相应的建立神经网络。神经网络选用三层结构，输入节点数为 8，输出节点数为 6，计算对应的隐层节点数为 10。

选取四组信号的特征向量进行网络训练，另取两组信号的特征向量进行网络测试。网络期望输出结果见表 15-6。

表 15-6　由小波包分解提取的各组信号的特征向量

冲击类别		特征向量值						
第1组	Nofault	0.29268	0.55222	0.37361	0.35377	0.25171	0.21927	0.41266	0.25085
	Fault_A	0.27905	0.39714	0.51338	0.53802	0.24873	0.13939	0.27184	0.23705
	Fault_B	0.30605	0.40106	0.26827	0.50944	0.21082	0.16619	0.53926	0.2261
	Fault_C	0.59822	0.38772	0.34302	0.34363	0.2591	0.21016	0.24063	0.29471
	Fault_D	0.88671	0.28036	0.069323	0.18662	0.11788	0.11973	0.23346	0.11302
	Fault_E	0.98838	0.11594	0.019909	0.025633	0.018131	0.018454	0.086313	0.022056
第2组	Nofault	0.22318	0.45306	0.21362	0.56795	0.18207	0.14333	0.54151	0.1726
	Fault_A	0.29461	0.58596	0.44146	0.44665	0.17376	0.16255	0.28108	0.19963
	Fault_B	0.25732	0.28011	0.14322	0.38522	0.18372	0.28196	0.70862	0.26652
	Fault_C	0.5359	0.48156	0.31585	0.38781	0.2364	0.15237	0.27916	0.27152
	Fault_D	0.91824	0.18396	0.18262	0.16218	0.11324	0.10728	0.14668	0.13226
	Fault_E	0.97932	0.15219	0.046925	0.080597	0.034065	0.041494	0.067204	0.041008
第3组	Nofault	0.2576	0.5024	0.37205	0.51666	0.17573	0.11645	0.42186	0.23123
	Fault_A	0.2345	0.36534	0.29018	0.65425	0.25776	0.17101	0.37922	0.24453
	Fault_B	0.24415	0.31807	0.31152	0.66652	0.16323	0.17223	0.4672	0.15281
	Fault_C	0.53629	0.33084	0.15701	0.39963	0.33582	0.22421	0.45253	0.22531
	Fault_D	0.87535	0.20342	0.23555	0.257	0.11374	0.11458	0.17754	0.11521
	Fault_E	0.97832	0.13625	0.067826	0.0506	0.069853	0.044566	0.090132	0.046613

续表

	冲击类别	特征向量值							
第4组	Nofault	0.21896	0.29086	0.37523	0.74821	0.18576	0.15922	0.2968	0.13746
	Fault_A	0.3385	0.41316	0.26706	0.37441	0.17806	0.18266	0.62912	0.20577
	Fault_B	0.2109	0.59786	0.19138	0.20883	0.11753	0.14429	0.67399	0.17015
	Fault_C	0.54342	0.34375	0.31278	0.49514	0.23508	0.25861	0.25583	0.23654
	Fault_D	0.92447	0.16731	0.067388	0.21542	0.097705	0.099205	0.19386	0.097204
	Fault_E	0.99802	0.034915	0.029981	0.030118	0.014244	0.011914	0.018533	0.015282
第5组	Nofault	0.21896	0.29086	0.37523	0.74821	0.18576	0.15922	0.2968	0.13746
	Fault_A	0.3385	0.41316	0.26706	0.37441	0.17806	0.18266	0.62912	0.20577
	Fault_B	0.2109	0.59786	0.19138	0.20883	0.11753	0.14429	0.67399	0.17015
	Fault_C	0.54342	0.34375	0.31278	0.49514	0.23508	0.25861	0.25583	0.23654
	Fault_D	0.92447	0.16731	0.067388	0.21542	0.097705	0.099205	0.19386	0.097204
	Fault_E	0.99802	0.034915	0.029981	0.030118	0.014244	0.011914	0.018533	0.015282
第6组	Nofault	0.21807	0.49906	0.31521	0.49853	0.20686	0.15787	0.49768	0.20023
	Fault_A	0.32465	0.24971	0.45933	0.53	0.26048	0.1855	0.31054	0.37639
	Fault_B	0.30605	0.40106	0.26827	0.50944	0.21082	0.16619	0.53926	0.2261
	Fault_C	0.62129	0.55247	0.15657	0.23747	0.19074	0.19342	0.35458	0.16838
	Fault_D	0.92269	0.14383	0.087364	0.1684	0.11886	0.10617	0.23976	0.095255
	Fault_E	0.99577	0.065806	0.047071	0.024287	0.014233	0.016172	0.02411	0.016248

表 15-7 神经网络故障类型分类结果

工况	期望输出					
Nofault	1	0	0	0	0	0
Fault_A	0	1	0	0	0	0
Fault_B	0	0	1	0	0	0
Fault_C	0	0	0	1	0	0
Fault_D	0	0	0	0	1	0
Fault_E	0	0	0	0	0	1

设置训练精度为 0.05,学习率为 0.01,动量因子为 0.95,最大训练次数为 5000,训练结果如图 15-4 所示。经过 1421 次训练,达到期望精度。各组数据的训练结果见表 15-8。

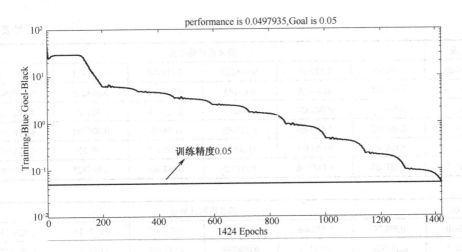

图 15-4 数据训练过程

表 15-8 小波神经网络训练结果

工况	第 1 组训练数据					
Nofault	0.9831	0.014644	0.002107	4.29E-10	1.16E-13	9.96E-14
Fault_A	0.029871	0.98748	0.061464	0.012541	0.003647	0.000491
Fault_B	9.39E-10	5.86E-11	0.91478	3.18E-13	9.48E-11	5.81E-11
Fault_C	0.023953	0.000515	1.47E-05	0.99913	0.013834	8.64E-05
Fault_D	2.17E-05	0.000385	1.16E-05	0.017113	0.98589	0.003222
Fault_E	6.36E-05	0.000248	0.000138	9.33E-05	0.006148	0.99609

工况	第 2 组训练数据					
Nofault	0.956	0.034126	5.72E-08	9.12E-06	4.08E-14	1.31E-13
Fault_A	6.13E-05	0.97084	0.007615	0.000309	0.003588	0.000306
Fault_B	0.063575	1.09E-11	0.99989	1.12E-12	3.80E-11	5.60E-11
Fault_C	8.59E-07	0.000294	0.000989	0.98711	0.016068	0.000187
Fault_D	2.59E-05	0.000818	4.76E-05	0.001682	0.98188	0.008265
Fault_E	0.000282	0.000404	9.25E-05	9.98E-05	0.01251	0.98968

工况	第 3 组训练数据					
Nofault	0.99765	0.03097	0.041304	6.89E-08	1.11E-13	5.27E-14
Fault_A	0.008994	0.94333	0.021114	0.006068	0.007406	0.000769
Fault_B	6.50E-07	0.047169	0.98257	0.01961	4.71E-11	3.99E-11
Fault_C	0.000173	0.004012	6.96E-07	0.99914	0.010632	0.000258
Fault_D	2.41E-05	1.72E-07	9.08E-06	1.42E-06	0.98743	0.020299
Fault_E	0.000138	2.83E-05	0.000223	1.42E-05	0.006116	0.97941

续表

工况	第4组训练数据					
Nofault	0.95866	5.52E-06	0.005513	1.41E-08	1.60E-14	7.73E-14
Fault_A	0.016918	0.96414	0.00145	0.001819	0.008285	0.000704
Fault_B	0.000621	0.046524	0.96249	3.11E-10	8.41E-11	4.49E-11
Fault_C	8.51E-05	1.60E-06	5.32E-08	0.99458	0.006202	6.81E-05
Fault_D	2.18E-06	0.004401	0.000155	0.000472	0.9822	0.002782
Fault_E	9.53E-05	0.000576	0.003726	6.08E-05	0.016722	0.99708

工况	第5组测试数据					
Nofault	0.98038	5.52E-06	0.021026	3.91E-07	4.65E-14	1.13E-13
Fault_A	0.022588	0.96414	0.008289	4.18E-05	0.003475	0.000617
Fault_B	3.68E-06	0.046524	0.95998	1.85E-08	1.04E-10	5.07E-11
Fault_C	0.00186	1.60E-06	1.80E-07	0.9679	0.008632	5.92E-05
Fault_D	1.11E-06	0.004401	3.81E-05	0.01897	0.99041	0.002504
Fault_E	0.00017	0.000576	0.000378	0.000196	0.007984	0.99711

工况	第6组测试数据					
Nofault	0.98038	5.52E-06	0.021026	3.91E-07	4.65E-14	1.13E-13
Fault_A	0.022388	0.96414	0.008289	4.18E-05	0.003475	0.000617
Fault_B	3.68E-06	0.046524	0.95998	1.85E-08	1.04E-10	5.07E-11
Fault_C	0.00186	1.60E-06	1.80E-07	0.9679	0.008632	5.92E-05
Fault_D	1.11E-06	0.004401	3.81E-05	0.01897	0.99041	0.002504
Fault_E	0.00017	0.000576	0.000378	0.000196	0.007984	0.99711

从表 15-8 可以看到，6 组测试数据结果中，都没有出现误判现象，其中结果数值间的区别都明显，充分显示出小波神经网络对 12.1 节中设置的故障类型数据进行准确的分类和识别，达到对 6 种故障状态的诊断和识别。

参考文献

[1] 方晓斌，何勇.基于模糊神经网络的汽油发动机故障诊断专家系统的研究[J].上海交通大学学报，2001，19（2）：105-111

[2] 杨文平，陈国定，石博强，等.基于柯氏熵的复杂机械状态预测的可行性研究.辽宁工程技术大学学报，2002.2 21（2）:83-86

[3] 陈国金，侯平智，胡以怀，等.发动机故障特征量提取方法的研究[J].内燃机学报，2002，20（3）：262-266

[4] 刘守道，张来斌，王朝辉.小波降噪技术在柴油机故障诊断中的应用[J].机械强度，2001，23（2）：134-137

[5] 杨文平，陈国定，石博强，等.基于分形理论的斯太尔汽车发动机故障诊断的研究.机械工程学报，2002.2 38（2）:49-52

[6] 陈祥初，张振仁，王继杰.柴油机转速的测量与应用[J].小型内燃机，1995（1）：78-82

[7] 杨文平，陈国定，石博强，等.基于小波包时域重构的汽车发动机燃烧状态分析.机械科学与技术，2002.2 21（2）:261-265

[8] 倪计民.汽车内燃机原理[M].上海：同济大学出版社，1997

[9] 杨文平，陈国定，石博强，等.基于李亚普指数的汽车发动机故障诊断研究.振动工程学报，2002.4 15（4）:476-478

[10] 王江萍.神经网络信息融合技术在故障诊断中的应用[J].石油机械，2001，29（8）：27-30

[11] 杨文平，郭云山，谭继文，等.一种动态过程辨识的鲁棒 BP 算法.辽宁工程技术大学学报，1999.2 18（2）:154-157

[12] 杨文平，陈国定，石博强，等.基于小波理论的复杂机械振动信号降噪分析.北京科技大学学报，2002.4 24（4）:455-457

[13] 石博强，申炎华.机械故障诊断的分形方法—理论与实践[M].北京：冶金工业出版社，2001

[14] Grover Zurita Villarroel. Vibration Based Diagnostics for Analysis of Combustion Properties and Noise Emmissions of IC Engines[D].Lulea University of Technology，Engineering Acoustics，Division of Environment Technology，Sweden，March，2001

[15] 何正嘉，訾艳阳，孟庆丰，等.机械设备份平稳信号的故障诊断原理及应用[M].北京：高等教育出版社，2001，11：116-125

[16] 刘世元，杜润生，杨叔子.小波包改进算法及其在柴油机故障诊断中的应用[J].内燃机学报，2000，18（1）：11-16

[17] 谭达明，秦萍，余欲为.柴油机工作过程故障振动诊断的基础研究[J].内燃机学报，1992，10（4）：341-346

[18] 胡以怀，杨叔子，刘永厂，等.柴油机磨损故障振动诊断机理的研究[J].内燃机学报，1998，16（1）：50-61

[19] 倪振华.振动力学[M].西安：西安交通大学出版社，1989

[20] 庞勇，任化立.内燃机配气凸轮型线参数化模型的建立[J]. 农机化研究， 2004 （1）

[21] 杨小华，俞水良，胡青，等.柴油机高次方配气凸轮型线的动力学优化设计[J].机电工程技术， 2004，33（2）

[22] 张志勤，王洪海，袁维宝.柴油机敲缸故障的振动诊断方法[J]. 状态监测与诊断技术，2002（2）：6-10

[23] 金萍，陈怡然，白烨.内燃机表面振动信号的性质[J].天津大学学报，2000，33（1）：63-68

[24] 方晓斌，何勇.基于模糊神经网络的汽油发动机故障诊断专家系统的研究[J]. 上海交通大学学报，2001，19（2）：105-111

[25] 陈国金，侯平智，胡以怀，等. 发动机故障特征量提取方法的研究[J]. 内燃机学报，2002，20（3）：262-266

[26] 金萍，陈怡然，白桦.内燃机表面振动信号的性质[J]，天津大学学报.2000，33（1）：99-103

[27] 程永康，亦为建. 基于小波分析的柴油机配气机构故障诊断[J].2001，20（4）：3640 上海海运学院学报，2001，22（3）：123-126

[28] Chung-Hsien Yang,Jhing-Fa Wang. Noise Suppression based on Approximate KLT with Wavelet Packet Expansion. [J] IEEE2002：565-568

下部

第16章

风力发电机组齿轮箱故障诊断

●●●●●●●●

16.1 风力发电机组状态监测及故障诊断国内外发展现状

国外对于风电机组的在线监测技术发展较早，在研究开发和应用上已经有一定积累，技术比较成熟，德国的普鲁夫公司（Pruftechnik）研发了专门用于风力发电机的监测设备；德国的 Flender 公司也是专门从事于风力发电机监测服务的公司；丹麦 Mita Teknik 公司开发了用于风电机组的 WP4086 状态监测系统；瑞典 SKF 公司也研制了针对大型风电机组的 SKFWindCon2.0 状态监测及故障诊断系统[1-2]。

近年来，虽然我国风能产业迅速发展，产业规模和市场规模都居于世界前列，但风电机组关键的设计技术依然依托欧美，风电机组的检测认证体系还不健全，风电场长期运营维护的经验也有所欠缺。目前我国风电机组面临故障频发、可靠性低的困境，而大多数风电场缺乏故障预警功能，以致较小的故障未能及时发现维修，而发展成重大的安全和设备事故，不仅造成停机损失，而且维修费用急剧上升，甚至可能超过其产出费用。我国风力发电机组状态监测和故障诊断系统的发展明显滞后于风机的发展，严重影响了风电场的产能。

我国针对风电机组振动监控和故障诊断的研究和应用才刚刚起步，尚处于探索阶段。国内高校在这方面的研究主要有：上海交大的王芝华建立了基于 LabVIEW 的大型风电机组的监测系统；内蒙古科大的陈云花提出监测系统设计思路，包括传感器选型、布点及安装和联网系统建立等问题；华东理工大学的杜稳稳采用 LabWindows/CVI 和 MATLAB 混合编程的方法进行了风力发电机组振动状态监测与故障诊断系统的开发；华北电力的张小科提出了一套大型风力发电机组状态监测系统设计的设计方案，重点分析了主轴系的故障特点；北京交通大学的王有珺以风力发电机组运行时塔架的振动特性为出发点，研究了一套有针对性的振动监控系统；新疆大学的周培毅结合 ANSYS 和 MATLAB 进行了风电机组齿轮箱的故障诊断研究；大连理工大学的白亚红运用 EMD 和支持向量机相结合的方法开发出了一套齿轮故障诊断与识别系统；燕山大学的郝国文研究了基于贝叶斯网络的风电机组的故障诊断信息系统。

国内的状态监测产品应用到风电机组上主要有：新疆金风科技股份科技公司开发的风电场 SCADA 系统；西北工业大学旋转机械与风能装置测控研究所的 CAMD-6100；北京唐智科技有限公司研究的 JK07460 风电机组传动系统故障诊断装置；东方振动和噪声技术研究所的 DASP 系统等。

相对于欧美等风电技术发达的国家，我国风电行业本身起步较晚，在线监测和故障诊断系统在国内风力发电机组上的运用还处于初级阶段。虽然已经有了一些研究成果，但在实际运行时，受变载荷影响，风力发电机组整机的振动情况复杂而多变，诊断系统的准确性和有效性，有待长时间实践的检验，针对风电机组状态监测和故障诊断技术研究，还需要不断地探索与完善。

16.2 大型风电机组传动系统及典型故障概述

16.2.1 大型风力发电机组基本结构

风力发电机组是将风能转化为电能的机械装置，风电机组技术的发展经历了从多种结构形式逐步向少数几种过渡的过程，在 20 世纪 80 年代，市场上有主轴为水平和垂直，上风向式和下风向式的机型，风轮叶片数有三个，两个，甚至一个的。由于水平轴、上风向、三桨叶的机型效率高，用料少，宜于大型化，单位成本逐年随量下降，已成为风电市场的主流机型。以兆瓦级水平轴式增速发电机组为例，简单介绍风电机组的结构。风电机组主要由叶轮、机舱和塔架组成。叶轮包括叶片和轮毂，齿轮箱、发电机、主轴、偏航组件等均安装在机舱内，风电机组的整体结构如图 16-1 所示。

风电机组的主要部件和功能如下。

（1）叶片：叶片是风力机组吸收空气动能的首要载体，是风机的重要部件之一，由于长期承受复杂风载荷和离心力影响，如今大多数叶片都采用重量轻、耐腐蚀、抗疲劳的玻璃钢复合材料。

（2）轮毂：风轮轮毂是连接叶片和风轮转轴的部件，用于传递风轮的力和力矩到后面的机构，常常承受大的、复杂的载荷。

（3）变桨系统：变桨系统是通过改变叶片迎角，来控制叶片的升力，从而调节作用在风轮叶片上的扭矩和功率。通过变桨系统对叶片迎角的调整，可以在规定的最低风速下获得适当的电力，并且能衰减风转交互作用引起的震动，使风机上的机械载荷极小化。

（4）传动系统：大型风电机组的传动系统一般由主轴、齿轮箱、联轴器和制动器等共同组成。传动系统把风轮所吸收的低转速、大扭矩的机械能转化成高转速、小扭矩的机械能传递到齿轮箱的输出轴上。齿轮箱输出轴通过弹性联轴器与电机轴相连，驱动发电机的转子旋转，将能量输入给发电机。其中齿轮箱主要的作用是传递动力和提高转速，因此又称为增速齿轮箱。

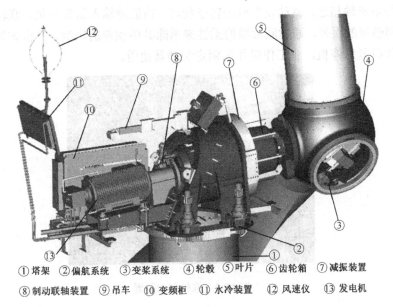

①塔架　②偏航系统　③变桨系统　④轮毂　⑤叶片　⑥齿轮箱　⑦减振装置
⑧制动联轴装置　⑨吊车　⑩变频柜　⑪水冷装置　⑫风速仪　⑬发电机

图 16-1　风电机组结构图

（5）偏航系统：偏航系统是水平轴式风力发电机组必不可少的组成系统之一。其主要作用有两个：一是与风力发电机组的控制系统相配合，使风力发电机组的风轮始终处于迎风状态，以提高风能利用率和发电效率；二是提供必要的锁紧力矩，以保障风力发电机组的安全运行[22]。

（6）发电机：发电机是将风能最终转化为电能的设备，并且直接影响了转换过程的性能、效率和供电质量。作为风电机组的核心部件，其性能的优劣对整个机组的性能和安全性影响极大。目前应用较多的是笼型感应发电机、双馈感应发电机和同步发电机等。

（7）塔架：塔架是风力发电机组的重要承载部件，并让风轮处于风能最佳的位置，给风轮和机舱提供了满足功能要求的、可靠的固定支撑，其重要性随着风力发电机组容量和塔架高度的增加，越来越明显。

16.2.2　大型风力发电机组传动系统

风力发电机组主传动系统是将风轮转换的机械能传送到发电机的传动装置。对于兆瓦级水平轴式增速发电机组来说，传动系统包括：主轴、齿轮箱、联轴器、制动器及发电机转子等部分。

（1）主轴：风轮轮毂和齿轮箱通过主轴相连，主轴的作用就是将风轮的动能传递到齿轮机箱的齿轮副。目前一些兆瓦级风力发电机组将主轴置于齿轮箱的内部，这样设计可以使风机的结构更为紧凑、减少机舱的体积和重量，有利于对主轴的保护。

（2）制动联轴装置：制动联轴装置包括在齿轮箱后部高速轴上的一个液压盘式制动器，以及盘式制动器和发电机驱动轴之前的联轴器，如图 16-2 所示。齿轮箱的输出轴通过弹性联轴器与电机轴相连，驱动发电机的转子旋转，将能量输入给发电机，联轴器可传递扭矩，补偿同轴度的误差，通过联轴器的柔性来消除其中误差的影响，并保护发电机。制动器用于工作时紧急停机，非工作时作为锁定制动器使用。

图 16-2　联轴制动装置

（3）齿轮箱：齿轮箱是风力发电机组中一个重要的机械部件，其主要功用是将风轮在风力作用下所产生的动力传递给发电机并使其得到相应的转速，通常风轮的转速很低，远达不到发电机发电所要求的转速，必须通过齿轮箱齿轮副的增速作用来实现。

风电机组齿轮箱的种类很多，按照传统类型可分为圆柱齿轮箱、行星齿轮箱及他们相互组合起来的齿轮箱。风电机组主传动齿轮箱结构发展状况如图 16-3 所示，在 20 世纪 80 年代，平行轴传动装置在风电机组上应用，由于风电机组的单机额定功率大多在 300kW以下，较多采用 2～3 级平行轴圆柱齿轮传动结构。20 世纪 90 年代后，风力发电机组平均功率增大到 600～800kW，由于采用多级平行轴圆柱齿轮传动的分级展开结构过大，使其应用受到了限制，为了节省空间，获得更大速比，外形为简状的行星齿轮传动或行星与平行轴齿轮组合传动的结构流行起来。目前比较常见的额定功率为 0.75～3.0MW，采用齿轮增速的机组主要选用两种结构：一是由一级行星和两级平行轴齿轮组合传动；二是两级行星或者两级行星与一级平行轴齿轮传动。

图 16-4 所示为某 1.5MW 风力发电机组齿轮箱的结构，该结构采用两级行星和一级平行轴斜齿轮传动。输入轴（也是第 1 级行星齿轮的行星架）带动第 1 级行星轮（3 个行星轮）既公转又自转，行星轮同时与固定在箱体上的内齿圈和处于中心的太阳轮啮合。太阳轮带动第 2 级行星齿轮的行星架转动，将动力分路传递到第 2 级的 3 个行星轮，再将动力汇合在第二个太阳轮传递给输出端主动齿轮，通过平行轴齿轮啮合带动高速轴齿轮旋转，三级传动均采用斜齿轮，可以减少噪声，使传动平稳。

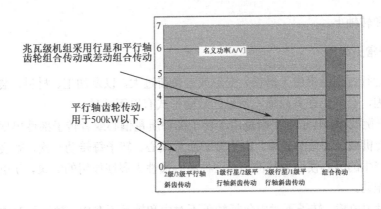

图 16-3　风电机组主传动齿轮箱结构发展状况

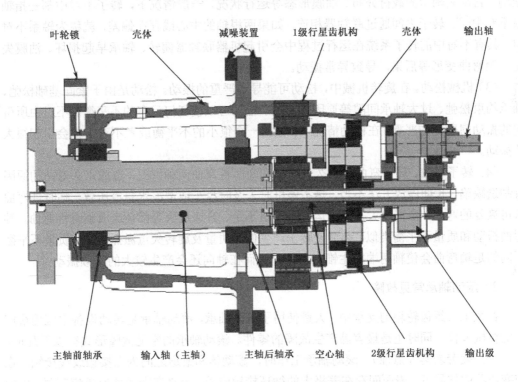

图 16-4　某 1.5MW 风力发电机组齿轮箱结构示意图

16.2.3　大型风电机组传动系统典型故障

　　由于风轮转速与发电机转速之间的巨大差距，传动系统是整个风电机组中必不可少的部分之一。在风力机的运行过程之中，风轮的受力状况极度恶劣，经常在急剧变化的重载荷下连续运行数十小时，其所受的各种载荷都通过主轴直接传递给齿轮箱的低速轴[27]。而且，风力机组的设计通常要求在无人值班运行条件下工作 20 年之久，因此风机的传动系统在此受到了真正考验。传动系统是风电机组的故障多发部件之一，其故障主要发生在齿轮箱、轴承和转轴上。

1. 转子常见故障

转子在运行过程当中由于磨损、变形或者负荷过大，以及加工、材料、装配或运转操作不当等原因，会发生许多故障，常见的故障形式有以下几种。

（1）不平衡故障。转子不平衡是由于转子部件质量偏心或者转子部件出现缺损造成的故障，是旋转机械最常见的故障。由于转子质量偏心，转子每转动一次，就会受到一次不平衡质量所产生的离心惯性力的冲击，这种离心惯性力周期作用的结果，便引起转子产生异常的强迫振动。

（2）不对中故障。转子不对中包括轴承不对中和轴系不对中，轴承不对中本身不引起振动，它影响轴承的载荷分布、油膜形态等运行状况，一般情况下，转子不对中都是指轴系不对中[25]。转子之间通过联轴器相连，如果两根轴的中心线存在偏差，就称为轴系不对中。具有不对中的转子系统在运行过程中会引起机器联轴器偏转、轴承早起损坏、油膜失稳、轴弯曲变形等后果，导致异常振动。

（3）机械松动。在旋转机械中，松动可能导致严重的振动。松动是由于紧固基础松弛、轴承约束松弛、过大轴承间隙等原因引起的。松动可以使任何已有的不平衡、不对中所引起的振动问题更加严重，在松动情况下，任何一个很小的不平衡或者不对中都会引起很大的振动。

（4）转子弯曲。转子弯曲有永久性弯曲和暂时性弯曲两种情况，造成永久弯曲的原因有制造缺陷、长期停放方法不当、热态停机时未及时盘车或遭凉水急冷所致。临时性弯曲指可恢复的弯曲，负荷过大、开机运行时暖机不足、升速过快等都会造成临时性弯曲。轴弯曲振动和质量不平衡类似，都会使转子产生偏心质量及旋转矢量激振力，与质量不平衡不同的是轴弯曲会使轴两端产生锥形运动，因而在轴向还会产生较大的工频振动[25]。

2. 滚动轴承常见故障

在风电机组齿轮箱的支承中，大量使用了滚动轴承，滚动轴承是转动设备中应用最广泛的机械零件，同时也是最容易产生故障的零件。滚动轴承的常见故障形式有以下几种。

（1）疲劳剥落（点蚀）。滚动轴承工作时，滚动体和滚道之间为点接触或线接触，在交变载荷的作用下，表面间存在着极大的循环接触应力，容易在表面处形成疲劳源，由疲劳源生成微裂纹，微裂纹因材质硬度高、脆性大，难以向纵深发展，便成小颗粒状剥落，表面出现细小的麻点，这就是疲劳点蚀。严重时，表面成片状剥落，形成凹坑；若轴承继续运转，将形成大面积的剥落。疲劳点蚀会造成运转中的冲击载荷，使设备的振动和噪声加剧。

（2）磨损。由于润滑不良，外界尘粒等异物侵入，滚道和滚动体相对运动时会引起表面磨损。磨损会使轴承游隙增大，表面粗糙度增加，不仅降低了轴承的运转精度，而且也会使设备的振动和噪声随之增大。

（3）胶合。胶合是一个表面上的金属黏附到另一个表面上去的现象，其产生的主要原因是缺油缺脂下的润滑不足，以及重载、高速、高温，滚动体与滚道在接触处发生了局部高温下的金属熔焊现象。胶合为严重故障，发生后立即会导致振动和噪声急剧增大，多数情况下设备难以继续运转。

（4）断裂。轴承零件的裂纹和断裂是最危险的一种故障形式，这主要是由于轴承材料有缺陷和热处理不当，以及严重超负荷运行所引起的，此外，装配过盈量太大、轴承组合设计不当，以及缺油、断油下的润滑丧失也都会引起裂纹和断裂。

（5）锈蚀。锈蚀是由于外界的水分带入轴承中；或者设备停用时，轴承温度在露点以下，空气中的水分凝结成水滴吸附在轴承表面上；以及设备在腐蚀性介质中工作，轴承密封不严，从而引起化学腐蚀。锈蚀产生的锈斑使轴承表面产生早期剥落，同时也加剧了磨损。此外，当轴承内部有电流通过时，电流可能通过滚道和滚动体上的接触点处，很薄的油膜引起电火花而产生电蚀，在表面上形成搓板状的凹凸不平。

（6）压痕。压痕是在滚道或滚动体表面上产生局部变形而出现的凹坑，它既可能是由于过载、撞击，也有可能是由于装配敲击或异物落入滚道而形成[26]。

（7）保持架损坏。由于装配或使用不当可能会引起保持架发生变形，增加它与滚动体之间的摩擦，甚至使某些滚动体卡死不能滚动，也有可能造成保持架与内外圈发生摩擦等。这一损伤会进一步使振动、噪声与发热加剧，导致轴承损坏。

滚动轴承的故障种类是多种多样的，然而，在实际应用中最常见和最有代表性的故障类型通常只是三种，即疲劳剥落（点蚀）、磨损、胶合。其中，胶合从发生到轴承完全损坏的过程往往极短暂，因此一般难以通过定期检查及时发现。

3．风电机组齿轮箱常见故障

在齿轮箱中一般的都包含有齿轮、滚动轴承和轴，这三类零部件失效时往往会相互影响。常见的齿轮失效形式有：断齿、齿面磨损、齿面胶合和齿面疲劳。在齿轮箱中轴和轴系常见的失效形式有：轴不平衡、轴不对中和轴弯曲。齿轮箱中滚动轴承的失效形式有：内环、外环和滚动体的疲劳剥落、磨损和保持架损坏。所以齿轮箱常见故障如下。

（1）断齿。齿轮承受载荷，如同悬臂梁，其根部受到脉动循环的弯曲应力作用，当这种周期性应力过高时，会在根部产生裂纹，并逐步扩展，当剩余部分无法承担外载荷时，就会发生断齿。

（2）齿面磨损。齿和齿的啮合表面间，不可避免的有杂物微粒存在，使齿面产生磨损，磨下的微粒如果没有足够的润滑油将其带走，又反过来加剧齿面的磨损，微粒如果较硬，回嵌入轮齿表面，对另一个齿轮形成研磨，将加快磨损过程。齿面磨损会使接触表面发生尺寸变化，重量损失，并使齿形改变，齿厚变薄，噪声增大，严重时将导致齿轮失效[21]。

（3）齿面胶合。在高速和重载的齿轮传动中，如果两个啮合的齿面在产生相对滑动时润滑条件不良，油膜就会破裂，在摩擦和表面压力的作用下产生高温，使处于接触区内的金属出现局部熔焊，齿面相互啮合时容易粘连，两齿面继续做相对运动，齿面粘连部位可能会被撕裂，从一个齿面向另一个齿面转移而引起损伤，这种现象称为齿面胶合。

（4）齿面疲劳。齿轮在啮合过程中，既有相对滚动，又有相对滑动，这两种力的作用使齿轮表面层深处产生脉动循环变化的切应力。轮齿表面在这种切应力反复作用下，引起局部金属剥落而造成损坏称为齿面疲劳。

（5）箱体共振。由外部冲击能量激起的齿轮箱箱体的固有频率而产生的共振现象，一般箱体的共振能量很大，是一种十分严重的故障。

（6）齿轮箱轴系故障。由于齿轮箱中齿轮和轴承都是安装在轴上，所以轴系的不平衡、不对中和轴弯曲都会导致齿轮传动中的齿形误差，从而表现为齿轮的失效。

（7）齿轮箱滚动轴承故障。滚动轴承的失效形式多数情况下也会引起齿轮啮合状态的变化，同样表现为齿轮的失效。

第 17 章

风电机组传动系统故障特征及诊断方法

●●●●●●●●

17.1　转子故障机理与特征

对于一些简单的旋转机械来说，为了分析计算的方便，一般都将转子的力学模型简化为一个圆盘装在无重的弹性转轴上，转轴两端由轴承及轴承座支撑。对于这种简化，把得到的分析结果用于较为复杂的旋转机械虽然不够精确，但仍能明确、形象地说明旋转机械的振动基本特征[12]。

17.1.1　转子不平衡

设转子的质量为 M，质量偏心为 m，偏心距为 e，如果转子的质心到两轴承连心线的垂直距离不为零，具有挠度为 a，如图 17-1 所示。

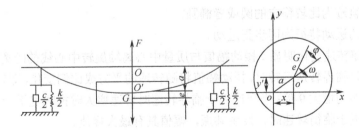

图 17-1　转子力学模型

具有偏心质量的转子设其偏心质量集中于 G 点，偏心质量为 m，偏心距为 e，旋转角速度为 ω，其轴心 O' 的运动微分方程为

$$\begin{cases} M\ddot{x} + C\dot{x} + Kx = me\omega^2 \cos \omega t \\ M\ddot{y} + C\dot{y} + Ky = me\omega^2 \sin \omega t \end{cases} \tag{17-1}$$

将方程（17-1）两端同时除以质量 M，并令 $C/M = 2\zeta\omega_n$，$K/M = \omega_n^2$，其中 ζ 为相对阻尼系数，ω_n 为相应无阻尼系统的固有频率，则方程变为

$$\begin{cases} \ddot{x} + 2\zeta\omega_n\dot{x} + \omega_n^2 x = \dfrac{m}{M}e\omega^2 \cos \omega t \\ \ddot{y} + 2\zeta\omega_n\dot{y} + \omega_n^2 y = \dfrac{m}{M}e\omega^2 \sin \omega t \end{cases} \tag{17-2}$$

上式的特解为

$$\begin{cases} x = A\cos(\omega t - \varphi) \\ y = A\sin(\omega t - \varphi) \end{cases} \tag{17-3}$$

对式（17-2）进行矢量合成，并改写为复数形式

$$\ddot{Z} + 2\zeta\dot{Z} + \omega_n^2 Z = \frac{m}{M}e\omega^2 e^{i\omega t} \tag{17-4}$$

其特解为

$$Z = |A|e^{i(\omega t - \varphi)} \tag{17-5}$$

所以振幅 A 和相位差 φ 为

$$|A| = \frac{m}{M}\frac{e(\omega/\omega_n)^2}{\sqrt{\left[1 - (\omega/\omega_n)^2\right]^2 + (2\zeta(\omega/\omega_n))^2}} \tag{17-6}$$

$$\varphi = \arctan\frac{2\zeta(\omega/\omega_n)}{1 - (\omega/\omega_n)^2} \tag{17-7}$$

从上述机理分析可知，振动时的时域波形近似为正弦波，但在实际工程中，由于轴的各个方向上刚度有差别，特别是由于支承轴刚度各向不同，因而转子对平衡质量的响应在 x,y 方向不仅振幅不同，而且相位差也不是 90°，因此转子的轴心轨迹不是圆而是椭圆[32]。

转子不平衡故障的主要振动特征如下。

（1）时域波形为近似的等幅正弦波。

（2）频谱图上，谐波能量集中于基频。

（3）轴心轨迹为比较稳定的圆或者椭圆。

（4）转子的进动特征为同步正进动。

（5）振幅随转速变化明显，振动幅值与质量中心离轴旋转中心线的距离成正比。当转速低于转子一阶临界转速运转时，振动幅值将随转速的平方成比例变化，即转速升高 3 倍，将导致不平衡振动增大 9 倍；当转速大于临界转速时转速增大时振幅趋于一个较小的稳定值；当转速接近于临街转速时，发生共振，幅值具有最大峰值。

17.1.2 转子弯曲

旋转轴弯曲时，由于弯曲所产生的力和转子不平衡所产生的力之间相互作用有所抵

消，转轴的振幅将在某个转速下减小，当弯曲的作用小于不平衡时，振幅的减小发生在临界转速以下，当弯曲的作用大于不平衡时，振幅的减小就会发生在临界转速以上。

转子弯曲的故障机理与转子质量偏心类似，转子弯曲将产生与质量偏心类似的旋转矢量激振力，而与质量偏心不同的是转子弯曲会使轴两端产生锥形运动，因而在轴向还会产生较大的振动。

转子弯曲的主要振动特征如下（与不平衡故障基本相同）。

（1）时域为近似的等幅正弦波。

（2）轴心轨迹为一个比较稳定的圆或者偏心率较小的椭圆。

（3）频谱成分以转动频率为主，伴有高次谐波成分。与不平衡故障的区别在于弯曲在轴向方面产生较大的振动。如果弯曲部位接近轴的中心，通常占优势的振动为一倍转速频率的振动，如果弯曲接近联轴器，将产生高于通常值的二倍转速频率振动分量。

17.1.3　转子支承部件松动

机器的转子支承系统，当轴承套与壳体配合具有较大间隙时（图 17-2），轴承承受转子离心力的作用而沿圆周方向发生周期性变形，从而改变了轴承的几何参数，影响油膜的稳定性，当轴承座螺栓紧固不牢时，由于结合上有间隙，系统会发生不连续的位移。

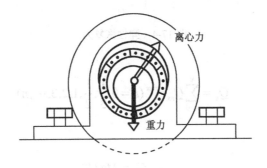

图 17-2　机械松动

图 17-3 为转子的支承系统，设其右端轴承配合松动，间隙量为 Δ，若不考虑转轴质量，可将间隙 Δ 折算到圆盘处记为 C_0。转子的运动方程为

$$M\ddot{x} + Kx = F(x) + Q \tag{17-8}$$

$$F(x) = \begin{cases} KC_0, & x > C_0 \\ Kx, & -C_0 < x < C_0 \\ -KC_0, & x < C_0 \end{cases} \tag{17-9}$$

式（17-9）中，x 为圆盘质心位移；Q 为作用圆盘外力；K 为转子简支刚度；M 为圆盘质量。

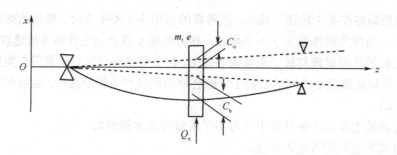

图 17-3　机械松动的转子支承系统

转子的弹性恢复力如图 17-4 所示。

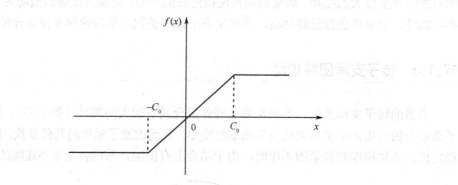

图 17-4　弹性恢复力

为进行谐波分析，设

$$Q_x = \sum_{n=0}^{N} Q_{nx} e^{in\omega t} \quad (n = 0, \frac{1}{3}, \frac{1}{2}, 1, 2, 3, \cdots, n) \tag{17-10}$$

无量纲化，令

转子静变形

$$C_b = Mg/R \tag{17-11}$$

转子固有频率

$$\omega_n = \sqrt{\frac{K}{M}} \tag{17-12}$$

转速比

$$\lambda = \frac{\omega}{\omega_n} \tag{17-13}$$

转子偏心率

$$\alpha = \frac{e}{C_b} \tag{17-14}$$

间隙比

$$\beta = \frac{C_0}{C_b} \tag{17-15}$$

代入式（17-8）求解，可得以下结论。

（1）当 $\lambda=0.75$ 时，振动特征的计算结果如图 17-5 所示，由图知，转子系统是否进入非线性状态与转子的偏心率 λ 和转速比 α 有关。当 α 和 λ 较小时，转子的振动响应小于静变形，此时松动对转子运行影响较小。

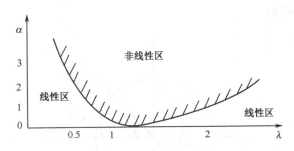

图 17-5 振动特征

（2）当 $\lambda=0.792$ 时，假定 $\alpha=0.7$，$\beta=0.5$，则落在非线性区域内，转子-支承系统为非线性系统，振动响应除基频外还有 2 倍频、3 倍频、等高频谐波，其振动频谱特征如图 17-6 所示。

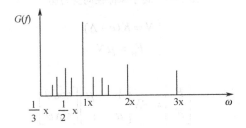

图 17-6 频谱特征

（3）当 $\lambda=0.75\sim2$ 时，若 $\alpha=0.7$，$\beta=0.5$，转子-支承系统为非线性系统，基频振动随转速比 λ 而变化，当 $\lambda<1$ 时，松动的振动较大，稳定性较差，当 $\lambda>1$ 时，振动的振幅反而比较小。

但是在一定条件下会发生 1/2、1/4 等偶数分数次谐波共振现象。共振现象是否出现与转子偏心率 λ 和转速比 α 有关。

转子支承部件松动的振动特征如下。

（1）轴心轨迹混乱，重心漂移。

（2）频谱中，具有 3 倍、5 倍、7 倍等高阶奇数的倍频分量，也有偶次分量，一定条件下会出现偶数及分数次谐波。

（3）松动方向振幅大。

当高次谐波的振幅大于转频振幅的 1/2 时，应怀疑有松动故障。

17.1.4 碰摩故障

图 17-7 是一转子与固定部件产生摩擦的受力示意图，转子圆周外表面与固定部件内表面接触，K 为定子径向刚度，μ 为摩擦系数，e 为转子的径向位移，Δ 为转子与定子之间的间隙，且 e>Δ，则有：

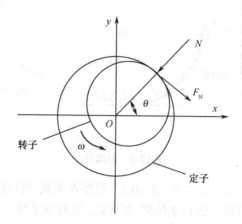

图 17-7 转子摩擦径向受力图

$$\begin{cases} N = K(e-\Delta) \\ F_N - \mu N \end{cases} \tag{17-16}$$

则转子的受力 F 为

$$\begin{bmatrix} F_x \\ F_y \end{bmatrix} = -N \begin{bmatrix} 1 & -\mu \\ \mu & 1 \end{bmatrix} \begin{bmatrix} \cos\theta \\ \sin\theta \end{bmatrix} \tag{17-17}$$

解得夹角 θ 为

$$\theta = \arctan \frac{-\mu\cos\theta - \sin\theta}{\mu\sin\theta - \cos\theta} \tag{17-18}$$

从式（17-17）可以看出，摩擦力是非线性变化的。所以碰摩故障与部件松动相比，振动成分的周期性相对较弱，而非线性突出。由于摩擦力的非线性，振动频率中包含有 2 倍频、3 倍频等高次谐波及 1/2 倍频、1/3 倍频等分数次谐波。局部轻微摩擦时，冲击性突出，频率成分较丰富；局部严重摩擦时，周期性较突出，超谐波、次谐波的阶次均将减少。

碰摩故障的振动特征如下。

（1）时域波形存在"削顶"现象，或振动远离平衡位置时出现高频小幅振荡。

（2）频谱上除转子工频外，还存在非常丰富的高次谐波成分。

（3）严重摩擦时，还会出现 1/2 倍频、1/3 倍频、1/N 倍频等精确的分频成分。

（4）在转子轴心轨迹上表现为小圆环内圈和尖角。

由于碰摩故障与松动故障的特征相似，两者不容易区分。根据现场经验，部件松动时一般以高次谐波为特征，摩擦时以分谐波为特征。另外，松动振动随转速变化比较明显，碰摩受间隙大小控制，与转速关系不其密切，而且在波形上，碰摩常见削顶波形，松动则不存在削顶问题。

17.1.5　转子不对中

大型高速旋转机械常用齿式联轴器，对齿式联轴器的平行不对中，角度不对中，综合不对中[39]这三种情况进行分析。

1. 平行不对中

联轴器的中间齿套与半联轴器组成移动副，不能相对转动。当转子轴线之间存在径向位移时，中间齿套与半联轴器间会产生滑动而作平面圆周运动，中间齿套的中心沿着以径向位移 y 为直径作圆周运动，如图 17-8 所示。

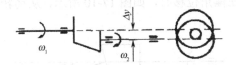

图 17-8　联轴器平行不对中

如图 17-9 所示，设 A 为主动转子的轴心投影，B 为从动转子的轴心投影，K 为中间齿套的轴心，AK 为中间齿套与主动轴的连线，BK 为中间齿套与从动轴的连线，AK 垂直 BK，设 AB 长为 D，K 点坐标为 $K\,(x,\,y)$，取 θ 为自变量，则有

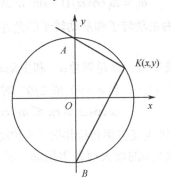

图 17-9　联轴器齿套运动分析

$$\begin{cases} x = D\sin\theta\cos\theta = \dfrac{1}{2}D\sin 2\theta \\ y = D\cos^2\theta - \dfrac{1}{2}D = \dfrac{1}{2}D\cos 2\theta \end{cases} \tag{17-19}$$

对 θ 求导，得

$$\begin{cases} \mathrm{d}x = D\cos 2\theta\,\mathrm{d}\theta \\ \mathrm{d}y = -D\sin 2\theta\,\mathrm{d}\theta \end{cases} \tag{17-20}$$

K 点的线速度为

$$V_k = \sqrt{(\mathrm{d}x/\mathrm{d}t)^2 + (\mathrm{d}y/\mathrm{d}t)^2} = D\,\mathrm{d}\theta/\mathrm{d}t \qquad (17\text{-}21)$$

由于中间套平面运动的角速度 $(\mathrm{d}\theta/\mathrm{d}t)$ 等于转轴的角速度，即 $\mathrm{d}\theta/\mathrm{d}t = \omega$，所以 K 点绕圆周中心运动的角速度为

$$\omega_k = 2V_k/D = 2\omega \qquad (17\text{-}22)$$

式（17-22）中，V_k 为点 K 的线速度，由式（17-22）可知，K 点的转动速度为转子角速度的两倍，因此当转子高度转动时，就会产生很大的离心力，激励转子产生径向振动，其振动频率为转子工频的两倍。此外，由于不对中而引起的振动有时还包含有大量的谐波分量，但最主要的还是 2 倍频分量。

2. 角度不对中

当转子轴线之间存在偏角位移时，如图 17-10 所示，从动转子与主动转子的角速度是不同的。

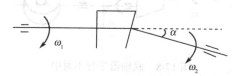

图 17-10　联轴器角度不对中

从动转子的角速度为

$$\omega_2 = \omega_1 \cos\alpha / (1 - \sin^2\alpha \cos^2\varphi) \qquad (17\text{-}23)$$

式（17-23）中，ω_1，ω_2 分别为主动转子和从动转子的角速度；α 为从动转子的偏斜角；φ 为主动转子的转角。

从动转子角速度 ω_2 并不是常数，而是偏角 α 和主动转子转角 φ 的函数，当 $\varphi = 0°$ 或 $180°$ 时，传动比等于 $1/\cos\alpha$ 为最大；当 $\varphi = 90°$ 或 $270°$ 时，传动比等于 $\cos\alpha$ 为最小，即

$$\omega_1 \cos\alpha \leqslant \omega_2 \leqslant \omega_1/\cos\alpha \qquad (17\text{-}24)$$

由此可知，当机组的转子轴线发生偏角位移时，其传动比不仅是转子每回转一周变动两次，而且其变动的强度随偏角 α 的增大而发生振动，其径向振动频率亦为转子旋转频率的两倍。

3. 综合不对中

在实际生产中机组各转子之间的联接对中情况，往往是既有径向位移又有偏角位移的综合位移，因而转子发生径向振动的机理是两者的综合结果。

当转子既有平行位移又有角度不对中时，其动态特性比较复杂，径向激振频率为角频率的 2 倍，激振力的大小随速度的变化而变化，同时，齿轮联轴器由于所产生的附加轴向力及转子偏角位移的作用，从动转子以每回转一周为一周期，在轴向往复运动一次，所以轴向振动的频率与回转频率相同。

综上所述，转子不对中的振动特征如下。

（1）时域波形在基频正弦波上附加了 2 倍频的谐波。

（2）轴心轨迹图呈香蕉形或 8 字形。

（3）频谱特征主要表现为径向 2 倍频、4 倍频的振动成分，有角度不对中时，还伴随着以回转频率的轴向振动。

轴向转动频率的振动原因可能是角度不对中，也有可能是两端轴承不对中，一般情况下，角度不对中，轴向的转频振幅比径向的大，而两端轴承不对中则正好相反。

17.2　滚动轴承故障机理与特征

17.2.1　滚动轴承典型结构

滚动轴承的典型结构如图 17-11 所示（以球轴承和滚子轴承为例），它由内圈、外圈、保持架和滚动体四部分组成。

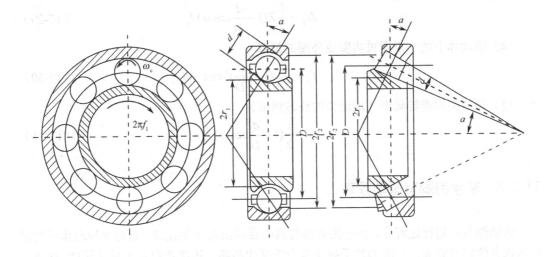

图 17-11　滚动轴承的典型结构

滚动轴承主要几何参数如下。

轴承节径 D：轴承滚动体中心所在的圆的直径。

滚动体直径 d：滚动体的平均直径。

内圈滚道半径 r_1：内圈滚道的平均半径。

外圈滚道半径 r_2：外圈滚道的平均半径。

接触角 α：滚动体受外力方向与内外滚动道垂直线的夹角。

滚动体个数 Z：滚珠或滚动体的数目。

17.2.2 滚动轴承特征频率

假设外圈固定的理想条件下，滚道面与滚动体之间无相对滑动；滚动轴承受径向、轴向载荷时各部分无变形，其工作时的特征频率[36]如下：

（1）内圈旋转频率

$$f_r = N/60 \tag{17-25}$$

（2）一个滚动体通过内圈上一点的频率

$$f_i = \frac{1}{2}(1 + \frac{d}{D}\cos\alpha)f_r \tag{17-26}$$

Z 个滚动体通过内圈上一点频率

$$Zf_i = \frac{1}{2}Z(1 + \frac{d}{D}\cos\alpha)f_r \tag{17-27}$$

（3）一个滚动体通过外圈上一点的频率

$$f_c = \frac{1}{2}(1 - \frac{d}{D}\cos\alpha)f_r \tag{17-28}$$

Z 个滚动体通过内圈上一点频率

$$Zf_c = \frac{1}{2}Z(1 - \frac{d}{D}\cos\alpha)f_r \tag{17-29}$$

（4）滚动体上的一点通过内圈或外圈的频率

$$f_\upsilon = \frac{D}{2d}\{1 - (\frac{d}{D})^2\cos^2\alpha\}f_r \tag{17-30}$$

（5）保持架的旋转频率（滚动体的公转频率）

$$f_c = \frac{1}{2}(1 - \frac{d}{D}\cos\alpha)f_r \tag{17-31}$$

17.2.3 轴承的固有振动频率

滚动轴承在运行过程中，由于滚动体与内外圈冲击而产生振动，这时的振动频率为轴承各部分的固有频率。一般为数千赫至数十千赫的高频，该频率取决于轴承元件的材料、形状、质量及安装条件等，与工作转速无关。

钢球的固有频率

$$f_{bn} = \frac{0.424}{r}\sqrt{\frac{E}{2\rho}} \tag{17-32}$$

式（17-32）中，r 为钢球半径；ρ 为材料密度；E 为弹性模量。

轴承内外圈在自由状态下径向弯曲振动的固有频率

$$f_n = \frac{n(n^2-1)}{2\pi(D/2)^2\sqrt{n^2+1}}\sqrt{\frac{EIg}{\gamma A}} \tag{17-33}$$

式（17-33）中，E 为材料的弹性模量；I 为圆环中性轴截面惯性矩；g 为重力加速度；γ

为材料密度；A 为圆环的截面积；D 为圆环中性轴的直径；n 为圆环变形后的节点数。

带入钢材的各常数，$E = 2.058 \times 10^{11} \, \text{N/m}^2$，$\gamma = 7.8 \times 10^3 \, \text{kg/m}^3$，则简化为

$$f_n = 9.40 \times 10^5 \times \frac{h}{D} \times \frac{n(n^2 - 1)}{\sqrt{n^2 + 1}} \tag{17-34}$$

式中，h 为圆环的厚度。

17.2.4　滚动轴承运行故障特征

轴承在使用过程中轴承元件损伤或者有异物进入会产生冲击振动，由固有振动和低频脉动组成，表现为通过振动对固有振动的脉冲调制，其频率包含高频部分和低频部分，高频部分为轴承元件的固有频率或者其高次谐波，通常为几千至数十千赫，低频部分为轴承元件的特征频率，通常小于 1000Hz。

从理论上讲，固有振动和低频脉动都可以用来对滚动轴承故障进行诊断，通过分析振动信号中是否含有相应的故障频率成分，可诊断出轴承表面是否出现损伤；低频振动的情况要复杂一些，因为会出现频率和幅值调制的现象。

几种常见的滚动轴承损伤特征如下。

1．轴承偏心

当滚动轴承的内圈出现严重磨损等情况时，轴承会出现偏心现象，当轴旋转时，轴心（内圈中心）便会绕外圈中心摆动。此时的振动频率为 $nf_r (n = 1, 2, \cdots)$，振动波形如图 17-12 所示。

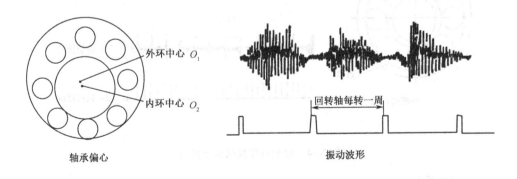

图 17-12　轴承偏心振动特征

2．轴承内圈损伤

当轴承内圈滚道表面发生损伤（如剥落、裂纹、点蚀等）时，在滚动体通过时便会产生冲击振动。在滚动轴承无径向间隙时，会产生频率为 $nZf_i (n = 1, 2, \cdots)$ 的冲击振动，如图 17-13 所示。

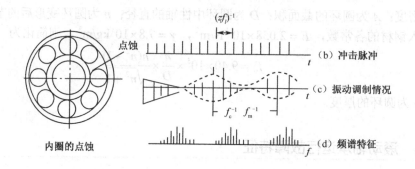

（b）冲击脉冲

（c）振动调制情况

（d）频谱特征

图 17-13　轴承内圈损伤振动特征

通常滚动轴承都用径向间隙，且为单边载荷，与损伤部分和滚动体发生冲击接触的位置不同，振动的振幅大小会发生周期性变化，即发生振幅调制。若以轴旋转频率 f_r 进行振幅调制，这时的振动频率为 $nZf_i \pm f_r (n = 1, 2, \cdots)$；若以滚动体的公转频率（保持架频率）$f_c$ 进行振幅调制，这时的振动频率为 $nZf_i \pm f_c (n = 1, 2, \cdots)$。

3．轴外圈损伤

当轴承外圈滚道表面发生损伤（如剥落、裂纹、点蚀等）时，滚动体通过时也会产生冲击振动。由于点蚀等损伤的位置与载荷方向的相对位置关系是一定的，所以，这时不存在振幅调制的情况，振动频率为 $nZf_0 (n = 1, 2, \cdots)$，如图 17-14 所示。

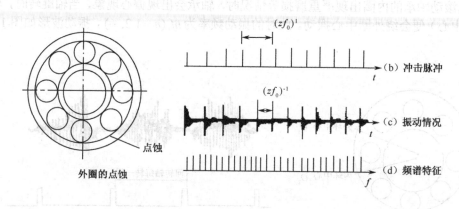

（b）冲击脉冲

（c）振动情况

（d）频谱特征

图 17-14　轴承外圈损伤振动特征

4．滚动体损伤

当轴承滚动体产生如剥落、裂纹、点蚀等损伤时，缺陷部位通过内圈或外圈滚道表面时会发生冲击振动。

滚动轴承无径向间隙时，会产生频率为 $nf_b (n = 1, 2, \cdots)$ 的冲击振动。

通常滚动轴承都有径向间隙，因此同内圈存在损伤时的情况一样，根据损伤部位与内圈外圈发生冲击接触的位置不同，也会发生振动幅值调制的现象，不过此时是以滚动体的公转频率 f_c 进行调制的。这时的振动频率为 $nf_b \pm f_c (n = 1, 2, \cdots)$，如图 17-15 所示。

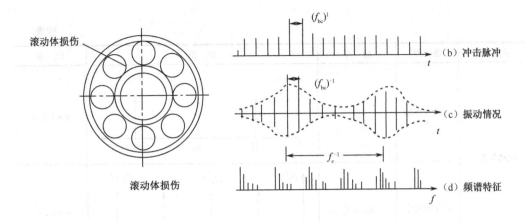

图 17-15　轴承滚动体损伤振动特征

将以上轴承部件损伤有关的特征频率列于表 17-1 中。

表 17-1　滚动轴承振动主要特征频率

故障类别	条件	频率	频谱	注备
轴承偏心		nf_r	$p(f)$，谱线在 f_r、$2f_r$、$3f_r$ … nf_r	$n=1,2,\cdots$
内圈损伤	无径向间隙	nZf_i	$p(f)$，谱线在 Zf_i、$2Zf_i$、$3Zf_i$ … nZf_i	$n=1,2,\cdots$
	有径向间隙	$nZf_i \pm f_r$	$p(f)$，谱线在 $2Zf_i-f_r$、$2Zf_i+f_r$ …	$n=1,2,\cdots$
		$nZf_i \pm f_c$	$p(f)$，谱线在 $2Zf_i-f_r$、$2Zf_i+f_r$ …	$n=1,2,\cdots$
外圈损伤		nZf_0	$p(f)$，谱线在 Zf_0、$2Zf_0$、$3Zf_0$ … nZf_0	$n=1,2,\cdots$

续表

故障类别	条 件	频 率	频 谱	注 备
滚动体损伤	无径向间隙	nf_b		$n = 1, 2, \cdots$
	有径向间隙	$nf_b \pm f_e$		$n = 1, 2, \cdots$

17.3 齿轮故障机理与特征

17.3.1 齿轮的简化振动模型

齿轮箱的振动系统是一个十分复杂的非线性系统，要建立完整的非线性振动模型是非常困难的，为了研究方便，在研究齿轮及齿轮箱故障机理时，通常将齿轮传动副进行简化[34]。简化后的物理模型如图17-16所示。

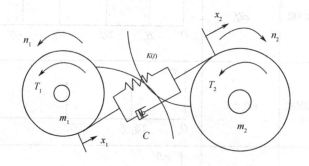

图 17-16   齿轮啮合物理模型

以一对齿轮作为研究对象，忽略齿面上摩擦力的影响，根据振动理论，其动力学方程为

$$M\ddot{x} + C\dot{x} + k(t)x = k(t)E_1 + k(t)E_2(t) \qquad (17\text{-}35)$$

式中，x 是沿啮合线上齿轮相对位移（$x = x_2 - x_1$）；C 是齿轮啮合阻尼；$k(t)$ 是齿轮啮合刚度；M 是齿轮的等效质量，$M = m_1 m_2 / (m_1 + m_2)$，其中 m_1、m_2 分别为两齿轮的质量；E_1 是齿轮受载后的平均静弹性变形；$E_2(t)$ 是齿轮误差和故障造成的两个轮齿间的相对位移，又称为故障函数。

从式（17-35）可知，齿轮在无异常的理想状态下也存在振动，且其振源来自两部分：一部分为 $k(t)E_1$，它与齿轮的误差和故障无关，是齿轮的常规啮合振动；另一部分为 $k(t)E_2(t)$，它取决于齿轮的啮合刚度 $k(t)$ 和故障函数 $E_2(t)$。啮合刚度 $k(t)$ 为周期性变化的变量。可以说齿轮的振动主要是由 $k(t)$ 的这种周期性变化引起的。

啮合刚度的变化可由两点来说明：一是随着啮合点位置的变化，参加啮合的单一轮齿的刚度发生了变化；二是参加啮合的齿数在变化。每当一个轮齿开始进入啮合到下一个轮齿进入啮合，齿轮的啮合刚度就变化一次。变化曲线如图 17-17 所示。可见直齿轮刚度变化较为陡峭，斜齿轮刚度变化较缓，这也是斜齿轮传动平稳的原因之一。

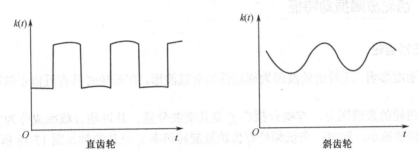

图 17-17　齿轮啮合刚度变化曲线

在正常情况下，齿轮啮合频率及谐波成分为

$$X_c(t) = \sum_{m=0}^{M} A_m \cos(2\pi m f_z + \phi_m) \tag{17-36}$$

$$f_z = n\frac{N}{60}Z \tag{17-37}$$

式中，f_z 为啮合频率；n 为自然数 1，2，3，$\cdots$，M，M 为最大谐波数；N 为齿轮轴的转速；Z 为齿轮的齿数。

17.3.2　齿轮振动的啮合频率调制现象

对于齿轮振动，在式（17-35）中，齿轮振动中的 $k(t)E_1$ 不随故障的产生而变化，而 $k(t)E_2(t)$ 是故障发生时产生调制变频带的原因。由振动理论可知，对于线性系统，将产生与激励 $k(t)E_2(t)$ 频率相同的调制振动部分的响应[27]，这样由式（17-35）求得的齿轮啮合振动中幅值调制部分表示为如下形式

$$Y(t) = X_K(t)D_E(t) \tag{17-38}$$

式中，$X_K(t)$ 为载波信号，包含了齿轮啮合频率 f_z 及其高次谐波；$D_E(t)$ 则包含了调制频率及其高次谐波的信号。

$D_E(t)$ 反映了齿轮本身的误差和故障情况及其他零件故障引起的齿轮传动误差情况，包含了故障所在轴的转频及高次倍频。对 $Y(t)$ 做频谱分析，有信号傅里叶变换性质的时域相乘、频域卷积的原理，在频谱图上形成若干围绕啮合频率及其高次谐波两侧、间隔为转频

及其高次倍频的边频带，根据傅里叶变换的频域卷积定理，式（17-38）在频域中表示为

$$S_Y(f) = S_X(f) * S_D(f) \tag{17-39}$$

式（17-39）中，*号表示卷积；$S_Y(f)$ 表示 $Y(t)$ 的傅里叶变换；$S_X(f)$ 表示 $X_K(t)$ 的傅里叶变换；$S_D(f)$ 表示 $D_E(t)$ 的傅里叶变换。

因此就会在齿轮啮合频率及其高次谐波的两侧形成间隔为转频及其倍频的边频带。齿轮箱齿形误差和点蚀、断齿、联轴器不对中和传动轴弯曲等故障都会产生这种调制现象，但其调制边频带分布是不同的。

17.3.3 齿轮故障振动特征

1. 正常齿轮

由于刚度影响，正常齿轮波形为周期性的衰减波形，在低频时具有近似正弦波的啮合波形。

正常齿轮的频谱图上，有啮合频率 f_c 及其谐波分量，并以啮合频率成分为主，高次谐波分量依次减小；同时，在低频处有齿轮轴旋转频率 f_r 及其倍频如图 17-18 所示。

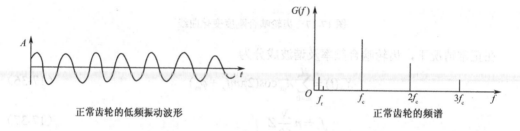

正常齿轮的低频振动波形 　　　　　正常齿轮的频谱

图 17-18 正常齿轮的振动特征

2. 齿轮磨损

齿轮发生均匀磨损时，正弦的啮合波形会遭到破坏，图 17-19 是齿轮发生磨损后引起的高频及低频振动。

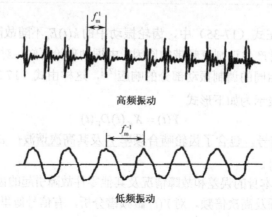

高频振动

低频振动

图 17-19 磨损齿轮的高频和低频振动

齿面均匀磨损时，频谱上会出现啮合频率及其谐波分量 $nf_c(n=1,2,\cdots)$，而且其 2 倍啮合频率和 3 倍啮合频率等高次谐波的幅值通常会比较高，如图 17-20 所示。当齿轮磨损严重时，会出现磨损齿轮转频的边频带。

图 17-20　齿轮均匀磨损时的频谱

3．齿轮不同轴

不同轴又称为不对中，指齿轮和轴由于装配不当而不同轴，当齿轮不同轴时，其振动信号具有明显的调幅现象，其频谱会出现故障齿转频及其倍频 $mf_r(m=1,2,\cdots)$，并产生以啮合频率为中心，以故障齿转频为间隔的边频带 $nf_c \pm f_r(n=1,2,\cdots)$，如图 17-21 所示。

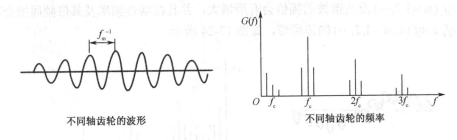

不同轴齿轮的波形　　　　　　　　　　不同轴齿轮的频率

图 17-21　齿轮不同轴的振动情况

4．齿距误差

有齿距误差的齿轮，因为齿距误差影响齿轮旋转角度的变化，在频域上会出现齿轮转频及其谐波 $mf_r(m=1,2,\cdots)$，以及各阶啮合频率 $nf_c(n=1,2,\cdots)$ 和其周围的边频带 $nf_c \pm mf_r(n,m=1,2,\cdots)$。图 17-22 为具有齿距误差齿轮的时域波形和频谱图。

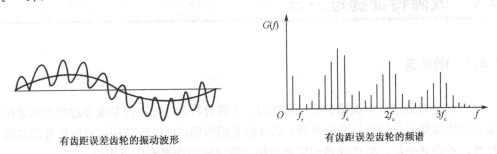

有齿距误差齿轮的振动波形　　　　　　　有齿距误差齿轮的频谱

图 17-22　有齿距误差齿轮的振动特征

5. 局部异常

齿轮局部异常包括齿根裂纹、断齿、齿形误差等。局部异常齿轮的振动波形是典型的以齿轮旋转频率为周期的冲击脉冲，会产生以回转频率 $mf_r (m=1,2,\cdots)$ 为主要特征的频域特征，如图 17-23 所示。

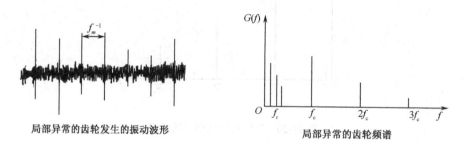

局部异常的齿轮发生的振动波形　　　　　局部异常的齿轮频谱

图 17-23　齿轮局部异常的振动特征

6. 齿轮不平衡

齿轮的不平衡是指齿轮的质心和旋转中心不重合，在不平衡力的作用下，齿轮轴的旋转频率 $mf_r (m=1,2,\cdots)$ 及其谐波的幅值会有所增大，并且在啮合频率及其倍频周围会产生频率为 $nf_c \pm mf_r (n,m=1,2,\cdots)$ 的边频带，如图 17-24 所示。

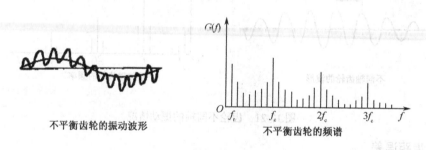

不平衡齿轮的振动波形　　　　　不平衡齿轮的频谱

图 17-24　不平衡齿轮的振动特征

17.4　故障特征提取方法

17.4.1　倒频谱

倒频谱是对频谱的再次谱分析，又称为二次谱分析，它对具有多成分边频的频谱图和复杂谱图中周期成分的分析非常有效，具有解卷积作用，可以分离和提取原信号或传输系统特性，在语音分析、振动噪声识别和机械故障诊断中均得到广泛应用。

对已知的时域信号 $x(t)$ 经过傅里叶变换的频域函数为 $X(f)$，对应的功率谱函数为

$G_x(f)$，则倒频谱函数 $C(q)$ 定义为

$$C_x(q) = \left| F\{\lg G_x(f)\} \right|^2 \tag{17-40}$$

$$C(q) = \sqrt{C_x(q)} = \left| F\{\lg G_x(f)\} \right| \tag{17-41}$$

倒频谱最早的定义为"对数功率谱的功率谱"。工程上常用的是取正平方根的形式，即 $C(q)$，称为幅值倒频谱。

对于一个线性系统，输入信号 $x(t)$ 经过传递函数 $h(t)$ 得到输出信号 $y(t)$，其三者的关系可用卷积表示

$$y(t) = x(t) * h(t) = \int_0^\infty x(\tau)h(t-\tau)\mathrm{d}\tau \tag{17-42}$$

对上式作傅里叶变换，其功率谱关系为

$$G_y(f) = G_x(f)G_h(f) \tag{17-43}$$

取对数并在次作傅里叶变换，得到幅值倒频谱

$$\left| F\{\lg G_y(f)\} \right| = \left| F\{\lg G_x(f)\} \right| + \left| F\{\lg G_h(f)\} \right| \tag{17-44}$$

即

$$C_y(q) = C_x(q) + C_h(q) \tag{17-45}$$

式（17-45）在倒谱谱上由两个不同的频率组成，一个表示了输入信号的谱特征，另一个系统响应的谱特征，它们在倒频谱上占有不同的位置，因而可以清晰的区分他们[37]。

在实际中对于多种故障存在的机械，由于其振动情况复杂，一般的频谱分析方法已经难以辨识缺陷的频率成分，而用倒频谱则可以增强对周期成分识别能力。图 17-25 所示为一个风力发电机组振动信号的功率谱和倒频谱图，从倒频谱图上可以清楚地看到有两个主要的频率分量 11.9Hz（0.08398s）和 2.05Hz（0.4879s）。

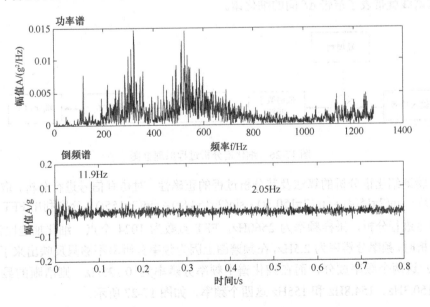

图 17-25　风电机组振动信号的功率谱和倒频谱

17.4.2 细化谱分析

在对振动信号进行谱分析时，往往会遇到频率很密集的频谱图，对其频率成分用普通的方法很难加以辨识[38]。例如，对采样频率为 2560Hz 的振动信号做 1024 点 FFT 的谱分析，其频率分辨率为 2.5Hz，即在频谱图上两条相邻的谱线距离为 2.5Hz，若有相距 1Hz 的频率成分则分辨不出来。

对于 FFT 来说，若其采样频率为 f_s、采样点数 N，则其分析频率范围是 0Hz 到 $f_s/2\,\mathrm{Hz}$，频率分辨率为 $\Delta f = f_s/N$，可以看出，采样频率和 FFT 点数确定后，频谱的频率分辨率就确定了。若要提高频率分辨率，且保持上限频率（$f_s/2$）不变，则要增加采样点数，但这样计算的工作量就要增大。因此在采样长度有限的情况下，即不损失上限频率，又要增加频率分辨率，只有采用计算窄带谱的频率细化分析方法。

频率细化分析是对局部频谱的放大，能使某些感兴趣的频段范围得到较高的分辨率。如图 17-26 所示，细化谱分析的步骤如下。

（1）复调制。对于采样频率为 f_s 离散时间序列 $\{x_n\}$，假设我们感兴趣的频带为中心频率为 f_k 的一个窄带 Δf，用单位正弦序列 $\mathrm{e}^{-\mathrm{j}2\pi f_k/f_s}$ 乘以 $\{x_n\}$ 得到 $\{y_n\}$ 新的 N 点离散时间序列。根据频移定理，将频率原点移动到中心频率 f_k 处，即 f_k 成为了新的频率坐标原点。

（2）低通数字滤波。为防止采样频率降低后引起的无用频带对有用频带成分的混叠，需要进行截止频率 $f_k/(2D)$（D 为重采样抽选比）的低通数字滤波。

（3）重采样。为了得到以 f_k 为中心的窄带 Δf 的细化谱，需要进行重采样，把采样频率降低至 f_s/D，D 是一个比例因子，又称为抽选比，重采样的时间间隔为 D/f_s。

（4）对经过重采样后得到的新的时间序列进行复数 FFT 计算，即可得到细化后的谱线，这些谱线就带表了窄带 Δf 间的细化谱。

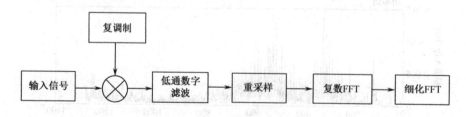

图 17-26　细化谱分析过程原理框图

为了验证细化谱分析的算法及其分析过程的正确性，对仿真信号进行分析，取一个正弦信号 $x(t) = \sin(2\pi150t) + \sin(2\pi150.3t) + \sin(2\pi154.8t) + \sin(2\pi155t)$，分别利用 FFT 谱和细化谱对信号进行分析，采样频率为 2560Hz，FFT 点数为 1024 个点，细化抽选比为 20，FFT 谱分析时，频率分辨率为 2.5Hz，在频谱图上因为频率分辨率不够只反映出来了 150Hz 和 155Hz 这两个频率成分，而在细化谱中频率分辨率为 0.125Hz，则清晰的显示出了 150Hz、150.3Hz、154.8Hz 和 155Hz 这四个频率，如图 17-27 所示。

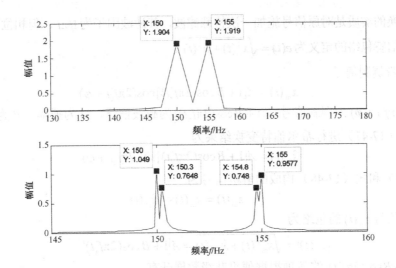

图 17-27　细化谱分析

17.4.3　解调谱

机械故障信号中常常伴有信号调制现象，如齿轮或滚动轴承发生集中或分布式故障，其频谱图上会出现，以齿轮的啮合频率、齿轮固有频率或滚动轴承内、外环固有频率为中心频率，以齿轮所在轴的转频或滚动轴承通过频率的调制边频带，频谱成分复杂不利于故障分析，而解调谱可以有效地识别某些冲击振动，找到该冲击的振源。从图 17-28 中可以看出，典型的幅值调制信号包括两个部分：一是载波信号，一般为系统的自由振荡及各种随机干扰信号的频率，是图中频率成分较高的信号；二是调制信号，即包络线所包围的信号，其频率较低，多为故障信号。

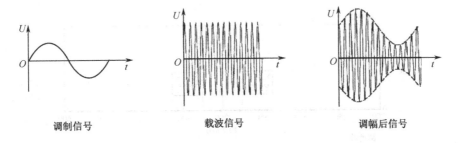

调制信号　　　　　载波信号　　　　　调幅后信号

图 17-28　信号调幅过程

因此，若要对故障进行分析，就需要把低频信号（调制信号）从高频信号（载波信号）中分离出来，这个提取调制信息的过程成为解调，它是齿轮箱故障诊断中广泛运用的一种有效的故障分析方法。信号解调的方法有很多，本文采用希尔伯特方法进行解调分析。

设 $x(t)$ 为时域信号，其希尔伯特变换 $h(t)$ 的定义为

$$h(t) = \frac{1}{\pi}\int_{-\infty}^{+\infty}\frac{x(\tau)}{t-\tau}\mathrm{d}\tau = \frac{1}{\pi t}x(t) \tag{17-46}$$

希尔伯特变换的实质是对原信号施加一次特殊滤波，其滤波因子为$1/\pi t$，但相位要作 90° 相移。希尔伯特包络的定义为$e(t) = \sqrt{x^2(t) + h^2(t)}$。

设一窄带调制信号

$$x_m(t) = A[1 + B\cos(2\pi f_z t)]\cos(2\pi f_c t + \varphi) \tag{17-47}$$

式中，$\cos(2\pi f_c t + \varphi)$为调制信号，$[1 + B\cos(2\pi f_z t)]$为载波信号，$A$为振幅，$B$为幅值调制指数。对式（17-47）进行希尔伯特变换结果为

$$\hat{x}_m(t) = A[1 + B\cos(2\pi f_z t)]\sin(2\pi f_c t + \varphi) \tag{17-48}$$

由式（17-47）和式（17-48）构成的解析信号为

$$z_m(t) = x_m(t) + j\hat{x}_m(t) \tag{17-49}$$

由此可得到信号$z_m(t)$的包络为

$$|z_m(t)| = \sqrt{x_m{}^2(t) + \hat{x}_m{}^2(t)} = A\left|1 + B\cos(2\pi f_z t)\right|$$

将上式中$\left|1 + B\cos(2\pi f_z t)\right|$的各项根据傅里叶级数展开有

$$z_m(t) = D_0 + D_1\cos(2\pi f_z t) + D_2\cos(2\pi 2 f_z t) + D_3\cos(2\pi 3 f_z t) + \cdots \tag{17-50}$$

对式（17-50）进行低通滤波，只要选取合适的截止频率，则式（17-50）可变为

$$z_m(t) = D_0 + \sum_{n=1}^{K} D_n\cos(2\pi n f_z t) \tag{17-51}$$

对式（17-51）进行谱分析就得到了调制谱，在齿轮中也就得到了齿轮所在轴的转频及其高次谐波成分，这就是希尔伯特变换解调原理。

为了验证解调谱分析的算法及其分析过程的正确性，对仿真信号进行分析，取一个调制信号$x(t) = [0.75 + \cos(2\pi 25 t)]\cos(2\pi 400 t)$，采样频率为 2048，采样点数为 8192，得到的频谱图和解调谱如图 17-29 所示，频谱图上可以看出在 400Hz 附近有 25Hz 的边频，进行希尔伯特解调之后，在解调谱上能清楚的看到 25Hz、50Hz、75Hz 和 100Hz 等一系列 25Hz 的倍频成分，说明解调谱对边频等冲击振动具有良好识别能力。

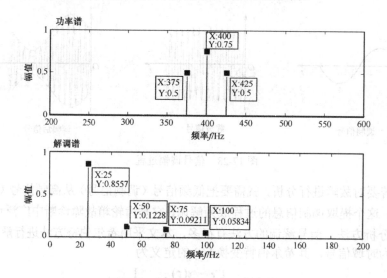

图 17-29　希尔伯特解调幅值谱

第 18 章

大型风电机组传动系统故障诊断分析

●●●●●●●

18.1 风电机组测点说明

以某 1.5MW 故障风力发电机组为研究对象，进行测试分析，其部分参数见表 18-1。

表 18-1 某 1.5MW 风电机组部分参数

技术参数	单 位	1.5MW 风机
叶轮直径	m	77.42
轮毂高度	m	99.90
额定功率	kW	1500
启动风速	m/s	3.0
额定风速	m/s	11.0
生存风速	m/s	51.0
额定转速	r/min	17.4
转速范围	r/min	9.8～19.0

在接近百米高空中的机舱进行测试，测试平台为笔记本电脑及 LDS PHOTON Ⅱ型便携式 4 通道采集仪，采集软件为 RT Pro Photon 信号采集分析软件，传感器采用 PCB 单向加速度传感器，如图 18-1 所示。

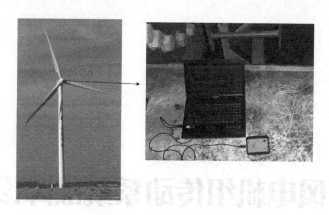

图 18-1 风电机组测试平台

测点示意图如图 18-2 所示，A、B 点在齿轮箱靠近叶片端，C、D 点在齿轮箱中间，E 点在齿轮箱高速轴端，F 点在发电机输入轴端，所有测试均选取风电机组主轴轴向和水平径向为测量方向。

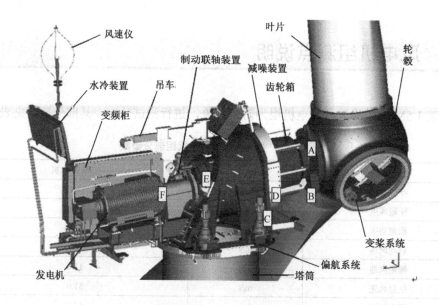

图 18-2 测点示意图

18.2 电机转子故障分析

此风电机组的发电机为双馈异步感应电机，测点在输入端 F 点如图 18-3 所示。

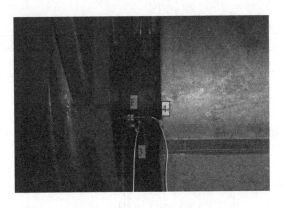

图 18-3　发电机输入端测点 F

所测信号总时长为 343.6s，采样频率为 2560Hz，在分析时每隔 48s 取 8192 个点做功率谱，在 48s 时径向、轴向时域图和功率谱如图 18-4 所示。

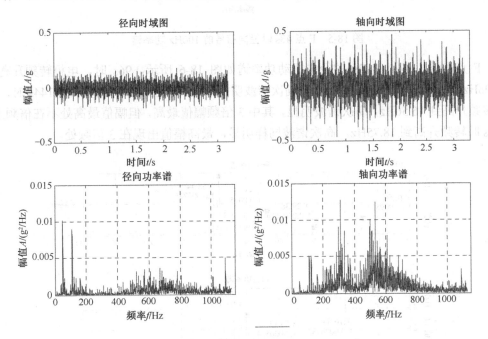

图 18-4　F 点信号 48s 时域及功率谱

从图 18-4 中可以看出，时域上轴向振幅比径向振幅大，冲击明显。在频谱图上低频处径向幅值大，轴向频谱主要集中在 200Hz 之后的频段。

对于旋转机械，故障频谱特征主要集中在转频及其倍频处，电机额定转速为 1800r/min，频率为 30Hz，测试时，转频未达到额定转速，故取功率谱前 100Hz 为分析频段。F 点径向信号功率谱前 100Hz 的谱图如图 18-5 所示，此时电机转频为 12.81Hz，其 2 倍频、3 倍频、4 倍频处的冲击明显，冲击最高峰出现在 4 倍频处。

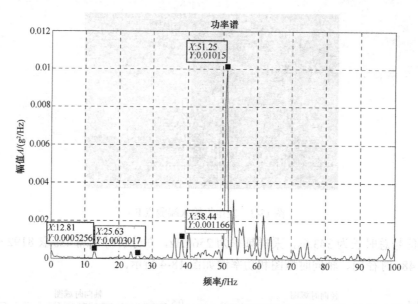

图 18-5　F 点 48s 时径向信号前 100Hz 功率谱

　　F 点 96s、144s、192s 的径向振动功率谱如图 18-6 所示，96s 时，电机转频升高到 14.96Hz，2 倍频、3 倍频、4 倍频等高次谐波明显，最高峰出现在 4 倍频处；144s 时，电机转频升高到 16.56Hz，高次谐波明显，其中 3 倍频幅值最高，但幅值最高处不在倍频上，192s 时转频升高到 18.75Hz，高次谐波同样明显，最高幅值出现在 3 倍频处。

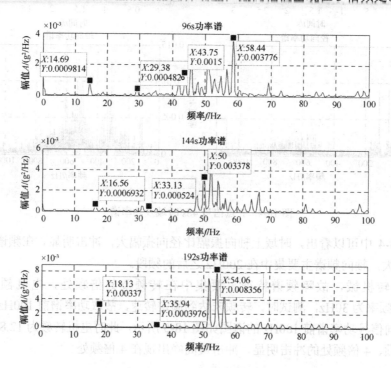

图 18-6　F 点径向功率谱

为对比方便，画出瀑布图如图 18-7 所示。

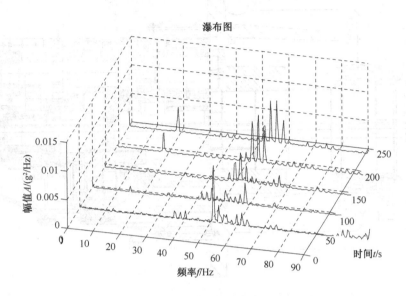

图 18-7　F 点功率谱瀑布图

从图 18-7 可以看出，频谱图上 2 倍频、3 倍频、4 倍频等高次谐波明显，且径向幅值较大，初步诊断可能存在松动故障；且随转速的升高，转频幅值也随之增大，可能存在不平衡故障，2 倍频成分也比较明显，可能为松动引起的不对中故障。

在转速较低时，幅值最高处出现在 4 倍频处，当转速升高后，幅值最高处发生偏移，处于 3 倍频与 4 倍频之间，而且幅值最高处总是出现在 50～60Hz 处，此处可能是风电机组的某一固有频率。

18.3　齿轮故障分析

此 1.5MW 风力发电机齿轮箱结构如图 18-8 所示，采用了两级行星与一级平行轴齿轮传动，传动比为 1:104.125。

齿轮箱的结构示意图如图 18-9 所示，齿轮箱传递的额定功率为 1500kW，在第一级行星轮系中，太阳轮齿数 $z_1 = 24$、行星轮齿数 $z_2 = 39$、内圈齿数 $z_3 = 102$；在第二级行星轮系中，太阳轮齿数 $z_4 = 24$、行星轮齿数 $z_5 = 39$、内圈齿数 $z_6 = 102$；在第三级平行轴轮系中，斜齿轮齿数 $z_7 = 102$、斜齿轮齿数 $z_8 = 27$。

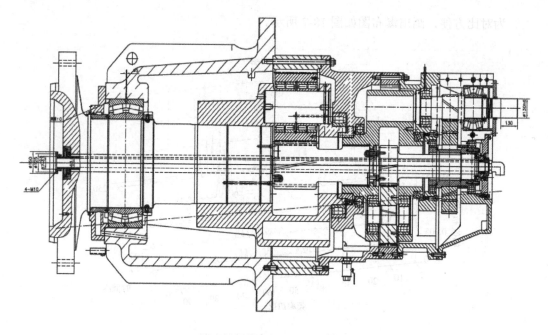

图 18-8　某 1.5MW 风机齿轮箱结构图

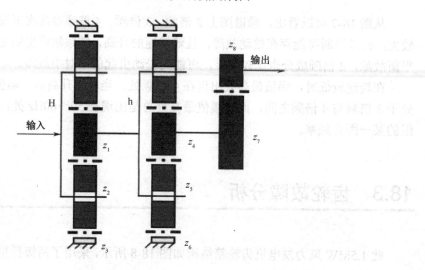

图 18-9　齿轮箱结构示意图

从频谱上可以得到发电机的特征频率 f，即发电机的转频。斜齿轮 8 与发电机同轴，所以齿轮 8 的转频 $f_8 = f$，转速 $n_8 = 60f$。

（1）在第三级平行轴轮系中，低速齿齿数 $z_7 = 102$，高速齿齿数 $z_8 = 27$，则第三级齿数比

$$u_{\mathrm{III}} = \frac{z_7}{z_8} = \frac{102}{27} = 3.778 \tag{18-1}$$

第三级传动比

$$i_{\mathrm{III}} = \frac{1}{u_{\mathrm{III}}} = \frac{z_8}{z_7} = \frac{27}{102} = 0.2647 \qquad (18-2)$$

齿轮 7 的转速

$$n_7 = n_8 \frac{z_8}{z_7} = \frac{27}{102} \times 60f \qquad (18-3)$$

齿轮 7 的转频

$$f_7 = \frac{27}{102} f = 0.3778f \qquad (18-4)$$

（2）在第二级行星轮系中，太阳轮齿数 $z_4 = 24$ ，行星轮齿数 $z_5 = 39$ ，内齿圈齿数 $z_6 = 102$ ，则第二级行星轮系中输入轴 h 和输出轴 4 之间的传动比

$$i_{\mathrm{II}} = i_{h4} = \frac{n_h}{n_4} = \frac{1}{1 - i_{46}^h} = \frac{z_4}{z_4 + z_6} = \frac{24}{126} = 0.1905 \qquad (18-5)$$

齿数比

$$u_{\mathrm{II}} = 5.25 \qquad (18-6)$$

齿轮 4 的转速

$$n_4 = n_7 = \frac{27}{102} \times 60f \qquad (18-7)$$

齿轮 4 的转频

$$f_4 = f_7 = \frac{27}{102} f = 0.3778f \qquad (18-8)$$

齿轮 5 的公转速度

$$n_{5公} = n_h = n_4 i_{\mathrm{II}} = \frac{27}{102} \times \frac{24}{126} \times 60f \qquad (18-9)$$

齿轮 5 的自转速度

$$n_{5自} = \frac{z_6}{z_5} n_h = \frac{102}{39} \times \frac{27}{102} \times \frac{24}{126} \times 60f \qquad (18-10)$$

（3）在第一级行星轮系中，太阳轮齿数 $z_1 = 24$ ，行星轮齿数 $z_2 = 39$ ，内齿圈齿数 $z_3 = 102$ ，则第二级行星轮系中输入轴 H 和输出轴 1 之间的传动比

$$i_{\mathrm{I}} = i_{H1} = \frac{n_H}{n_1} = \frac{1}{1 - i_{13}^H} = \frac{z_1}{z_1 + z_3} = \frac{24}{126} = 0.1905 \qquad (18-11)$$

齿数比

$$u_1 = 5.25 \qquad (18-12)$$

齿轮 1 的转速

$$n_1 = n_{5公} = \frac{27}{102} \times \frac{24}{126} \times 60f \qquad (18-13)$$

齿轮 1 的转频

$$f_1 = f_{5公} = \frac{27}{102} \times \frac{24}{126} f \qquad (18-14)$$

齿轮 2 的公转速度

$$n_{2公} = n_H = n_1 i_1 = \frac{27}{102} \times \frac{24}{126} \times \frac{24}{126} \times 60f \quad (18\text{-}15)$$

齿轮 2 的自转速度

$$n_{2自} = \frac{z_3}{z_2} n_H = \frac{102}{39} \times \frac{27}{102} \times \frac{24}{126} \times \frac{24}{126} \times 60f \quad (18\text{-}16)$$

风轮转速

$$n_0 = n_{2公} = \frac{27}{102} \times \frac{24}{126} \times \frac{24}{126} \times 60f \quad (18\text{-}17)$$

齿轮箱总增速比

$$i = \frac{27}{102} \times \frac{24}{126} \times \frac{24}{126} = 104.125 \quad (18\text{-}18)$$

所以可以计算出三级增速传动中，每一级齿轮的啮合频率 f_{I}，f_{II}，f_{III}

$$f_{\mathrm{I}} = \frac{n_H}{60} z_3 = 27 \times \frac{24}{126} \times \frac{24}{126} f \quad (18\text{-}19)$$

$$f_{\mathrm{II}} = \frac{n_h}{60} z_6 = 27 \times \frac{24}{126} f \quad (18\text{-}20)$$

$$f_{\mathrm{III}} = \frac{n_8}{60} z_8 = 27f \quad (18\text{-}21)$$

整理以上数据，得到各级啮合频率和各个齿轮转频与电机转频 f 的关系，见表 18-2。

表 18-2　齿轮箱三级啮合频率及各齿轮转频的关系

齿　轮	齿轮转频	啮　合	啮合频率
风轮转频	$f_0 = \frac{27}{102} \times \frac{24}{126} \times \frac{24}{126} f$		
第一级太阳轮	$f_1 = \frac{27}{102} \times \frac{24}{126} f$		
第一级行星轮（自转，公转）	$f_{2自} = \frac{27}{39} \times \frac{24}{126} \times \frac{24}{126} f$	第一级啮合频率	$f_{\mathrm{I}} = 27 \times \frac{24}{126} \times \frac{24}{126} f$
	$f_{2公} = \frac{27}{102} \times \frac{24}{126} \times \frac{24}{126} f$		
第二级太阳轮	$f_4 = \frac{27}{102} f$		
第二级行星轮（自转，公转）	$f_{5自} = \frac{102}{39} \times \frac{27}{102} \times \frac{24}{126} f$	第二级啮合频率	$f_{\mathrm{II}} = 27 \times \frac{24}{126} f$
	$f_{5公} = \frac{27}{102} \times \frac{24}{126} f$		
平行轴低速齿	$f_7 = \frac{27}{102} f$	第三级啮合频率	$f_{\mathrm{III}} = 27f$
平行轴高速齿	$f_8 = f$		

测点 E 在齿轮箱高速端，如图 18-10 所示，所测时长为 343.6s，采样频率为 2560Hz，在分析时每隔 48s 取 8192 个点做功率谱，在 192s 时径向、轴向时域图和功率谱如图 18-11 所示。

图 18-10　齿轮箱高速端测点 E

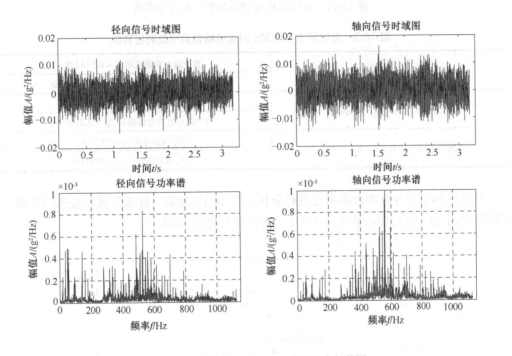

图 18-11　齿轮箱 E 点 192s 时域及功率谱图

　　从图 18-11 可以看出，齿轮箱高速端径向和轴向时域振幅基本相同，轴向略大，功率谱幅值在 200Hz 前的低频成分径向要比轴向大，高频成分较多，两者幅值相差不大。

　　图 18-12 为径向信号前 100Hz 功率谱图，图上电机转频及其 2 倍频、3 倍频明显。此时电机转频为 18.13Hz，经计算，齿轮箱各级啮合频率及其对应齿轮转频见表 18-3。

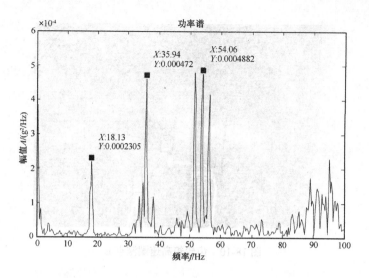

图 18-12　齿轮箱 E 点 192s 时径向信号功率谱

表 18-3　齿轮箱 E 点 192s 时齿轮啮合频率及对应转频

第一级啮合频率 $f_1 = 17.76$ Hz	第一级太阳轮频率 $f_1 = 0.9141$ Hz
	第一级行星轮自转频率 $f_{2自} = 0.4554$ Hz
第二级啮合频率 $f_{II} = 93.24$ Hz	第一级太阳轮频率 $f_4 = 4.7991$ Hz
	第一级行星轮自转频率 $f_{5自} = 2.3908$ Hz
第三级啮合频率 $f_{III} = 489.51$ Hz	平行轴高速齿 $f_8 = 18.13$ Hz
	平行轴低速齿 $f_7 = 4.7991$ Hz

　　针对径向信号各级啮合频率处进行分析，图 18-13 为第一级啮合频率处的细化谱，细化抽选比为 20，细化中心频率为 18Hz，细化谱点数为 1024。

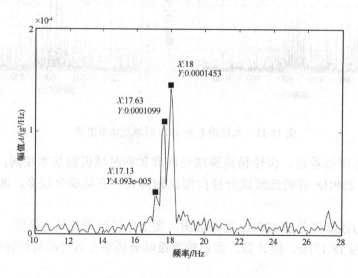

图 18-13　第一级啮合频率处细化谱

从频谱图 18-13 上可以看出第一级啮合频率实际为 17.63Hz，有在 0.4Hz 左右的边频存在，因为 18Hz 为高速轴转频，与边频接近，重合成了一条谱线，故右边频幅值较高，而左边频幅值较低为正常啮合激起的频率成分。

图 18-14 为第二级啮合频率处细化谱，细化抽选比为 20，细化中心频率为 93Hz，细化谱点数为 1024。

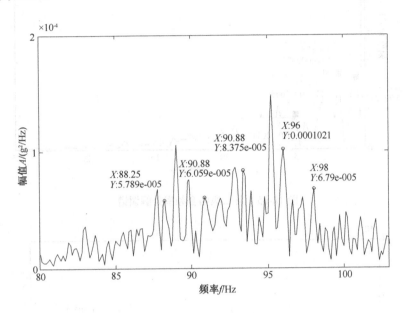

图 18-14　第二级啮合频率处细化谱

第二级啮合频率处频率成分比较复杂，第二级啮合频率为 93.38Hz，周围与啮合频率相差 2.5Hz、2.62Hz 和 5.13Hz、4.62Hz 的边频，与啮合齿轮的转频 2.3908Hz 和 4.7991Hz 接近，且幅值都较高，接近啮合频率幅值，所以此处齿轮可能存在故障，但因为两齿轮转频恰好是倍频关系，所以不能确定具体故障齿轮。

因此选择第二级啮合频率附近进行解调谱分析，如图 18-15 所示，主要的调制频率为 0.625Hz、1.875Hz、2.813Hz 和 5Hz，其中 2.813Hz 和 5Hz 频率正好和第二级啮合齿轮的转频接近，2.813Hz 频率的幅值较高，为主要的调制频率，5Hz 频率幅值较低，为次要的调制频率。

图 18-16 为第三级啮合频率处细化谱，细化抽选比为 20，细化中心频率为 489Hz，细化谱点数为 1024。

从频谱图 18-16 上可以看出，第三级啮合频率为 489.9Hz，附近有 484.9Hz 和 494.4Hz 的边频成分，5Hz 和 4.5Hz 的频率差与 4.7991Hz 的低速轴转频接近，也有 471.9Hz 和 507.9Hz 的频率成分，在啮合频率两边形成了 18Hz 的边频，与齿轮箱高速轴对应，但只有 507.9Hz 一侧的频率成分幅值较高，可能是与某个峰值频率谱线重合所致。

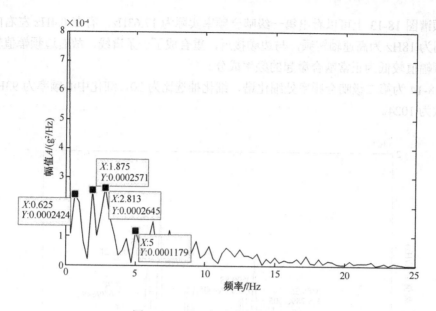

图 18-15　第二级啮合频率处解调谱

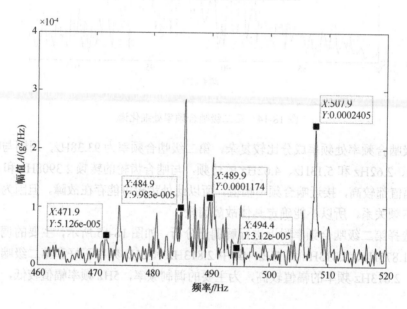

图 18-16　第三级啮合频率处细化谱

对第三级啮合频率附近频带进行解调谱分析，如图 18-17 所示，主要的调制频率为 2.188Hz、4.688Hz 和 17.5Hz，其中 4.688Hz 正好与低速轴齿轮的转频接近，17.5Hz 则对应高速轴转频，4.688Hz 处的频率幅值较高，为主要的调制频率，17.5Hz 频率幅值较低，为次要的调制频率。

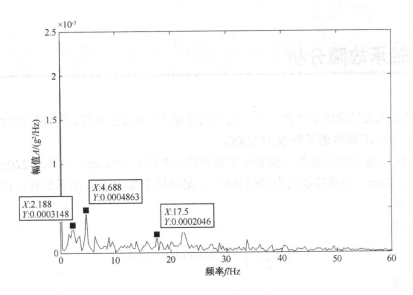

图 18-17　第三级啮合频率处解调谱

对比三级啮合频率处边频，发现故障频率主要为 **4.688Hz**，发生故障的位置可能在平行轴轮系低速齿及其轴上。

在功率谱上除啮合频率之外，频率峰值和边频带较多，如图 18-18 所示。在齿轮箱受到激振力很大时，不仅在齿轮的啮合频率处发生调制现象，而且会激励起齿轮本身的固有频率，在齿轮固有频率附近也产生一个高频响应，在频谱图中齿轮的固有频率处，出现调制边带，产生齿轮固有频率振动调制现象。同时，在激振频率异常大时，还会激起齿轮箱体的固有频率，产生箱体固有频率振动调制现象。所以此边频带可能是由于外激励而引起的齿轮箱体的共振和齿轮固有频率的共振。

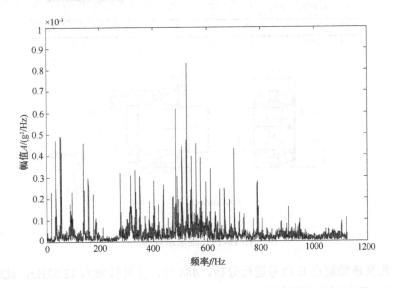

图 18-18　齿轮箱 E 点径向功率谱

18.4　轴承故障分析

　　齿轮箱高速端轴承因常工作在相对较高的转速下，易发生故障，所分析的齿轮箱高速端轴承型号为 SKF 圆锥滚子轴承 31328X。

　　图 18-19 为轴承的示意图，轴承的主要参数：内径为 140mm，中径为 220mm，滚动体直径为 43.2mm，公称接触角为 28.8108°，滚动体个数为 16，根据公式可计算出轴承的故障频率如下。

内圈通过频率

$$f_{\mathrm{n1}} = \frac{1}{2}Z(1+\frac{d}{D}\cos\alpha)f_{\mathrm{r}} = 9.264f_{\mathrm{r}} \tag{18-22}$$

外圈通过频率

$$f_{\mathrm{w1}} = \frac{1}{2}Z(1-\frac{d}{D}\cos\alpha)f_{\mathrm{r}} = 6.736f_{\mathrm{r}} \tag{18-23}$$

滚动体故障频率

$$f_{\mathrm{g1}} = \frac{D}{2d}\{1-(\frac{d}{D})^2\cos^2\alpha\}f_{\mathrm{r}} = 2.703f_{\mathrm{r}} \tag{18-24}$$

保持架通过频率

$$f_{\mathrm{b1}} = \frac{1}{2}(1-\frac{d}{D}\cos\alpha)f_{\mathrm{r}} = 0.421f_{\mathrm{r}} \tag{18-25}$$

主要数据尺寸			基本负荷额定值		疲劳负荷限值	额定速度		体积
			动态 C	静态 C_0	P_{u}	参照速度	限制速度	
d	D	T						
mm			kN		kN	r/min		kg
140	300	154	1190	1800	176	1200	2200	52.5

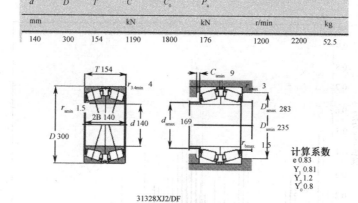

31328XJ2/DF

图 18-19　轴承示意图

　　对齿轮箱高速轴测点 E 信号进行分析，48s 时，电机转频为 12.81Hz，此时圆锥滚子轴承 31328X 对应的特征频率见表 18-4。

表 18-4　圆锥滚子轴承的特征频率

内圈通过频率	外圈通过频率	滚动体故障频率	保持架通过频率
118.6718Hz	86.2882Hz	34.6254Hz	5.3930Hz

对应表 18-4，查看径向信号功率谱，如图 18-20 所示，对比功率谱，轴承故障频率及其倍频成分在图上都不明显。

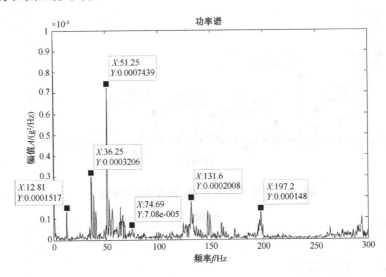

图 18-20　齿轮箱 E 点 48s 径向信号功率谱图

此时的倒频谱如图 18-21 所示，倒频率上只有一个成分比较明显，为 12.37Hz（0.08086s），此频率正好与齿轮高速轴转频 12.81Hz 对应，倒频谱上反映的是频谱上的周期成分，没有发现滚动轴承特征频率及其倍频相对应的频率成分。

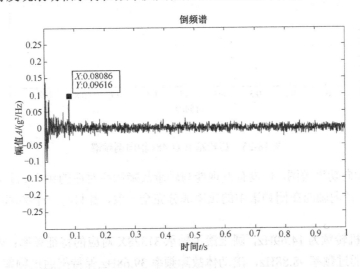

图 18-21　齿轮箱 E 点 48s 径向倒频谱

48s 时轴向频谱和倒频谱如图 18-22、图 18-23 所示。

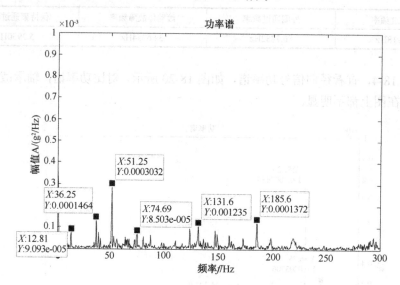

图 18-22　齿轮箱 E 点 48s 轴向信号功率谱

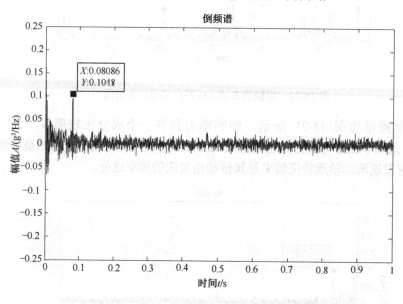

图 18-23　齿轮箱 E 点 48s 轴向倒频谱

仔细观察轴向功率谱图，也没有发现能与轴承故障频率对应的频率成分，而从倒频谱图中可以看出，径向轴向在倒频谱中的频率成分完全一致，都只有一个频率成分，为齿轮高速轴的转频。

96s 时，电机转频为 14.69Hz，圆锥滚子轴承 31328X 对应的特征频率：内圈通过频率 136.0Hz，外圈通过频率 98.88Hz，滚动体故障频率 39.68Hz，保持架通过频率 6.18Hz。

144s 时，电机转频为 16.56Hz，内圈通过频率 153.41Hz，外圈通过频率 111.55Hz，滚动体故障频率 44.76Hz,保持架通过频率 6.97Hz。

192s 时，电机转频为 18.125Hz，内圈通过频率 167.91Hz，外圈通过频率 122.09Hz，滚动体故障频率 49.0Hz,保持架通过频率 7.63Hz。

240s 时，电机转频为 18.44Hz，内圈通过频率 170.83Hz，外圈通过频率 124.21Hz，滚动体故障频率 49.84Hz，保持架通过频率 7.76Hz，以上径向信号的功率谱瀑布图如图 18-24 所示。

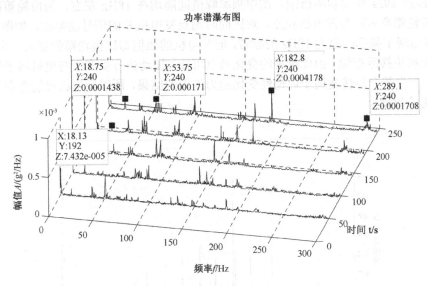

图 18-24　齿轮箱 E 点径向功率谱瀑布图

在各个功率谱上滚动轴承故障频率都不明显，再作每个信号的倒频谱瀑布图，如图 18-25 所示。

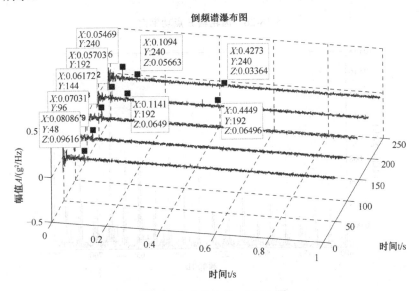

图 18-25　齿轮箱 E 点径向信号倒频谱瀑布图

在倒频谱上最明显的频率成分均为高速轴转频对应频率 12.37Hz（0.08086s）、14.22Hz（0.07031s）、16.2Hz（0.06172s）、17.53Hz（0.05703s）、18.28Hz（0.05469s），在 192s 和 240s 时还出现了转频的 2 倍频成分，以及 2.25Hz（0.4449s）和 2.34Hz（0.4273s）的频率成分，但是与滚动轴承相关特征频率成分均不明显，所以齿轮箱高速端轴承没有故障。

对于倒频谱出现的对应高速轴转频的频率，因为倒频谱反映的是频谱图上的周期成分，所以在频谱图上，存在大量等间隔的谱线，间隔频率等于高速轴转频，如图 18-26 所示，为 E 点 192s 径向功率谱图，图中频率峰值间隔均在 18Hz 左右，为齿轮箱高速轴转频，而齿轮箱高速轴与发电机相连，对比同时测点发电机 F 的信号功率谱，如图 18-27 所示，同样出现了频率间隔为 18Hz 的频带，但发电机的幅值却比齿轮箱的要大一个数量级，说明发电机更接近振源。由此频率的变化特点可知，振动信号受到了与电机转子转速同步的激励，产生某个与转速同步周期性变化的力作用的结果，所以发电机可能存在与转速同周期变化的故障。

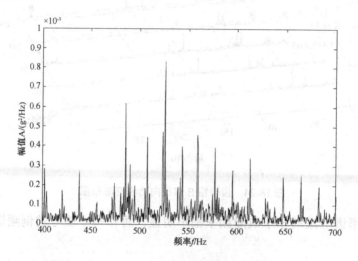

图 18-26　齿轮箱 E 点功率谱

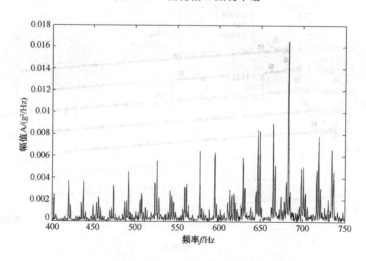

图 18-27　发电机 F 点功率谱

对图 18-26 中的功率谱，在主要峰值附近放大，如图 18-28 所示，可以看出在峰值附近存在边频，边频间隔为 2.2Hz 左右，这也是倒频谱上反映出的周期性频率。

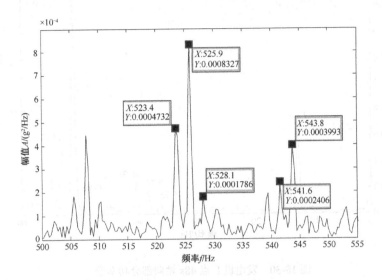

图 18-28　齿轮箱 E 点局部功率谱图

实际上在发电机 F 点信号中，在较大的峰值两边同样有 2Hz 左右的边频成分，如图 18-29 所示，为发电机 F 点 48s 轴向时域信号，从时域信号中就可以看出明显的冲击频率，并伴随振幅调制现象，密集的冲击间隔为 0.081s（12.35Hz），正好对应的转频 12.81Hz 为载波频率；而调制信号的周期为 0.551s（1.815Hz），则正好与频谱图上转频周围的边频频率对应。在转频及其倍频周围存在频率为 1.8Hz 左右的边频，可能为轴承偏心故障，则会产生轴转频及其倍频的频率成分，以及以 2Hz 载波频率的振幅调制，如图 18-30 所示。由于不知道发电机轴承的具体参数，无法确定 2Hz 振动的振源。

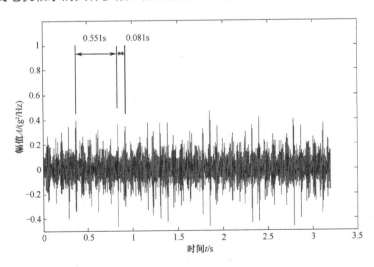

图 18-29　发电机 F 点 48s 轴向时域

对应 18-29 中的Ⅱ处。在主要振峰的左方，如图 18-28 所示，一个较高的振幅峰值在 2.81Hz 左右，这是电机振动轴向变化出的振幅峰值。

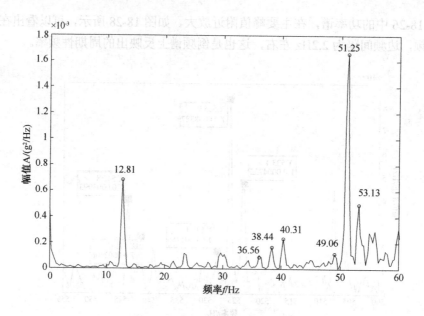

图 18-30 发电机 F 点 48s 轴向部分功率谱

由发电机 F 点 48s 分析中，在 12.81Hz 附近是电机转动的倍频成分。功率谱峰值表示，在 65s 振动时段里，从振源有 6~60Hz 成分宽带的功率谱频率，其中最大的频峰出现在 51.25Hz，另一较大的频率峰出现在 12.81Hz。另外在 53.13Hz 附近出现的峰值为 0.55s（1.8125Hz），可以与由峰值基图上对应的相位变化，在转频及其倍频附近分别成为 1.8Hz 左右的峰值，所以这个振峰是电机基，如图 18-10 所示。由于从转频成分及其谐频成的基本成分，频率峰值在 2Hz 振动谱功率强。

第19章

基于LabVIEW的风电机组传动链故障诊断系统设计与开发

• • • • • • •

19.1 LabVIEW 简介

LabVIEW 是美国国家仪器有限公司（National Instrument Co. Ld. 简称 NI）开发的一种面向对象的虚拟仪器程序设计语言，是一种开发测量控制系统的重要工具，在工业测试测量和自动化控制领域发挥着重要作用。LabVIEW 是一种编程语言，与其他常见的编程语言相比，最大的特点就是在于它是一种图形化编程语言。因此 LabVIEW 是一种简单直观、高效率的编程语言，在编写程序代码、实现程序功能的过程中都是使用图形化的操作方式，而且往往几个简单的图形和连线就能完成文本语言中需要大量代码才能完成的功能。同时在以 LabVIEW 软件的基础上，NI 公司提供了一系列强大的硬件支持，包括数据采集、过程控制和工业自动化等方面。

但对于大量复杂的数值运算，LabVIEW 就显得有些力不从心，而 MATLAB 具有强大的矩阵运算和图形处理能力，编程效率高，并且提供了大量高效的针对工程领域的工具箱，通过 LabVIEW 强大的外部接口能力，可以实现两者的混合编程，由 LabVIEW 可以设计用户界面，负责数据采集、运动控制、网络通信，而 MATLAB 可以提供各种功能强大的工具箱和复杂的算法供 LabVIEW 调用，可以快速地开发功能强大的虚拟仪器。

19.2 数据分析与故障诊断系统的设计开发

图 19-1 为数据分析与故障诊断系统的总体结构图。系统共有 3 个模块：数据读取回放模块，将离线数据导入，可以观察信号的时域、频域特征；转子信号分析模块对信号进行功率谱分析和倍频分析；齿轮信号分析模块可以对信号进行边频分析、倒频谱分析和解调谱分析，结合相关的标准、故障特征和典型案例进行故障诊断。

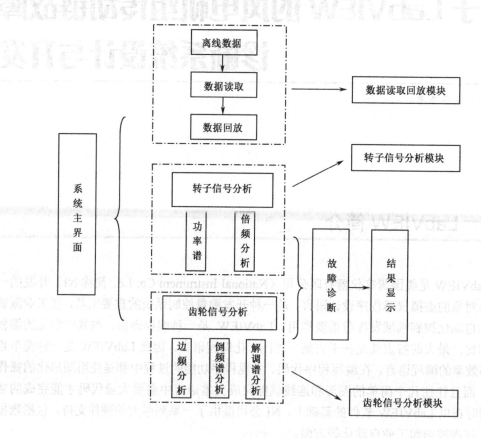

图 19-1　数据分析与故障诊断系统的总体结构

19.2.1 数据读取回放模块

对于已经采集到的信号数据进行离线读取，以 LabVIEW 中基于队列的"生产者—消费者模型"进行数据处理，一部分循环产生（采集）数据，另一部分循环消费（处理）数据，如图 19-2 所示，这一模型对新产生的数据直接放入队列作为缓存，此过程耗时很少，而程序的另一部分则不停地从队列中取出数据，对其进行处理。

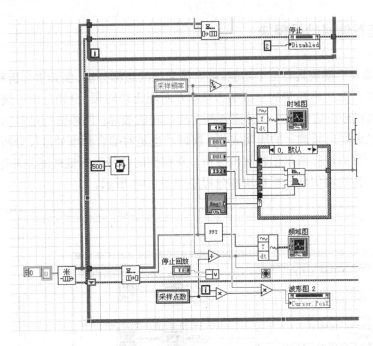

图 19-2　数据回放系统程序图

19.2.2　转子信号分析模块

信号分析采用 LabVIEW 和 MATLAB 混合编程的方法实现，通过 MATLAB 进行信号分析处理，实现各种复杂的算法，利用 LabVIEW 进行界面设计，通过 MATLAB Script 节点进行 LabVIEW 和 MATLAB 的数据传输。

转子信号分析模块主要是对于转子两个方向（径向和轴向）振动信号进行综合分析，提取出功率谱图上转子转频及其谐波成分的特征信息，通过对比分析倍频成分而判断转子故障，部分程序如图 19-3 所示。

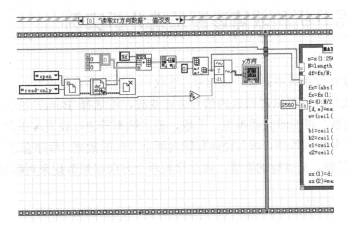

图 19-3　转子信号分析模块程序图

19.2.3 齿轮信号分析模块

齿轮故障分析模块具有三个功能：啮合频率处的边频分析、倒频谱分析和解调谱分析。边频分析是先计算出齿轮箱的三级啮合频率及对应齿轮转频，分别分析三级啮合频率周围的边频带，通过分析边频频率成分来判断对应齿轮的故障；倒频谱则是对功率谱再次进行谱分析，可以识别出频谱上的周期成分；解调谱也是对啮合频率处进行分析，先对信号进行带通滤波，然后进行希尔伯特解调分析，对得到的信号进行低通滤波并进行 FFT 即可得到解调谱。齿轮箱信号分析模块部分程序如图 19-4 所示。

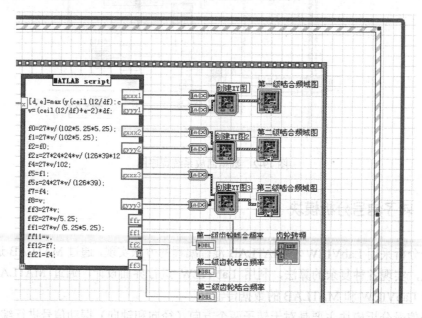

图 19-4　齿轮箱信号分析模块程序图

19.3　数据分析和故障诊断系统分析实例

在数据读取回放系统中读取一段信号，选取一定的采样点数进行回放，可以观察信号的时域、频域波形，还可以对回放的信号进行滤波，可选择 Butterworth、Chebyshev 和 Bessel 三种滤波器，可对滤波器类型、阶数、截止频率等进行设置，如图 19-5 所示。

在转子信号分析模块中，读入径向和轴向两个方向的数据，程序会读取并绘制功率谱上转频及其 2 倍频、3 倍频的幅值，通过比较两个方向倍频数据来判断故障，如图 19-6 所示。

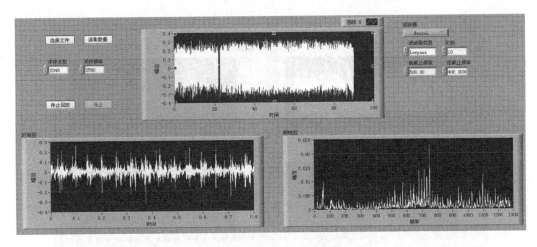

图 19-5　数据读取回放功能

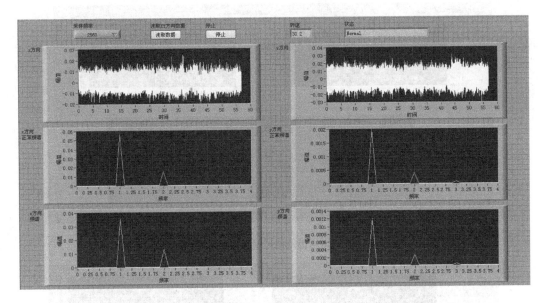

图 19-6　转子信号分析功能

　　齿轮信号分析模块读取数据后，程序会计算出三级啮合频率及其对应齿轮的转频，并分别显示出三级啮合频率处的频谱图，如图 19-7 所示。单击边频按钮会弹出新窗口，并对三级啮合频率分别进行边频分析，如图 19-8 所示；还可对信号进行解调分析，程序绘画出第二级和第三级啮合频率处的解调谱，并可手动选择解调分析的范围，对感兴趣的频段范围进行解调分析，如图 19-9 所示；倒频谱则可对信号进行倒频谱分析，反映频谱上的周期成分，如图 19-10 所示。

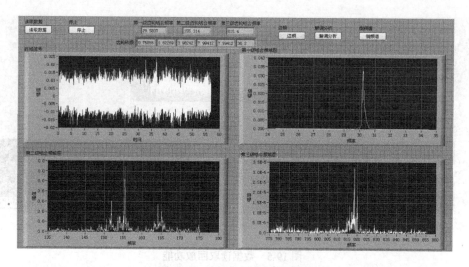

图 19-7　齿轮信号分析主界面

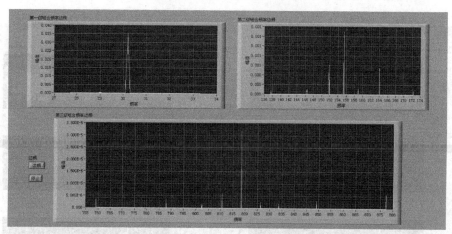

图 19-8　齿轮信号边频分析功能

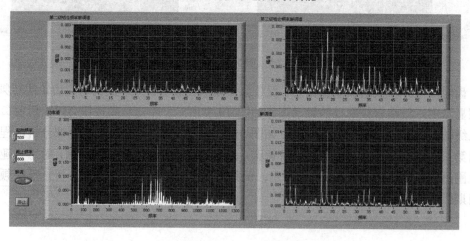

图 19-9　齿轮信号解调分析功能

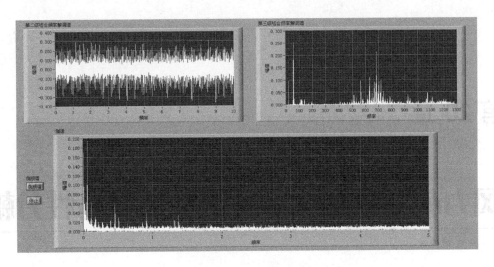

图 19-10　齿轮信号倒频谱分析功能

第 20 章

风力机叶片振动信号的获取及特性分析

●●●●●●●●

对于一个复杂的机械系统来说，因其结构、信号传递路径和故障产生机理的不同而选择合适的测点，才能保证获取的振动信号中包含有用的振动信息。从振动信号提取表征机械故障特征的信息，实现机械故障的诊断识别。

20.1　基于机组振动的叶片振动信号获取

获取振动信号，并对风力机和发动机的常见故障的振动信号进行特征分析。

20.1.1　风力机叶片模态试验

模态分析是动力学分析的基础，用于确定整机结构和机械部件的振动特性，即结构的固有频率和振型，根据模态分析的结果对整机结构进行动态性能评估，能够找到叶片的薄弱位置。为了更好地确定影响风力机叶片振动的固有特性及其要取的振动阶数，需对风力机整机进行模态试验。

实验采用单点激振，多点测试的锤击法，用 RT Pro Focus 获得风力机各测点的激励与响应信号，将信号导入模态分析软件 ME′ scopeVES 中分析，即可得到各个测点的频响函数，进而得到风力机的各阶模态。

（1）在 ME′ scope VES 软件中绘制机组的 3D 模型，风力机的几何模型如图 20-1 所示。然后在振动系统上与模型测点对应的位置逐次放置传感器，在风力机机舱的位置进行力锤激励，锤击点如图 20-2 所示，依次用加速度传感器在 45 个测点处进行拾振，模态试验流程如图 20-3 所示。

（2）将叶片从叶根至叶尖处用四个截面进行等分，在每个截面上的几何弦长处选择三个测点；其次，将塔架用五个截面等分，在每个截面上选取一个测点；最后，在风力机机舱上选取 6 个测点和一个激振点进行模态试验。

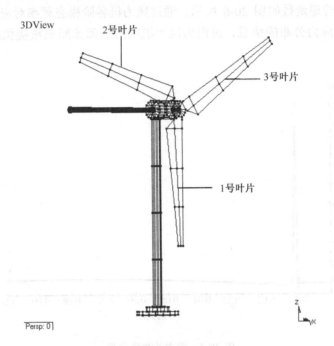

图 20-1 风力机的三维几何模型

图 20-2 力锤锤击点的位置

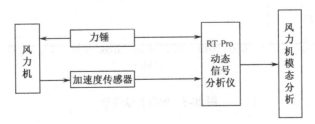

图 20-3 风力机模态试验流程

（3）实验获得的激励和响应的时域信号如图 20-4 和图 20-5 所示，将 RT Pro Focus 采集的传递函数数据导入 ME′scope VES 软件进行分析，采用曲线拟合方法得到风力机各阶的模态参数，传递函数如图 20-6 所示。通过风力机各阶模态频率对应的振型分析，得到叶片结构的动应力分布的信息，进而为风力机叶片故障诊断系统提供准确可靠的实验数据。

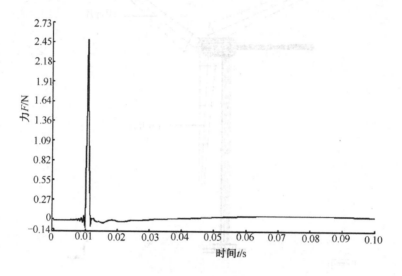

图 20-4　锤击法激励信号

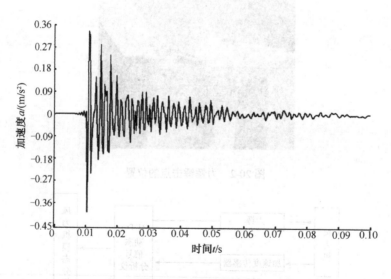

图 20-5　响应时域信号

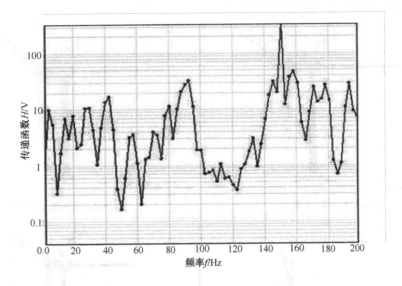

图 20-6　机舱点激励一点响应的传递函数

20.1.2　风力机模态试验结果

（1）由于实验采用的加速度传感器是单向的，故曲线拟合结果只得到了风力机叶片的挥舞振动和扭振。通过曲线拟合得到的风力机前 13 阶的固有频率和阻尼比，见表 20-1。

表 20-1　风力机的固有频率和阻尼比

阶　数	频率/Hz	阻尼比
1	4.39	4.83
2	9.29	3.93
3	15	0
4	20	0
5	30	0
6	41.2	0
7	49.9	0.686
8	72.5	1.06
9	77.5	0
10	92.5	0
11	150	0
12	175	0
13	178	0

备注：阻尼比为 0 者为峰值法拟合结果

（2）经曲线拟合得到叶片的各阶频率、阻尼比和振型，风力机的前 13 阶模态振型和振型描述，如图 20-7 和表 20-2 所示，其中虚线为变形前的位置。

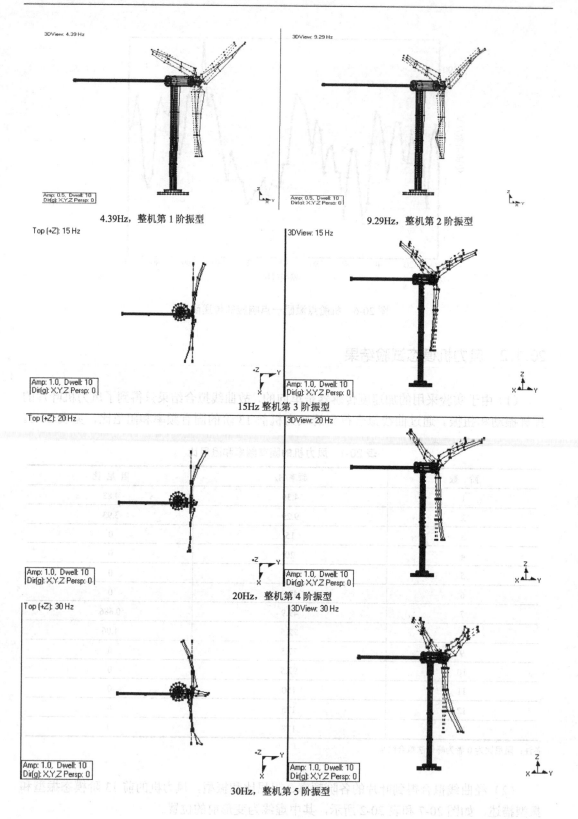

4.39Hz，整机第1阶振型

9.29Hz，整机第2阶振型

15Hz 整机第3阶振型

20Hz，整机第4阶振型

30Hz，整机第5阶振型

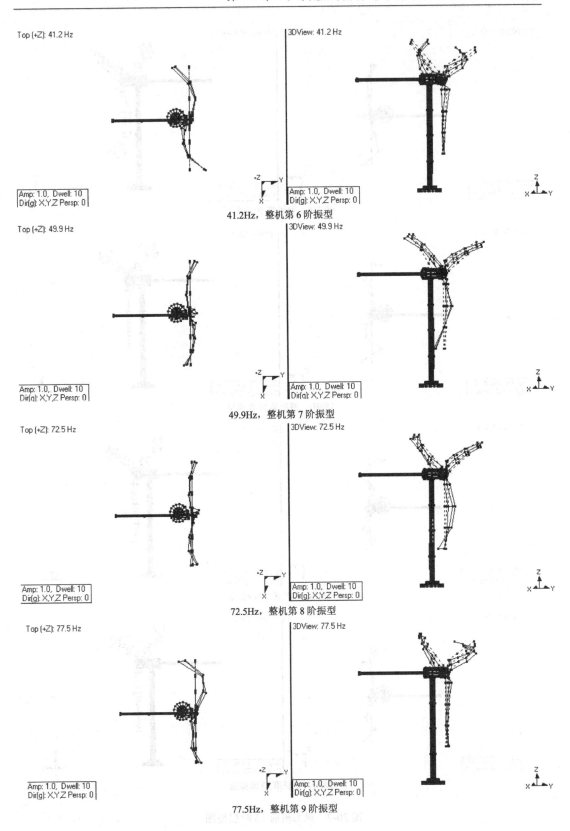

Top (+Z): 41.2 Hz

3DView: 41.2 Hz

Amp: 1.0, Dwell: 10
Dir(g): X,Y,Z Persp: 0

Amp: 1.0, Dwell: 10
Dir(g): X,Y,Z Persp: 0

41.2Hz，整机第 6 阶振型

Top (+Z): 49.9 Hz

3DView: 49.9 Hz

Amp: 1.0, Dwell: 10
Dir(g): X,Y,Z Persp: 0

Amp: 1.0, Dwell: 10
Dir(g): X,Y,Z Persp: 0

49.9Hz，整机第 7 阶振型

Top (+Z): 72.5 Hz

3DView: 72.5 Hz

Amp: 1.0, Dwell: 10
Dir(g): X,Y,Z Persp: 0

Amp: 1.0, Dwell: 10
Dir(g): X,Y,Z Persp: 0

72.5Hz，整机第 8 阶振型

Top (+Z): 77.5 Hz

3DView: 77.5 Hz

Amp: 1.0, Dwell: 10
Dir(g): X,Y,Z Persp: 0

Amp: 1.0, Dwell: 10
Dir(g): X,Y,Z Persp: 0

77.5Hz，整机第 9 阶振型

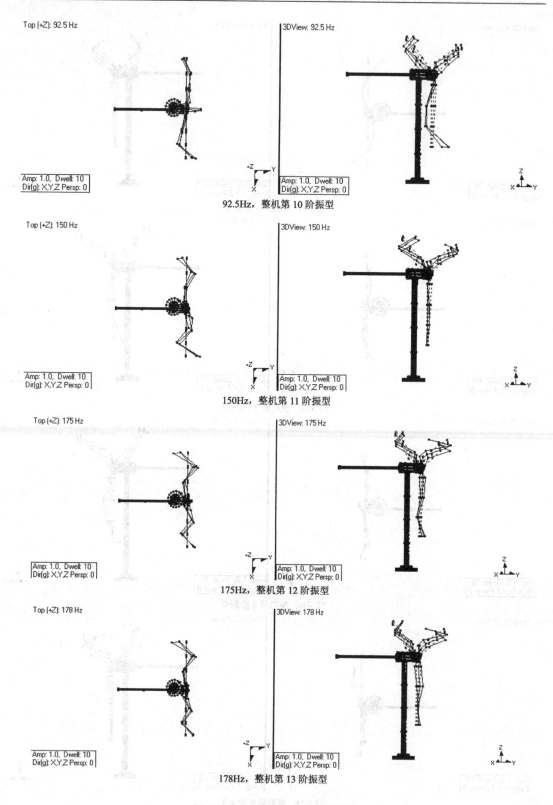

92.5Hz，整机第 10 阶振型

150Hz，整机第 11 阶振型

175Hz，整机第 12 阶振型

178Hz，整机第 13 阶振型

图 20-7　风力机前 13 阶振型图

表 20-2　振型描述

阶数	频率/Hz	风力机振型描述
1	4.39	塔架振动沿 y 轴向一阶振动，离根部越远振动振幅越大；机舱和尾舵整体随塔架振动；叶片轻微挥舞
2	9.29	塔架振动沿 y 轴向一阶轻微振动，离根部越远振动振幅越大；机舱和尾舵整体随塔架振动；叶片轻微挥舞
3	15.0	整机叶片沿轴向一阶挥舞，其中 1 号、3 号叶片同向挥舞，2 号叶片异向挥舞
4	20.0	整机叶片沿轴向一阶挥舞，其中 1 号、2 号叶片同向挥舞，3 号叶片轻微异向挥舞
5	30.0	整机叶片沿轴向二阶挥舞：叶轮中心和距叶根 1/3 处振幅为零
6	41.2	2 号和 3 号叶片二阶挥舞，在叶轮中心和距叶尖 1/3 处振幅为零，1 号叶片轻微扭振
7	49.9	整机叶片沿轴向二阶挥舞：叶轮中心和距叶尖 1/3 两个振幅为零处
8	72.5	整机叶片沿轴向二阶挥舞：三叶片异向挥舞
9	77.5	整机叶片挥舞方向二阶：2 号和 3 号叶片异向挥舞，1 号叶片振幅较小
10	92.5	整机三个叶片挥舞方向二阶，整机振动明显
11	150	整机叶片挥舞方向三阶：1 号和 2 号两叶片同向挥舞，3 号叶片异向挥舞
12	175	整机叶片挥舞方向三阶：1 号和 3 号两叶片同向挥舞，2 号叶片异向挥舞
13	178	整机叶片、塔架高阶振动，叶片做弯扭组合振动

（3）通过机组的前 13 阶的振型特征及从图 20-7 中可以看出，叶尖和距叶根 1/3 截面处的测点，在 6～13 这几个高频振型中的响应相对较大，反映出该处截面振动时有较大振幅，应变较大。叶片根部，叶片 1/2 处附近，距叶尖 1/3 和 1/6 有多个振型节点，受到的疲劳应力应当比其他处大。塔架的根部受到全约束，在塔架振动时振幅较小，受到的应力反而最大。

由上述分析可知，叶片的危险截面在：（1）根部；（2）叶片 1/2 附近；（3）距叶尖 1/3，1/6 这四处的截面，如图 20-8 所示。

Amp: 1.0, Dwell: 10
Dir(q): X,Y,Z Persp: 0

图 20-8　几处危险截面

20.1.3 测点位置的选择

根据风力机的结构特点、振动特性和运行环境，振动测点的选择应遵循以下两个原则[25]。

① 测点要能充分反映风力机的故障信息，应具有振动信号稳定、对故障敏感等特点。

② 测点的选择必须便于安装和测试，尽可能不影响风力机的正常运行。

因为主要是在风力机不解体的情况下对其进行故障诊断，因此，振动测点的选取必须要符合这一要求。在实验中，振动测点的选择比较困难，由于风力机的故障信息相对平稳，振动响应较小等特点，风力机的故障既有纵向性又有横向性，测点的选取位置不同，很有可能得到不同的结果。

风力机叶片振动的主要传递途径是通过连杆、轴承、转子等传到塔架和尾翼上，然而这种传播途径使响应信号大大降低，因此测点一般不选在塔架和尾翼上；另外叶片与风力机机舱相接的连杆上虽然得到机组的振动响应大，但传感器布放在该点会导致风力机无法工作，所以连杆上也不可以布置测点；因此把测点选在接近叶片，但又不影响风力机正常工作的机舱上较为理想。综合考虑激振力的传递路径及传感器的安装方便等因素，在实验中，布置传感器测点的具体位置如图 20-9 所示。

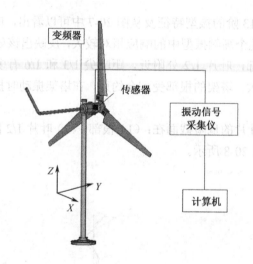

图 20-9 风力机叶片振动信号测试系统

实验说明：传感器方向 X 和 Y，采样频率为 2560Hz，变频器的频率为 20～30Hz。

实验研究对象为 300W 风力机模型，该风力机结构参数见表 20-3。

表 20-3 风力机结构参数

叶片翼型	叶片数	风轮直径	塔架高度	塔架内径	塔架外径	底座厚度	底座直径	尾翼长度	尾翼直径
NACA2420	3	2.27m	1.84m	0.03m	0.045m	0.05m	0.06m	0.83m	0.015m

20.1.4　风力机叶片故障设置

为探寻风力机叶片故障状态与正常状态的振动特性的差别，根据模态试验确定的叶片危险截面设置故障，故障位置如图 20-10 所示。

图 20-10　叶片故障设置示意图

（1）风力机不同故障状态的设置。

① 偏心状态：在距叶尖 1/6 处 A 单元的位置设置 35g 的质量偏心；

② 松动状态：松动螺栓 1 和 2 进行松动实验；

③ 耦合状态：松动螺栓 1 和 2，并在距叶尖 1/6 处 A 单元的位置设置 35g 的质量偏心。

（2）风力机不同偏心位置故障的设置。

在图 2-10 所示的叶片分别设置 70g 的偏心质量后，进行实验。

① 在距叶尖 1/6 处 A 单元的位置设置 70g 的质量偏心；

② 在距叶尖 1/3 处 B 单元的位置设置 70g 的质量偏心；

③ 在距叶尖 2/3 处 C 单元的位置设置 70g 的质量偏心；

④ 在距叶尖 5/6 处 D 单元的位置设置 70g 的质量偏心。

20.1.5　风力机叶片振动信号测试

风力机振动信号的实验测试系统主要由风力机、变频器、传感器、信号采集仪及计算机组成。实验室风力机模型采用永磁同步发电机直驱结构（无变速箱），测试系统组成如图 20-9 所示。

风轮属于对称结构如图 20-9 所示，由叶片和轮毂组成，其中轮毂为铸件，材料为 A3 钢（A3 钢材料特性：弹性模量 200×10^9 Pa，泊松比 0.3，密度 7800kg/m^3），叶片主要材料为玻璃钢（玻璃钢材料特性：弹性模量 39×10^9 Pa，泊松比 0.33，密度 2000 kg/m^3）。

实验使用振动信号采集仪 Focus Ⅱ Real-time Signal Analyzer 与信号记录分析软件 RT Pro Focus，在风力机机舱的位置安装传感器，位置如图 20-9 所示，在变频器的驱动下，采集其叶片正常与各种故障状态下运行的振动信号。

20.2　风力机叶片振动信号特性分析

通过模态分析知：风力机只有在高速运转时叶片才会发生高阶共振。但由于风力机正常运行时叶片转速较低，可知风力机在额定工况下工作时叶片以挥舞振动为主，所以，只须提取整机叶片前七阶固有频率的振动信号即可。

20.2.1　叶片常见故障

叶片偏心：导致叶片偏心故障的情况有叶片结冰和安装时造成的偏心，其中结冰对风力机叶片造成的影响很大。不但改变叶片的气动外形，降低运行效率，还会因转动不平衡造成无法启动。

叶片螺栓松动：由于叶片的连接方式是通过螺栓固定在轮毂上的，在风力机长时间运行的情况下，叶片不可避免地会发生松动，叶片螺栓松动会引起风力机高阶频率的振动，进而影响增速器和齿轮箱的共振。

叶片断裂：叶片断裂是致命性的，可以导致整个风力机的停机，断裂主要是由于振动引起的。叶片在气动力、重力和离心力的作用下，振动形式有以下三种：挥舞、摆振和扭振，其中，挥舞和摆振是叶片振动的主要形式。通过风力机的模态实验可知，在叶片的振型节点处受到的疲劳应力很大，易发生叶片的断裂[24]。

20.2.2　叶片不同故障状态下信号的振动特性

1. 风力机正常运行状态的振动特性

风力机的风轮部件属于旋转机械。由于制造上不可避免的精度误差，旋转机械在其旋转到某一位置会有一定的冲击。体现在时域信号中就是有周期性的峰值出现。选取一段平稳的振动信号，通过相邻两个峰值之间的时间 ΔT，可以算出风力机的旋转频率，即造成风力机叶片振动的激振频率 $f_\mathrm{r} = 1/T = 15.06\mathrm{Hz}$。

风力机正常运行状态下的时域幅值波形和功率谱如图 20-11 和图 20-12 所示。

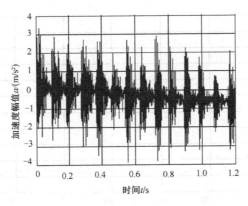

图 20-11　风力机正常运行状态下时域波形

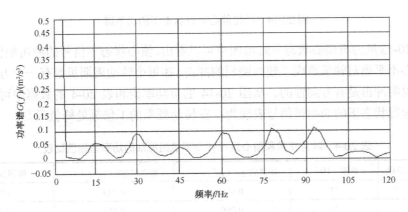

图 20-12　风力机正常运行状态下的功率谱

从图 20-13 和图 20-14 机组正常运行状态下的时域信号和功率谱信号可以看出，在一倍频、二倍频……下有峰值出现，说明在"正常"状态下包含了一定程度的偏心和松动故障。

2．叶轮偏心运行状态下的故障特征分析

测试叶轮偏心（距叶根 2/5 处加 70g 质量块）运行状态下的振动情况，得到如图 20-13 和图 20-14 所示的叶轮偏心运行状态下的时域波形图和功率谱。

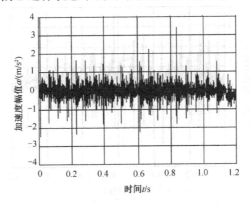

图 20-13　叶轮偏心运行状态下的时域波形

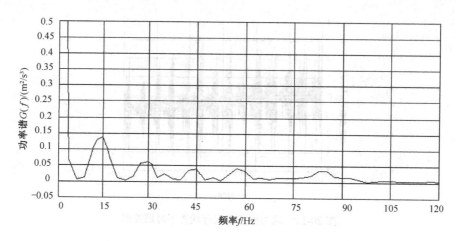

图 20-14　叶轮偏心运行状态下的功率谱

从图 20-13 风力机偏心状态下时域图中可以看出，偏心状态下信号的冲击幅值变化大，说明由偏心不平衡对轴承造成了较为剧烈的冲击。在每个转动周期里都有一个方向不对称的幅值，说明冲击是有方向性的。从图 20-14 的自功率谱和表 20-4 的数据中可以看出，叶片偏心运行状态下的功率谱信号表现为：在转动频率的 1 倍频处峰值最高。

表 20-4　叶片正常和偏心运行状态下机组振动的功率谱幅值比较

风力机转速倍频	频率（Hz）	正常状态/（m²/s³）	偏心状态/（m²/s³）	幅值变化量
1 倍频	15	0.058	0.139	+140%
2 倍频	30	0.086	0.058	-33%
3 倍频	45	0.035	0.032	-9%

3．风力机叶片螺栓松动运行状态下的故障特征分析

测试风力机叶片螺栓松动运行状态下的振动情况，得到如图 20-15 和图 20-16 所示的叶片螺栓松动运行状态下的时域波形图和功率谱，并与风力机正常运行状态下的功率谱数据比较，见表 20-5。

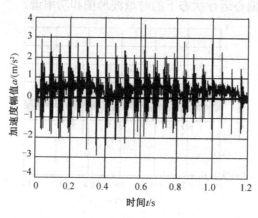

图 20-15　叶片螺栓松动运行状态下的时域波形

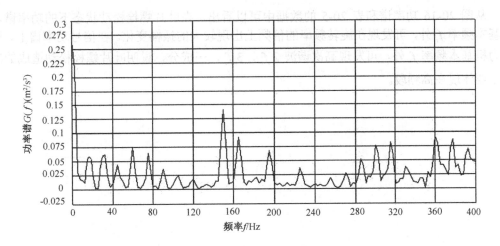

图 20-16　叶片螺栓松动运行状态下的功率谱

从图 20-15 和图 20-16 中可以看出，风力机叶片螺栓松动运行状态下振动信号的振动峰值波动明显，而且每两个组峰值相距较近，应该是松动的叶片在一个转动周期内造成的两次冲击。

表 20-5　叶片正常和螺栓松动运行状态下机组振动的功率谱幅值比较

风力机转速倍频	频率（Hz）	正常状态/（m²/s³）	松动状态/（m²/s³）	幅值变化量
1 倍频	15	0.058	0.062	+6.9%
2 倍频	30	0.086	0.071	−17.4%
3 倍频	45	0.035	0.043	+22.9%
4 倍频	60	0.075	0.074	−1.3%
5 倍频	75	0.037	0.064	+73.0%
6 倍频	90	0.055	0.036	−34.5%
7 倍频	105	0.016	0.023	+43.8%
8 倍频	120	0.015	0.018	+20%
9 倍频	135	0.047	0.141	+200%
10 倍频	150	0.077	0.091	+18.1%
11 倍频	165	0.024	0.067	+179%
12 倍频	180	0.012	0.036	+200%
13 倍频	195	0.009	0.019	+111%
14 倍频	210	0.014	0.026	+85.7%
15 倍频	225	0.014	0.051	+264%
16 倍频	240	0.025	0.076	+204%
17 倍频	255	0.009	0.082	+811%
18 倍频	270	0.012	0.036	+200%
19 倍频	285	0.030	0.092	+207%
20 倍频	300	0.015	0.072	+313%

从图 20-16 功率谱和表 20-5 的数据中可以看出，在叶片螺栓松动状态下的功率谱，除基本频率 f_r 外，可发现在旋转频率的倍频上出现较大的振幅变化。在信号功率谱上，除风力机基本频率 f_r 外，可发现高次谐波 $2f_r$，$3f_r$，…成分，说明叶片螺栓松动造成的冲击主要体现在高频段。

第 21 章

风力机叶片故障特征量的提取及故障分析

21.1 风力机叶片故障特征量提取

21.1.1 振动信号能量变化率计算

由加速度传感器采集得到风力机叶片的振动信号 $X(t)$，然后按式（21-1）进行傅里叶变换为：

$$X(\mathrm{j}\omega) = \int_{-\infty}^{\infty} X(t)e^{-\mathrm{j}\omega t}\mathrm{d}t \tag{21-1}$$

根据帕斯瓦尔方程：

$$E = \int_{-\infty}^{\infty} X^2(t)\mathrm{d}t = \frac{1}{2\pi}\int_{-\infty}^{\infty} |X(\mathrm{j}\omega)|^2 \mathrm{d}\omega \tag{21-2}$$

可知同一信号在时域上的能量与其在频域上的能量是相等的，因此可导出信号的幅值谱 $|X(f)|$ 与功率谱 $S_\mathrm{x}(f)$ 之间的关系为：

$$S_\mathrm{x}(f) = \frac{1}{T}|X(f)|^2 \tag{21-3}$$

式（21-3）中，T 为信号 $X(t)$ 的样本长度。$S_\mathrm{x}(f)$ 是偶函数，它在频率范围 $(-\infty, 0)$ 的函数值是其在 $(0, \infty)$ 频率范围内的函数值的对称映射。因此，可用 $(0, \infty)$ 频率范围内 $G_\mathrm{x}(f) = 2S_\mathrm{x}(f)$ 表示信号的全部功率谱。$S_\mathrm{x}(f)$ 和 $G_\mathrm{x}(f)$ 分别称为信号的双边功率谱和单边功率谱。工程上一般采用单边功率谱 $G_\mathrm{x}(f)$ 来表示。

采用能量变化率的计算[25]，即

$$\Delta G_\mathrm{x}(f_i)^d = (G_\mathrm{x}(f_i)^d - G_\mathrm{x}(f_i)^n)/G_\mathrm{x}(f_i)^n \qquad (i=1,2,3,4,5,6,7) \tag{21-4}$$

$G_\mathrm{x}(f_i)^n$ 为叶片正常状态七阶固有频率的功率谱能量，i 为叶片七阶固有频率对应的功率谱峰值编号。根据式（21-4）构建风力机叶片故障的特征向量：

$$\Delta G = \left[\Delta G_x(f_1)^d, \Delta G_x(f_2)^d, \Delta G_x(f_3)^d, \Delta G_x(f_4)^d, \Delta G_x(f_5)^d, \Delta G_x(f_6)^d, \Delta G_x(f_7)^d \right] \quad (21\text{-}5)$$

ΔG 为故障状态下叶片七阶固有频率所对应峰值能量变化率组成的特征向量。

21.1.2　特征值的提取方法

通过信号采集得到的风力机叶片不同状态下的振动信号，经过式（21-1）、式（21-2）、式（21-3）得到信号的功率谱，再通过模态试验确定整机叶片固有频率，然后提取整机叶片固有频率所对应的峰值能量。由于叶片折断主要由叶片挥舞振动所致，而且挥舞振动主要发生在叶片固有频率的低阶部分，因此只须提取整机叶片的前七阶固有频率。根据整机叶片的前七阶固有频率（0~200Hz）所对应的频带范围，提取风力机在不同故障下前七阶固有频率所对应的峰值能量。经过式（21-4）、式（21-5）得到风力机叶片不同故障下的特征向量，为下一步风力机叶片的故障诊断提供依据。

21.1.3　特征值的提取过程

针对所采集的叶片振动信号的频率特征，应用切比雪夫Ⅰ型低通滤波器进行滤波处理，并提取出包含整机叶片前七阶固有频率的功率谱信号，如图 21-1 所示，对采集到的振动信号进行功率谱的变换，得到各种状态下的功率谱，再根据模态试验确定的风力机二个叶片前七阶固有频率所对应的 7 个固有频率（15Hz、30Hz、49.9Hz、72.5Hz、77.5Hz、92.5Hz、150Hz、175Hz），分别提取这 7 个固有频率所对应的能量值。通过式（21-4）和式（21-5）得到一组特征向量作为支持向量机分类函数的输入向量，建立不同故障状态下的训练样本。

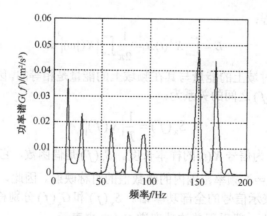

图 21-1　整机叶片前七阶固有频率对应的能量值

21.2　风力机叶片故障的分析

1. 风力机叶片不同类型故障分析

对图 21-2～图 21-5 所示的四种不同状态下风力机叶片的振动信号进行功率谱变换，然后进行峰值能量的提取，提取风力机叶片故障状态与正常状态特征能量，见表 21-1，并初步判断故障类型。

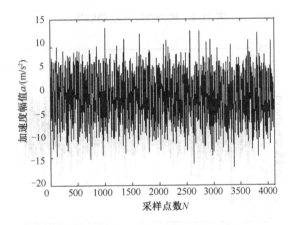

图 21-2　风力机叶片正常信号

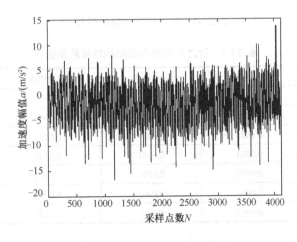

图 21-3　风力机叶片偏心信号

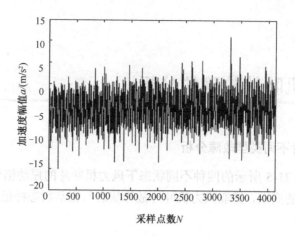

图 21-4 风力机叶片松动信号

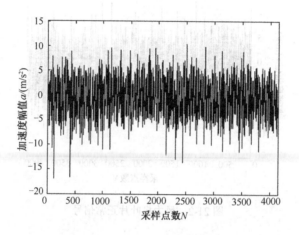

图 21-5 风力机叶片耦合信号

表 21-1 叶片不同类型故障的特征能量值

叶片故障类型	正常状态	偏心状态	松动状态	耦合状态
1 阶能量	0.0020	0.0034	0.0013	0.0026
2 阶能量	0.0043	0.0026	0.0043	0.0047
3 阶能量	0.0026	0.0017	0.0023	0.0009
4 阶能量	0.0001	0.0001	0.0001	0.0001
5 阶能量	0.0001	0.0002	0.0001	0.0001
6 阶能量	0.0001	0.0001	0.0003	0.0003
7 阶能量	0.0001	0.0001	0.0002	0.0003

通过表 21-1 的比较可以发现，偏心故障状态下叶片低阶能量变化明显，松动故障状态下叶片高阶能量变化明显，耦合故障状态下叶片低阶能量和高阶能量都发生了明显变化。

2．风力机叶片不同偏心位置的故障分析

在叶片不同的位置设置相同的质量偏心时，对图 21-6～图 21-8 所示的四种风力机叶片的振动信号进行功率谱变换，然后进行故障特征提取，提取风力机叶片不同偏心位置时叶片七阶固有频率的峰值能量，即在叶片振型节点的单元 A、B、C、D 上施加相同的质量偏心，并分别进行功率谱计算，具体数据见表 21-2。

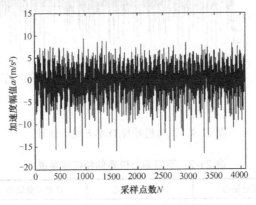

图 21-6　风力机叶片 A 单元偏心信号

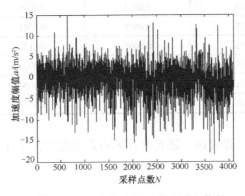

图 21-7　风力机叶片 B 单元偏心信号

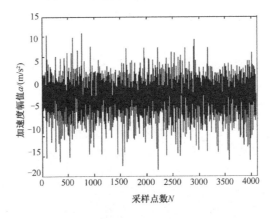

图 21-8　风力机叶片 C 单元偏心信号

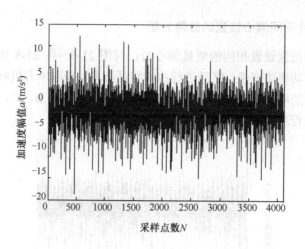

图 21-9 风力机叶片 D 单元偏心信号

表 21-2 不同偏心位置的特征能量值

偏心单元	A 单元处偏心	B 单元处偏心	C 单元处偏心	D 单元处偏心
1 阶能量	0.0023	0.0012	0.0004	0.0005
2 阶能量	0.0006	0.0014	0.0019	0.0022
3 阶能量	0.0010	0.0010	0.0009	0.0004
4 阶能量	0.0016	0.0091	0.0172	0.0157
5 阶能量	0.0014	0.0010	0.0002	0.0011
6 阶能量	0.0011	0.0005	0.0004	0.0024
7 阶能量	0.0168	0.0185	0.0123	0.0140

通过表 21-2 的比较可以发现，随着叶片偏心距的加大，叶片低阶的能量不断加大，高阶能量变化不明显。

第 22 章

基于支持向量机的叶片故障模式识别

●●●●●●●

22.1 支持向量机（SVM）分类学习算法原理简介

支持向量机是 Vapnik 等人根据统计学习理论提出的一种新的机器学习方法，在解决小样本、非线性及高维模式识别问题中表现出许多特有的优势，已经在模式识别、函数逼近和概率密度估计等方面取得了良好的效果[31-32]。支持向量机从本质上讲是一种前向神经网络，根据结构风险最小化准则，在使训练样本分类误差极小化的前提下，尽量提高分类器的泛化推广能力。从实施的角度，训练支持向量机的核心思想等价于求解一个线性约束的二次规划问题，从而构造一个超平面作为决策平面，使得特征空间中两类模式之间的距离最大，而且它能保证得到的解为全局最优解。

对于支持向量机（SVM）的分类学习问题（SVC），传统的模式识别方法强调降维，而 SVC 与此相反。对于特征空间中两类点不能靠超平面分开的非线性问题，SVC 采用映射方法将其映射到更高维的空间，并求得最佳区分二类样本点的超平面方程，作为判别未知样本的依据。这样空间维数虽较高，但 VC 维却很低，从而限制了过拟合的问题。这样的好处就是在已知样本较少的情况下，支持向量机仍能有效地作出统计预报。

VC 维（Vapnik-Chervonenkis Dimension）的概念是为了研究学习过程函数集收敛的速度和推广性，由统计学习理论定义的有关函数集学习性能的一个重要指标。VC 维反映了函数集的学习能力，VC 维越大则学习机器越复杂。

22.1.1 支持向量机分类（SVC）算法

1. SVC 线性分类方法

SVM 算法是从线性可分情况下的最优分类面提出的。最优分类面是指要求分类面不但能将两类样本点无错误地分开，而且要使两类的分类空隙最大。从线性可分模式的情况看，它的主要思想就是建立一个超平面作为决策面，该决策面不但能够将所有训练样本正确分类，而且使训练样本中离分类面最近的点到分类面距离最大。图 22-1 给出了线性可分模式下二维输入空间中最优超平面的几何结构，其中：实心点和空心点代表两类样本；H 为分类线；H_1, H_2 分别为过各类中离分类线最近的样本且平行于分类线的直线，它们之间的距离称为分类间隔。

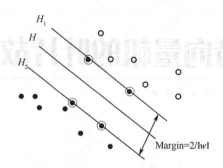

图 22-1 线性可分模式下二维输入空间中最优超平面的几何结构

设样本集为：$(y_1, x_1), \cdots, (y_1, x_1), x \in R^n, y \in R$，$d$ 维空间中线性判别函数的一般形式为 $g(x) = w^T x + b$，则分类面方程 H 是 $w^T x + b = 0$。在进行分类前，一般需要将判别函数进行归一化，即用 $w/\|w\|$ 和 $b/\|w\|$ 分别代替原来的 w 和 b，使两类所有样本都满足 $|g(x)| \geq 1$，此时离分类面最近的样本的 $|g(x)| = 1$，而要求分类面对所有样本都能正确分类，就是要求它满足[20]

$$y_i(w^T x_i + b) - 1 \geq 0, i = 1, 2, \cdots, n \qquad (22\text{-}1)$$

式（22-1）中使等号成立的那些样本称为支持向量（Support Vectors）。两类样本的分类空隙（Margin）的间隔大小为

$$Margin = \frac{2}{\|w\|} \qquad (22\text{-}2)$$

最优分类面问题可以表示成如下的约束优化问题，即在式（22-1）的约束下，求函数（22-3）的最小值。

$$\varphi(w) = \frac{1}{2}\|w\|^2 = \frac{1}{2}(w^T w) \qquad (22\text{-}3)$$

为此，可以定义如下的 Lagrange 函数

$$L(w, b, \alpha) = \frac{1}{2} w^T w - \sum_{i=1}^{n} \alpha_i [y_i(w^T x_i + b) - 1] \qquad (22\text{-}4)$$

其中，α_i 为 Lagrange 乘子，问题是对 w 和 b 求 Lagrange 函数的最小值。把式（22-4）分别对 w、b、α_i 求偏微分并令它们等于 0，得

$$\begin{cases} \dfrac{\partial L}{\partial w} = 0 \Rightarrow w = \sum_{i=1}^{n} \alpha_i y_i x_i \\[3mm] \dfrac{\partial L}{\partial b} = 0 \Rightarrow \sum_{i=1}^{n} \alpha_i y_i = 0 \\[3mm] \dfrac{\partial L}{\partial \alpha_i} = 0 \Rightarrow \alpha_i [y_i(w^T x_i + b) - 1] = 0 \end{cases} \qquad (22\text{-}5)$$

以上三式加上原约束条件可以把原问题转化为二次规划的对偶问题，即

$$\begin{cases} \max \sum_{i=1}^{n} a_i - \dfrac{1}{2} \sum_{i=1}^{n} \sum_{j=1}^{n} \alpha_i \alpha_j y_i y_j \left(x_i^T x_j \right) \\[3mm] s.t \quad a_i \geqslant 0, i = 1, \cdots, n \\[3mm] \quad \sum_{i=1}^{n} a_i y_i = 0 \end{cases} \qquad (22\text{-}6)$$

这是一个不等式约束下二次函数机制问题，存在唯一最优解。若 α_i^* 为最优解，则

$$w^* = \sum_{i=1}^{n} a_i^* y_i x_i \qquad (22\text{-}7)$$

α_i^* 不为零的样本即为支持向量，因此，最优分类面的权系数向量是支持向量的线性组合。

b^* 可由约束条件 $\alpha_i[y_i(w^T x_i + b) - 1] = 0$ 求解，由此求得的最优分类函数

$$f(x) = \mathrm{sgn}((w^*)^T x + b^*) = \mathrm{sgn}(\sum_{i=1}^{n} a_i^* y_i x_i^* x + b^*) \qquad (22\text{-}8)$$

sgn() 为符号函数。

2. SVC 非线性分类方法

非线性可分的情况可以采用核函数的方法，通过核函数映射使之转化为一个在高维特征空间中构造线性分类超平面的问题。

当用一个超平面不能把两类点完全分开时，可以引入松弛变量 ξ_i（$\xi_i \geqslant 0,\ i = \overline{1,n}$），使超平面 $w^T x + b = 0$ 满足

$$y_i(w^T x_i + b) \geqslant 1 - \xi_i \qquad (22\text{-}9)$$

当 $0 < \zeta_i < 1$ 时样本点 x_i 仍旧被正确分类，而当 $\zeta_i \geqslant 1$ 时样本点 x_i 被错分。为此，引入以下目标函数

$$\psi(w, \xi) = \frac{1}{2} w^T w + C \sum_{i=1}^{n} \xi_i \qquad (22\text{-}10)$$

其中 C 是一个正常数，称为惩罚因子，此时 SVM 可以通过二次规划中的对偶规划来实现

$$\begin{cases} \max \sum_{i=1}^{n} a_i - \frac{1}{2} \sum_{i=1}^{n} \sum_{j=1}^{n} \alpha_i \alpha_j y_i y_j \left(x_i^T x_j \right) \\ s.t \quad\quad 0 \leqslant a_i \leqslant C, i = 1, \cdots, n \\ \quad\quad\quad \sum_{i=1}^{n} a_i y_i = 0 \end{cases} \quad (22\text{-}11)$$

22.1.2　支持向量机（SVM）的核函数

若在原始空间中的简单超平面不能得到满意的分类效果，则必须以复杂的超曲面作为分界面。

首先通过非线性变换将输入空间变换到一个高维空间，然后在这个新空间中求取最优线性分类面，而这种非线性变换是通过定义适当的核函数（内积函数）实现的，令

$$K(x_i, x_j) = \langle \Phi(x_i) \cdot \Phi(x_j) \rangle \quad (22\text{-}12)$$

用核函数 $K(x_i, x_j)$ 代替最优分类平面中的点积 $x_i^T x_j$，就相当于把原特征空间变换到了某一新的特征空间，此时优化函数变为

$$Q(a) = \sum_{i=1}^{n} a_i - \frac{1}{2} \sum_{i=1}^{n} \sum_{j=1}^{n} \alpha_i \alpha_j y_i y_j K(x_i, x_j) \quad (22\text{-}13)$$

而相应的判别函数式则为

$$f(x) = \text{sgn}[(w^*)^T \phi(x) + b^*] = \text{sgn}(\sum_{i=1}^{n} a_i^* y_i K(x_i, x) + b^*) \quad (22\text{-}14)$$

式（22-14）中 x_i 为支持向量，x 为未知向量，式（22-14）就是非线性的 SVC 分类函数，在分类函数形式上类似于一个神经网络，其输出是若干中间层节点的线性组合，而每一个中间层节点对应于输入样本与一个支持向量的内积，因此又称为支持向量网络[20]。

由于最终的判别函数中实际只包含未知向量与支持向量的内积的线性组合，因此识别时的计算复杂度取决于支持向量的个数。

目前常用的核函数形式主要有以下三类，它们都与已有的算法有对应关系。

（1）多项式形式的核函数，即 $K(x, x_i) = \left[\left(x^T x_i \right) + 1 \right]^q$，对应 SVM 是一个 q 阶多项式分类器。

（2）径向基形式的核函数，即 $K(x, x_i) = \exp\{ -\frac{\|x - x_i\|^2}{\sigma^2} \}$，对应 SVM 是一种径向基函数分类器。

（3）多层感知机形式的 S 形核函数，即 $K(x, x_i) = \tanh(v(x^T x_i) + c)$，对应 SVM 是一个两层的感知器神经网络。

究竟用哪一种核函数取决对于数据处理的要求。因为径向基 RBF 核函数在实际问题中表现出良好的分类性能，故一般使用径向基 RBF 核函数。

22.2　支持向量机（SVM）数据前处理

有一个良好的分类器固然重要，但不要全部指望分类器，前期的数据预处理也很重要（归一化、降维、参数寻优），经过数据预处理后，特征提取适当的话，分类器的影响不会占很大程度，即使用任何一种分类器都会得到较满意的分类准确率。

22.2.1　数据归一化

归一化应用于支持向量机是为了加快训练网络的收敛性，可以不进行归一化处理。归一化的具体作用是归纳统一样本的统计分布性。归一化在 0～1 是统计的概率分布，归一化在-1 至+1 之间是统计的坐标分布。无论是为了建模还是为了计算，由于采集的各数据单位不一致，因而须对数据进行归一化处理。支持向量机以归一化后的样本数据分别进行训练和预测的。

线性归一化函数表达式如下

$$y=(x-Min)/(Max-Min) \tag{22-15}$$

式中，x、y 分别为转换前、后的值；Max、Min 分别为样本数据的最大值和最小值。

22.2.2　数据降维

PCA 是主成分分析，主要用于数据降维，对于一系列多维向量，多维向量里的某些元素本身没有区分性，用它做特征来区分，贡献会非常小。所以我们的目的是找那些变化大的元素，即方差大的那些维，而去除掉那些变化不大的维。

对于一个 k 维的矩阵来说，相当于它的每一维矩阵与其他维都是正交的，相当于在多维坐标系中，坐标轴都是垂直的，那么我们可以变化这些维的坐标系，从而使这个矩阵在某些维上方差大，而在某些维上方差很小。所以做法就是求得一个 k 维特征的投影矩阵，这个投影矩阵可以将矩阵从高维降到低维。投影矩阵又称为变换矩阵。新的低维特征必须每个维都正交，特征向量都是正交的。通过求样本矩阵的协方差矩阵，然后求出协方差矩阵的特征向量，这些特征向量就可以构成这个投影矩阵了。特征向量的选择取决于协方差矩阵的特征值的大小。

所以做 PCA 实际上是求这个投影矩阵，用高维的特征乘以这个投影矩阵，便可以将高维特征的维数下降到指定的维数。

22.2.3　参数寻优

关于 SVM 参数寻优，国际上并没有公认统一的最好的方法，现在目前常用的方法就是让惩罚因子（c）和核函数（g）在一定的范围内取值。对于取定的 c 和 g，将训练集作为原始数据集进行分类计算，得到在此组 c 和 g 下的训练集数据的分类准确率，最终取使得训练集数据分类准确率最高的那组 c 和 g 作为最佳的参数，但有一个问题就是可能会有多组的 c 和 g 对应于最高的验证分类准确率，这种情况采用的手段是选取能够达到最高验证分类准确率中参数 c 最小的那组 c 和 g 作为最佳的参数，如果对应最小的 c 有多组 g，就选取搜索到的第一组 c 和 g 作为最佳的参数。这样做的理由是：过高的 c 会导致过学习状态发生，即训练集分类准确率很高而测试集分类准确率很低（分类器的泛化能力降低），所以在能够达到最高验证分类准确率中的所有成对的 c 和 g 中，较小的惩罚参数 c 是更佳的选择对象。

在这里可以使用遗传算法（GA）、PSO 参数和网格参数 （Grid Search）来进行参数寻优，即用遗传算法参数寻优、PSO 参数寻优和网格参数寻优来寻找最佳的参数 c 和 g，虽然采用网格搜索能够找到在交叉验证意义下的最高的分类准确率，即全局最优解，但有时候如果想在更大的范围内寻找最佳的参数 c 和 g 会很费时，采用遗传算法就可以不必遍历网格内的所有的参数点，也能找到全局最优解[20]。

22.3　基于支持向量机的叶片故障诊断

当用一个含有丰富频率成分的信号作为输入对系统进行激励时，由于系统故障对各频率成分的抑制或增强作用，其输出与正常系统输出相比，相同频带内信号的能量会有较大的差别。所以，在风力机叶片前七阶频率对应的峰值能量中，包含着丰富的故障信息。利用不同故障下的能量变化率作为特征值构建风力机不同故障情况下的特征向量，就能够利用支持向量机的方法进行故障诊断。

1. 风力机叶片不同类型故障的识别

应用支持向量机对风力机叶片不同类型故障进行预测分类。通过第 3 章风力机叶片故障特征提取方法，提取 14 组如表 21-1 所示的叶片正常、偏心、松动和耦合四种叶片不同故障类型下的峰值能量，再通过式（21-4）、式（21-5）得到每种状态下 14 组对应的故障特征值。其中 10 组数据为故障训练样本，4 组数据为预测样本。

经过支持向量机的数据前处理后，将故障训练样本集代入到式（22-14）非线性的 SVC 分类函数中，通过预测样本集检验故障的分类准确率。结果如图 22-2 所示。

通过对风力机叶片不同类型故障的分类可以发现，正常、偏心、松动和耦合每种状态下的 10 组训练数据和 4 组预测数据都得到了准确的分类，没有误判的故障。由此验证了支持向量机对风力机叶片不同类型故障预测的可行性。

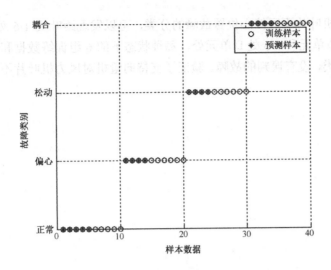

图 22-2　风力机叶片不同类型故障的分类

注：点代表测试集的预测数据，圈代表训练集的训练数据

2．风力机叶片不同偏心位置的故障识别

对风力机叶片不同偏心位置故障进行支持向量机的预测分类。通过第 3 章风力机叶片故障特征提取方法，提取 11 组如表 21-2 所示的距叶尖 1/6 处 A 单元、1/3 处 B 单元、2/3 处 C 单元和 5/6 处 D 单元的四种叶片不同偏心位置故障下的峰值能量，再通过式（21-4）、式（21-5）得到每种状态下 11 组对应的故障特征值。选取其中 6 组数据为故障训练样本，5 组数据为预测样本。经过支持向量机的数据前处理后，将故障训练集代入到式（22-14）非线性的 SVC 分类函数中，通过预测样本集检验故障的分类准确率。预测结果如图 22-3 所示。

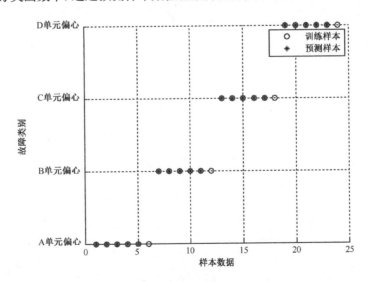

图 22-3　风力机叶片不同偏心位置的分类

注：点代表测试集的预测数据，圈代表训练集的训练数据

通过对风力机叶片不同偏心位置故障的分类，可以发现距叶尖 1/6 处 A 单元、1/3 处 B 单元、2/3 处 C 单元和 5/6 处 D 单元处，每种状态下的 6 组训练数据和 5 组预测数据都得到了准确的分类，没有误判的故障。验证了支持向量机对风力机叶片不同偏心位置故障预测的可行性。

第 23 章

旋转与往复式机械故障诊断系统

• • • • • • •

旋转与往复式机械故障诊断系统包括风力机和发动机故障诊断的两个模块。其设计兼顾了实用性与可靠性等方面的要求。系统采用单独模块化设计，每个单独的模块都有独立的功能，良好的界面设计和接口方便今后修改。信号测试系统的总体结构如图 23-1 所示，加速度传感器置于相应的位置，采集的振动信号传送到 FOCUS II 8 通道的高速数据采集仪中，然后进入计算分析。

整个故障诊断系统分为硬件部分和软件部分，其中硬件部分第 20 章已详述。

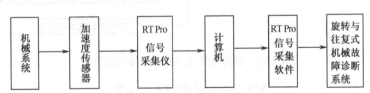

图 23-1　振动信号测试系统结构图

23.1　系统结构

系统的故障诊断主要采用支持向量机的方法对采集振动数据进行故障诊断，诊断的内容包括风力机和发动机两个系统。系统软件是通过 MATLAB 图形化编程来实现的。其中风力机故障的特征提取采用的是振动响应的峰值能量变化率；发动机故障的特征提取是按曲轴转角划分的时域信号能量。最后应用支持向量机的方法进行故障诊断与分类。系统框图如图 23-2 所示。

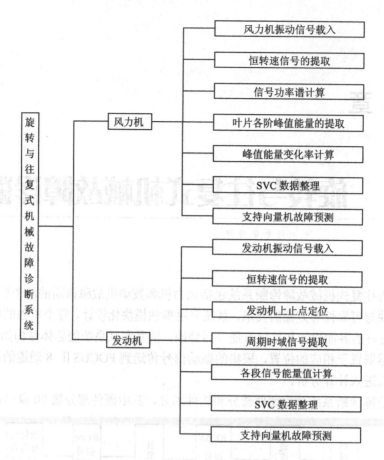

图 23-2　旋转与往复式机械故障诊断系统

备注：SVC——支持向量机分类计算。

23.2　诊断系统的安装要求、软件特点和实现过程

诊断系统的软件要求，必须安装 MATLAB 和 libsvm-mat 支持向量机工具箱，同时将本系统安装于桌面上。系统启动前，将 MATLAB 的工作目录进行调整设置为当前目录。调整好之后就可以运行本系统。

系统通过 MATLAB 图形化编程，通过界面的按钮，实现旋转与往复式机械系统的故障诊断过程的功能。

主要的运行过程：上一步的操作为下一步的功能实现提供数据源。如果系统提示错误，可以轻松地实现故障定位。

（1）风力机叶片故障诊断模块实现。

① 进行振动信号的载入，对信号进行检验提取符合转速条件的振动信号。

② 对满足条件的信号，进行功率谱变换提取叶片固有频率处的能量值。

③ 利用峰值能量变化率的方法进行特征值的提取，并利用支持向量机的方法对风力机故障进行识别。

（2）发动机故障诊断模块实现。

① 进行振动信号的载入，对信号进行检验、提取符合转速、信号类型和信号长度匹配条件的振动信号。

② 对满足条件的信号，进行 1 缸上止点的定位，并提取发动机整周期的时域信号。

③ 根据曲轴转角提取时域信号能量，并利用支持向量机的方法对发动机故障进行识别。

23.3 系统实现

旋转和往复式机械故障诊断系统，主要通过 MATLAB 图形化编程实现，通过界面的按钮实现信号载入、信号处理、信号特征值提取和故障模式识别，实现基于支持向量机的复杂机械故障诊断，界面框图如图 23-3、图 23-4 和图 23-5 所示。

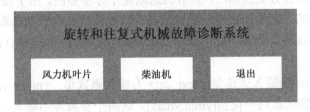

图 23-3　旋转与往复式机械故障诊断系统

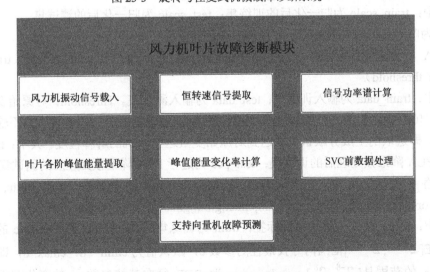

图 23-4　风力机叶片故障诊断模块

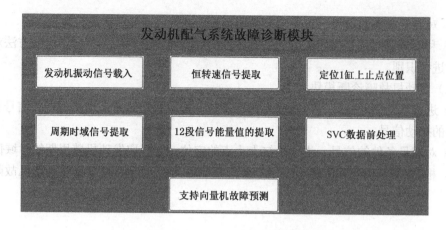

图 23-5 发动机配气系统故障诊断模块

23.4 系统应用结果

在旋转与往复式机械故障诊断系统的支持向量机分类界面下，如图 23-6 所示，利用支持向量机工具箱进行分类预测时，参数的选取是十分重要的。由于我们的系统是基于支持向量机建立起来的，因此在数据分类预测前，首先要进行参数的选取：

归一化函数：scaleForSVM[train_scale, test_scale, ps]=scaleForSVM（train_data, test_data, ymin, ymax）

其中：train_data 为输入训练集；test_data 为输入测试集。ymin，ymax 为归一化的范围，即将训练集和测试都归一化到[ymin,ymax]，这两个参数可不输入，默认值为 ymin=0，ymax=1，即默认将训练集和测试都归一化到[0,1]。

其中：train_scale 为归一化后的训练集；test_scale 为归一化后的测试集。

ps 为归一化过程中的映射，方便反归一化的使用。

PCA 降维预处理函数：pcaForSVM[train_pca, test_pca] = pcaForSVM（train_data, test_data, threshold）

其中：train_data 为输入训练集；test_data 为输入测试集。Threshold：对原始变量的解释程度（[0,100]之间的一个数），通过该阈值可以选取出主成分，该参数可以不输入，默认为 90，即选取的主成分默认可以达到对原始变量达到 90%的解释程度。其中：train_pca 为进行 PCA 降维预处理后的训练集；test_pca 为进行 PCA 降维预处理后的测试集。

网格参数寻优函数（分类问题）:SVMcgForClass [bestCVaccuracy, bestc, bestg]= SVMcgForClass（train_label,train,cmin,cmax,gmin,gmax,v,cstep,gstep,accstep）

其中：train_label 为训练集的标签；train 为训练集。cmin,cmax:惩罚参数 c 的变化范围，即在[2^{cmin},2^{cmax}]范围内寻找最佳的参数 c，默认值为 cmin=-8，cmax=8，即默认惩罚参数 c 的范围是[2^{-8},2^{8}]。gmin,gmax 为 RBF 径向基核参数 g 的变化范围，即在[2^{gmin},2^{gmax}]范围内寻找最佳的 RBF 核参数 g，默认值为 gmin=-8，gmax=8，即默认 RBF

核参数 g 的范围是[$2^{-8}, 2^8$]。V 为进行交叉验证过程中的参数，即对训练集进行 v 次交叉验证，默认为 5，即默认进行 5 次交叉验证过程。cstep,gstep 为进行参数寻优是 c 和 g 的步进大小，默认取值为 cstep=0.5,gstep=0.5。其中输出：bestCVaccuracy 为最终交叉验证意义下的最佳分类准确率；bestc 为最佳的参数 c；bestg 为最佳的参数 g。

　　通过上面的归一化、降维和参数寻优，便可以进行支持向量机的分类计算，训练数据和测试数据都达到了 100%分类准确率。分类结果如图 23-6 所示。

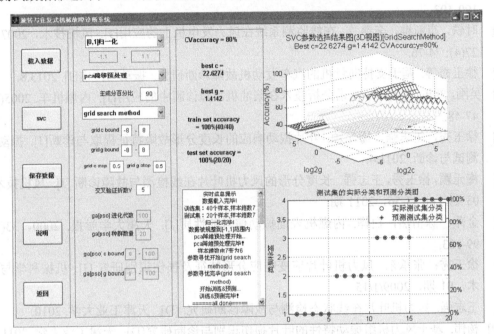

图 23-6　支持向量机故障分类界面

参考文献

[1] 王瑞闯，林富洪. 风力发电机在线监测与诊断系统研究[J]. 华东电力，2009.1，37(1): 190-193.

[2] 时轶，崔新维，李春兰. 在线监测系统在风力发电机上的应用[J]. 风机技术，2007.4, 27(4): 74-76.

[3] 徐玉秀等. 基于支持向量机的汽车发动机故障诊断研究. 振动与冲击[J]. 2013.8.

[4] 吴刚，刘勇，曹祥诚. 光谱分析技术在柴油机故障诊断中的应用[J]. 内燃机车. 2005(4): 47-48.

[5] 徐玉秀，王志强，梅元颖. 叶片振动响应的长度分形故障特征提取与诊断[J]. 振动、测试与诊断. 2011.4.

[6] 梅元颖，徐玉秀，王志强. 长度分形的风力机叶片在线检测与故障诊断 [J]. 风机技术，03 期，pp 53-56，2011 期.

[7] 金萍，陈怡然，白桦. 内燃机表面振动信号的性质[J]. 天津大学学报. 2000，33(1): 99-103.

[8] 徐玉秀；张承东. 风力机叶片应变响应分形特征及损伤识别研究 [J]. 机械科学与技术，01 期，2009/1/15.

[9] 王志强. 风力机叶片在线状态检测与故障诊断研究 [D]. 天津工业大学, 2010.

[10] 杨伟. 基于风力机组振动特性的叶片损伤识别与诊断研究[D]. 天津工业大学. 2011.

[11] 徐玉秀等. 基于广义维数的故障特征提取及诊断研究, 机械强度, 2004，26(5): 587~590.

[12] 徐玉秀等. 旋转机械动态特性的分形特征及故障诊断, 机械工程学报, 2005 年 12 月, 第 41 卷第 12 期: 186~189.

[13] 徐玉秀等. 薄壁圆盘裂纹的应变分形特征及诊断识别研究, 振动与冲击, 第 26 卷第 5 期，2007.

[14] 徐玉秀等. 杜芬方程的 1/3 纯亚谐解及过渡过程的分形特征研究, 应用数学和力学, 2006 年 9 月, 第 27 卷第 9 期: 1023~1027.

[15] Wang, Zhiqiang, Xu, Yuxiu, Mei, Yuanying. Damage diagnosis for wind turbine blades based on the shifting distance of characteristic frequency 2nd Inte-rnational Congress on Image and Signal Processing, 2009/10/17-2009/10/19, pp 4224-4226, Tianjin, PEOPLES R CHINA, 2009. 会议论文, EI, ISTP.

[16] Wang, Xin, Xu, Yuxiu, Du, Yubao. Effect Caused by Low Temperature on the Dynamic Characteristics of Large-Scale Wind Turbine Blades International Conf-erence on Information Technology and Scientific Management, 2010/12/20-2010/12/21, pp 604-607,

Tianjin, PEOPLES R CHINA, 2010. 会议论文, EI, IST.

[17] 李智，陈祥初，刘政波.基于图像与神经网络的柴油机气门故障诊断方法研[J]. 内燃机学报. 2001. 19 (3): 43-47.

[18] 沈善德. 电力系统辨识[M]. 北京: 清华大学出版社，1993: 11-25.

[19] R.Isermann. Process Fault Detection Based on Modeling and Estimation Methods[J]. Automatica. 1984, 20(4): 387-404.

[20] 王定成. 支持向量机建模预测与控制[M]. 气象出版社.2009.

[21] 马竹梧，沈标正，于洁. 专家系统开发工具及其在电机故障诊断中应用[J]. 电工技术杂志.1999, 31(1): 26-28

[22] M.DONG，Y. Zhang，Y. Li，etc. An Evidential Reasoning Approach to Transformer Fault Diagnosis[C]. Proceedings of the CSEE. 2006, 6(1): 106-114

[23] 陆文聪，陈念贻，叶晨洲. 支持向量机算法和软件 ChemSVM 介绍[J]. 计算机与应用化学，2002(06).

[24] Zhang Chengdong, Xu Yuxiu, Guo Wei, etc. The dynamic characteristics analysis and damage diagnosis of the blade of wind turbine (ID: 4-034)13th International Conference on Industrial Engineering and Engineering Management, 2006/8/12-2006/8/14, pp 1568-1571, Weihai, PEOPLES R CHINA, 2006. 会议论文, EI, ISTP.

[25] Wang Xin, Xu Yuxiu, Ma Chuang. Large Wind Turbine Blade Layer Design and Dynamics Characteristics Analysis International Conference on Applied Mechnics and Mechanical Engineering, 2010/9/8-2010/9/9, pp 1615-1621, Changsha, PEOPLES R CHINA, 2010. 会议论文, EI.

[26] Li, Y. F., Xu, Y. X., Li, G. X.Optimization Design of the Wind Turbine Gearbox Based on Genetic Algorithm Method 14th International Manufacturing Conference in China, 2011/10/13-2011/10/15, pp 697-700, Tianjin, PEOPLES R CHINA, 2012. 会议论文, EI, ISTP.

[27] 邹荣贵，蒋东翔，黄乾. 风力发电机组常见故障机理分析[J]. 振动与冲击. 2008.27(s): 120-122.

[28] 周轶尘，刘中义，李滋湘. 发动机连杆组件振动特性的实验研究[J]. 振动工程学报. 1988.1(3): 49-56.

[29] Alan V. Oppenheim. Signals and Systems[M]. Beijing: Tsinghua University Press.2005.

[30] 付春雨，单德山，李乔. 基于支持向量机的静力损伤识别方法[J]. 中国铁道科学，2010(5): 47-53.

[31] 冉志红，李乔. 基于模糊聚类和支持向量机的损伤识别方法[J]. 振动工程学报，2007(6): 617-620.

[32] 赵冲冲，廖明夫，于潇. 基于支持向量机的旋转机械故障诊断 [J]. 振动、测试与诊断，2006(1): 53-57.

[33] 奉国和.SVM 分类核函数及参数选择比较[J]计算机工程与应用. 2011(03): 123-125

[34] 丁康，李巍华，朱小勇，等. 齿轮及齿轮箱故障诊断及实用技术[M]. 北京：机械工业出版社, 2005.

[35] 李润方，王建军. 齿轮系统动力学[M]. 北京：科学出版社, 1996.

[36] 何正嘉，陈进，王太勇，等. 机械故障诊断理论及应用[M]. 北京：高等教育出版社, 2010.

[37] 张金，张耀辉，黄漫国. 倒频谱分析法及其在齿轮箱故障诊断中的应用[J]. 机械工程师, 2005(8): 34-36.

[38] 李力. 机械信号处理及其应用[M]. 武汉：华中科技大学出版社, 2007.

反侵权盗版声明

电子工业出版社依法对本作品享有专有出版权。任何未经权利人书面许可，复制、销售或通过信息网络传播本作品的行为；歪曲、篡改、剽窃本作品的行为，均违反《中华人民共和国著作权法》，其行为人应承担相应的民事责任和行政责任，构成犯罪的，将被依法追究刑事责任。

为了维护市场秩序，保护权利人的合法权益，我社将依法查处和打击侵权盗版的单位和个人。欢迎社会各界人士积极举报侵权盗版行为，本社将奖励举报有功人员，并保证举报人的信息不被泄露。

举报电话：（010）88254396；（010）88258888

传　　真：（010）88254397

E-mail：　dbqq@phei.com.cn

通信地址：北京市万寿路 173 信箱

　　　　　电子工业出版社总编办公室

邮　　编：100036